中等职业学校电类规划教材

基础课程与实训课程系列

Protel DXP 实用教程

赵景波 编 著

人民邮电出版社

北 京

图书在版编目（CIP）数据

Protel DXP实用教程 / 赵景波编著. —— 北京：人民邮电出版社，2010.6（2020.8重印）
中等职业学校电类规划教材
ISBN 978-7-115-22509-2

Ⅰ．①P… Ⅱ．①赵… Ⅲ．①印刷电路—计算机辅助设计—应用软件，Protel DXP—专业学校—教材 Ⅳ．①TN410.2

中国版本图书馆CIP数据核字(2010)第069347号

内 容 提 要

本书系统地介绍Protel DXP各种编辑器的工作界面、基本组成和常用工具等基础知识，从绘制简单的原理图，到逐步使用高级功能完善原理图、输出印制电路板制板图、建立自己的元器件库，使读者掌握电路原理图和电路板的设计方法及使用技巧。

本书可作为中等职业学校电子、通信、机电一体化、电气自动化等专业的教材，也可供其他工程技术术或维修人员参考使用。

中等职业学校电类规划教材
基础课程与实训课程系列
Protel DXP 实用教程

◆ 编 著 赵景波
   责任编辑 王亚娜

◆ 人民邮电出版社出版发行 北京市丰台区成寿寺路11号
   邮编 100164 电子邮件 315@ptpress.com.cn
   网址 http://www.ptpress.com.cn
   北京市艺辉印刷有限公司印刷

◆ 开本：787×1092 1/16
   印张：13.25   2010年6月第1版
   字数：318千字   2020年8月北京第6次印刷

ISBN 978-7-115-22509-2
定价：22.00元

读者服务热线：(010)81055256 印装质量热线：(010)81055316
反盗版热线：(010)81055315

中等职业学校电类规划教材编委会

主　任　刘君义

副主任　陈振源　韩广兴　华永平　金国砥　荣俊昌　周兴林

委　员　白秉旭　卜锡滨　程　周　褚丽歆　范国伟　方四清
　　　　　方张龙　费新华　耿德普　韩雪涛　胡　峥　金　仲
　　　　　孔晓华　李关华　刘克军　刘文峰　刘玉正　马晓波
　　　　　马旭洲　倪文兴　潘敏灏　裴　蓓　强高培　任　玮
　　　　　申小中　谭克清　唐瑞海　王成安　王慧玲　许长兵
　　　　　许　菁　徐治乐　严加强　杨海祥　姚锡禄　于建华
　　　　　俞雅珍　袁依凤　张金华　张旭涛　赵　林　周德仁
　　　　　周中艳　纵剑玲

丛书前言

电子产业是我国国民经济的支柱产业，产业的发展必然带来对人才需求的增长，技术的进步必然要求人员素质的提高。因此，近年来企业对电类人才的需求量逐年上升，对技术工人的专业知识和操作技能也提出了更高的要求。相应地，为满足电类行业对人才的需求，中等职业学校电类专业的招生规模在不断扩大，教学内容和教学方法也在不断调整。

为了适应电类行业快速发展和中等职业学校电类专业教学改革对教材的需要，我们在全国电类行业和职业教育发展较好的地区进行了广泛调研，以培养技能型人才为出发点，以各地中职教育教研成果为参考，以中职教学需求和教学一线的骨干教师对教材建设的要求为标准，经过充分研讨与论证，精心规划了这套《中等职业学校电类规划教材》。第一批教材包括4个系列，分别为《基础课程与实训课程系列》、《电子技术应用专业系列》、《电子电器应用与维修专业系列》、《电气运行与控制专业系列》。

本套教材力求体现国家倡导的"以就业为导向，以能力为本位"的精神，结合教育部组织修订《中等职业学校专业目录》的成果、职业技能鉴定标准和中等职业学校双证书的需求，精简整合理论课程，注重实训教学，强化上岗前培训；教材内容统筹规划，合理安排知识点、技能点，避免重复；教学形式生动活泼，以符合中等职业学校学生的认知规律。

本套教材广泛参考了各地中等职业学校电类专业的教学实际，面向优秀教师征集编写大纲，并在国内电类行业较发达的地区邀请专家对大纲进行了评议与论证，尽可能使教材的知识结构和编写方式符合当前中等职业学校电类专业教学的要求。

在作者的选择上，充分考虑了教学和就业的实际需要，邀请活跃在各重点学校教学一线的"双师型"专业骨干教师作为主编。他们具有深厚的教学功底，同时具有实际生产操作的丰富经验，能够准确把握中等职业学校电类专业人才培养的客观需求；他们具有丰富的教材编写经验，能够将中职教学的规律和学生理解知识、掌握技能的特点充分体现在教材中。

为了方便教学，我们免费为选用本套教材的老师提供教学辅助资源。老师可登录人民邮电出版社教学服务与资源网（http://www.ptpedu.com.cn）下载资料。

我们衷心希望本套教材的出版能促进目前中等职业学校的教学工作，并希望得到职业教育专家和广大师生的批评与指正，以期通过逐步调整、完善和补充，使之更符合中职教学实际。

欢迎广大读者来电来函。

电子函件地址：lihaitao@ptpress.com.cn, wangping@ptpress.com.cn

读者服务热线：010-67170985

前言

随着计算机技术的发展，电路设计中的很多工作都可以交给计算机来完成，电子设计自动化（EDA）已经成为不可逆转的时代潮流。Protel DXP 是 Altium 公司最新一代的板级电路设计系统。它采用优化的设计浏览器（Design Explorer），通过把设计输入仿真、PCB 绘制编辑、拓扑自动布线、信号完整性分析、设计输出等技术完美结合，为用户提供了全面的设计解决方案，使用户可以轻松地进行各种复杂的电路设计。

掌握应用软件对于中等职业学校的学生来说是十分必要的，学生既要了解该软件的基本功能，又要结合专业知识，学会利用软件解决专业中的实际问题。我们在教学中发现，许多学生仅仅是学会了 Protel DXP 的基本命令，而当面对实际问题时，却束手无策，这与 Protel DXP 课程的教学内容及方法有直接、密切的关系。于是，本书以典型的应用实例为主线，全面介绍了 Protel DXP 软件的各种实用功能，这样不仅能使学生学会软件功能，更能使他们具备解决实际问题的能力。本书与同类教材相比，具有如下特点。

（1）在内容的组织上突出"易懂、实用"的原则，精心选取了 Protel DXP 的一些常用功能和与电子线路设计密切相关的知识来构成全书的主要内容。

（2）以电路分析和设计实例贯穿全书，将理论知识融入大量的实例中，使学生在实际绘制电路的过程中掌握理论知识，从而提高电路设计技能。

（3）书中还穿插介绍了一些实用的设计技巧，以迅速提高学生的设计能力。

本书的参考学时如下。

章节	课程内容	学时分配	
		讲授	实训
第1章	初识 Protel DXP	2	2
第2章	Protel DXP 原理图编辑器基础	2	2
第3章	原理图绘制	2	4
第4章	原理图编辑报表	2	2
第5章	印制电路板设计系统	2	2
第6章	PCB 的制作	2	4
第7章	创建自己的元器件库	2	2
课时总计		14	18

本书由赵景波编著，参加编写工作的还有沈精虎、黄业清、宋一兵、谭雪松、向先波、冯辉、郭英文、计晓明、董彩霞、滕玲、田晓芳、管振起等。

由于编者水平有限，书中难免存在疏漏之处，敬请广大读者指正。

编者
2010 年 1 月

目 录

第1章 初识 Protel DXP ································ 1
1.1 Protel DXP 简介 ································ 1
1.2 启动 Protel DXP ································ 2
1.3 初识 Protel DXP ································ 2
1.3.1 Protel DXP 菜单栏 ················· 3
1.3.2 工具栏 ································ 6
1.3.3 状态栏和命令行 ···················· 6
1.3.4 标签栏和工作窗口面板 ········· 6
1.3.5 工作窗口 ··························· 10
1.4 资源个性化 ································ 11
1.5 Protel DXP 的文件组织结构 ·········· 15
1.6 启动常用编辑器 ·························· 15
1.6.1 创建一个电路板设计工程 ····· 16
1.6.2 启动原理图编辑器 ············· 17
1.6.3 启动印制板电路编辑器 ········ 18
1.6.4 不同编辑器之间的切换 ········ 19
小 结 ··· 20
习 题 ··· 20

第2章 Protel DXP 原理图编辑器基础 ········· 21
2.1 原理图工作窗口面板 ···················· 21
2.1.1 工程面板【Projects】的管理功能 ································ 22
2.1.2 导航器面板【Navigator】的显示导航功能 ···················· 23
2.1.3 库文件面板【Libraries】 ········ 29
2.2 工具栏的管理 ······························ 30
2.2.1 工具栏的打开与关闭 ·········· 30
2.2.2 工具栏的排列 ···················· 31
2.3 绘图区域的显示管理 ··················· 32
2.3.1 利用菜单或工具栏放大与缩小 ···· 32
2.3.2 利用快捷键放大与缩小 ········ 33
2.3.3 图纸区域栅格定义 ············· 33
2.4 图件的复制、剪切、粘贴与排列 ······· 34
2.4.1 选中需要复制的图件 ·········· 34
2.4.2 图件的复制与粘贴 ············· 35
2.4.3 图件的阵列粘贴 ················· 37
2.4.4 图件的剪切与粘贴 ············· 37
2.5 元器件的排列与对齐 ··················· 38
2.5.1 元器件的对齐 ···················· 38
2.5.2 元器件的均匀分布 ············· 40
2.5.3 同时执行两个方向的排列控制 ··· 40
2.6 图形工具栏 ································ 41
2.7 打印输出原理图 ·························· 42
2.7.1 页面设置 ··························· 42
2.7.2 打印原理图 ······················· 44
小 结 ··· 45
习 题 ··· 46

第3章 原理图绘制 ································ 47
3.1 原理图的设计步骤 ······················· 47
3.2 新建工程和原理图 ······················· 48
3.3 设置原理图选项 ·························· 50
3.3.1 定义图纸外观 ···················· 50
3.3.2 填写图纸设计信息 ············· 54
3.4 载入元器件库 ······························ 56
3.5 放置元器件 ································ 59
3.5.1 利用库文件面板放置元器件 ···· 59
3.5.2 利用菜单命令放置元器件 ····· 60
3.5.3 元器件的删除 ···················· 62
3.5.4 元器件位置的调整 ············· 63
3.5.5 编辑元器件属性 ················· 68
3.6 绘制电路原理图 ·························· 72
3.6.1 绘制电路原理图的工具和方法 ··· 72
3.6.2 画导线 ····························· 74
3.6.3 放置电源及接地符号 ·········· 76
3.6.4 设置网络标号 ···················· 77

3.6.5　画总线 ································ 80
　　3.6.6　绘制总线分支线 ···················· 81
　　3.6.7　制作电路的输入/输出端口 ····· 83
　　3.6.8　放置电路节点 ······················· 87
小　　结 ·· 89
习　　题 ·· 89

第4章　原理图编辑报表 ······················ 90
4.1　编译工程及查错 ································· 90
　　4.1.1　设置工程选项 ························ 90
　　4.1.2　编译工程及查看系统信息 ······ 92
4.2　网络表的生成和检查 ·························· 93
4.3　元器件采购报表 ································· 95
4.4　元器件自动编号报表 ·························· 98
4.5　元器件引用参考报表 ·························· 98
4.6　端口引用参考 ····································· 99
小　　结 ·· 99
习　　题 ·· 100

第5章　印制电路板设计系统 ············ 101
5.1　创建PCB文件 ··································· 101
5.2　PCB编辑器的界面管理 ···················· 105
　　5.2.1　界面的移动 ···························· 106
　　5.2.2　界面的放大 ···························· 107
　　5.2.3　界面的缩小 ···························· 107
　　5.2.4　用户选定区域放大 ·················· 108
　　5.2.5　用户选定对象放大 ·················· 108
　　5.2.6　显示整个图形文件 ·················· 109
　　5.2.7　显示整张图纸 ························ 110
　　5.2.8　显示整个电路板 ···················· 111
　　5.2.9　利用上一次显示比例显示 ······ 111
　　5.2.10　刷新界面 ····························· 111
　　5.2.11　窗口管理 ····························· 112
　　5.2.12　PCB各工具栏、状态栏、
　　　　　　命令行的打开与关闭 ········· 114
　　5.2.13　PCB各种面板的打开与
　　　　　　关闭 ································ 114
5.3　PCB放置工具栏的介绍 ···················· 115
　　5.3.1　绘制导线 ······························· 116
　　5.3.2　放置焊盘 ······························· 117
　　5.3.3　放置过孔 ······························· 117

　　5.3.4　放置矩形填充 ························ 118
　　5.3.5　放置多边形填充 ···················· 119
5.4　Protel DXP PCB的编辑功能 ············· 120
　　5.4.1　选择功能 ······························· 120
　　5.4.2　取消选择功能 ························ 121
　　5.4.3　删除功能 ······························· 121
　　5.4.4　更改图件属性 ························ 121
　　5.4.5　移动图件 ······························· 122
　　5.4.6　跳转功能 ······························· 123
5.5　其他操作命令 ··································· 125
小　　结 ·· 126
习　　题 ·· 126

第6章　PCB的制作 ···························· 127
6.1　Protel DXP布线的流程 ···················· 127
6.2　设置电路板的工作层面 ···················· 130
　　6.2.1　电路板的结构 ························ 130
　　6.2.2　工作层面类型说明 ·················· 130
　　6.2.3　设置工作层面 ························ 132
6.3　设置环境参数 ··································· 135
6.4　规划电路板 ······································· 136
6.5　准备电路原理图和网络表 ················ 141
6.6　网络表与元器件封装的装入 ············· 145
　　6.6.1　PCB元器件库的装入 ············· 145
　　6.6.2　利用原理图设计同步器装入
　　　　　　网络表和元器件封装 ········· 146
6.7　元器件布局 ······································· 149
　　6.7.1　元器件的自动布局 ·················· 149
　　6.7.2　手工调整元器件布局 ·············· 153
　　6.7.3　元器件标注的调整 ·················· 154
　　6.7.4　元器件布局的自动调整 ·········· 155
　　6.7.5　元器件的手工布局 ·················· 158
　　6.7.6　网络密度分析 ························ 159
　　6.7.7　3D效果图 ····························· 160
6.8　自动布线 ·· 160
　　6.8.1　设定布线参数 ························ 160
　　6.8.2　自动布线器参数设定 ·············· 168
　　6.8.3　自动布线 ······························· 169
6.9　电路板的手工调整 ···························· 173
　　6.9.1　利用编辑功能修整 ·················· 174

6.9.2 拆线功能简介 ················ 175
6.9.3 覆铜 ························ 176
6.9.4 设计规则检测 ················ 179
6.9.5 文件的打印与输出 ············ 181
小　结 ································ 181
习　题 ································ 182

第 7 章　创建自己的元器件库 ········ 183
7.1 Protel DXP 元器件库概述 ········ 183
7.2 创建元器件原理图库 ············ 184
　7.2.1 熟悉原理图库的编辑环境 ··· 184
　7.2.2 绘制元器件原理图符号的
　　　　常用工具 ················ 185
　7.2.3 创建用户自己的原理图库 ··· 187
7.3 创建元器件 PCB 库 ·············· 191
　7.3.1 熟悉元器件 PCB 封装库
　　　　编辑环境 ················ 192
　7.3.2 绘制元器件 PCB 封装
　　　　工具栏 ·················· 194
　7.3.3 创建用户自己的原理图库 ··· 194
　7.3.4 利用向导创建元器件 PCB
　　　　封装 ···················· 197
7.4 建立 Protel DXP 元器件集成库 · 200
小　结 ································ 203
习　题 ································ 203

第1章 初识 Protel DXP

随着电子工业的蓬勃发展，新型元器件层出不穷，电路变得越来越复杂，使越来越多的电路板设计工作已经无法单纯依靠手工来完成，计算机辅助电路设计已经成为电路板制作的必然趋势，Protel 正是在这样的大环境下产生和发展的。它在经历了从 Protel for DOS 到 Protel 99 SE 的发展历程后，又推出了新版本 Protel DXP。Protel DXP 具有前所未有的丰富的设计功能和人性化设计环境，熟练掌握这个强大工具必将使电路板设计的工作效率大大提高。

- ◎ 了解 Protel DXP。
- ◎ 掌握启动 Protel DXP 的方法。
- ◎ 熟悉 Protel DXP 文件的组织管理形式。
- ◎ 了解工作窗口面板的放置。
- ◎ 掌握 Protel DXP 系统资源的定制。
- ◎ 熟悉 Protel DXP 常用编辑环境。

1.1 Protel DXP 简介

Protel DXP 是 Altium 公司于 2002 年推出的一套电路板设计软件平台，主要运行在 Windows 2000 和 Windows XP 操作系统上。

现在的 Protel DXP 已不是单纯的印制电路板（PCB）设计工具，而是一套由 5 大模块组成的系统工具，即原理图（SCH）设计、原理图（SCH）仿真、PCB 设计、自动布线器（AutoRouter）和 FPGA 设计，它覆盖了以 PCB 为核心的整个物理设计。

作为一款优秀的 EDA 设计软件，Protel DXP 软件具有以下特点。

（1）通过设计文件包的方式，将原理图编辑、电路仿真、PCB 图设计以及打印这些功能有机地结合在一起，提供了一个集成开发环境。利用这个功能设计者可以不用退出原理图设计程序再进入 PCB 设计程序。

（2）提供了混合电路仿真功能，为设计者检验原理图电路中某些功能模块的正确与否提供了方便。

（3）提供了丰富的原理图元器件库和 PCB 封装库，并且为设计新的元器件封装提供了封装向导程序，简化了封装设计过程。

Protel DXP 实用教程

（4）提供了层次原理图设计方法，支持"自上而下"的设计思想，使大型电路设计的工作组开发方式成为可能。

（5）提供了强大的查错功能。原理图中的电气法则检查（ERC）工具和 PCB 图的设计规则检查（DRC）工具能帮助设计者更快地查出和改正错误。

（6）全面兼容 Protel 系列以前版本的设计文件，并提供了与 OrCAD 格式文件的转换功能。

（7）提供了全新的 FPGA 设计的功能，这是以前的版本所没有提供的功能。

1.2 启动 Protel DXP

运行 Protel DXP 的执行程序就可以启动 Protel DXP 了。
下面介绍具体的启动方法。
(1) 如图 1-1 所示，在 Windows 桌面选择【开始】/【程序】/【Altium】/【Protel DXP】选项，即可启动 Protel DXP。
(2) 启动 Protel DXP 应用程序后，会出现如图 1-2 所示的启动界面，接下来系统便进入 Protel DXP 主窗口。

启动 Protel DXP 还有其他的简便方法：双击 Windows 桌面上的 Protel DXP 的图标来启动应用程序或者直接单击 Windows【开始】菜单中的 Protel DXP 图标，如图 1-3 所示。

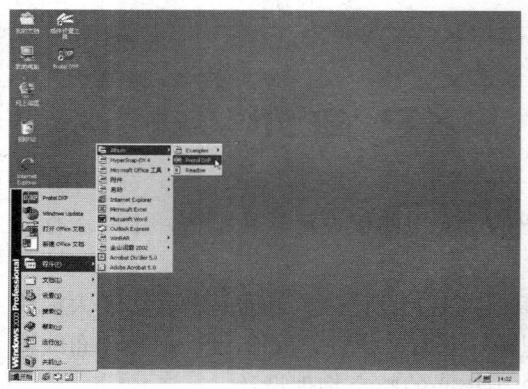

图1-1　启动 Protel DXP　　　　　图1-2　Protel DXP 启动画面　　　　图1-3　【开始】菜单

1.3 初识 Protel DXP

进入 Protel DXP 的主窗口，如图 1-4 所示。不同的操作系统在安装 Protel DXP 后，首次出现的主窗体可能会有所不同，不过没关系，通过本章的介绍，读者将逐渐学会怎样让窗口界面更加适合自己的个性化需要。

第 1 章 初识 Protel DXP

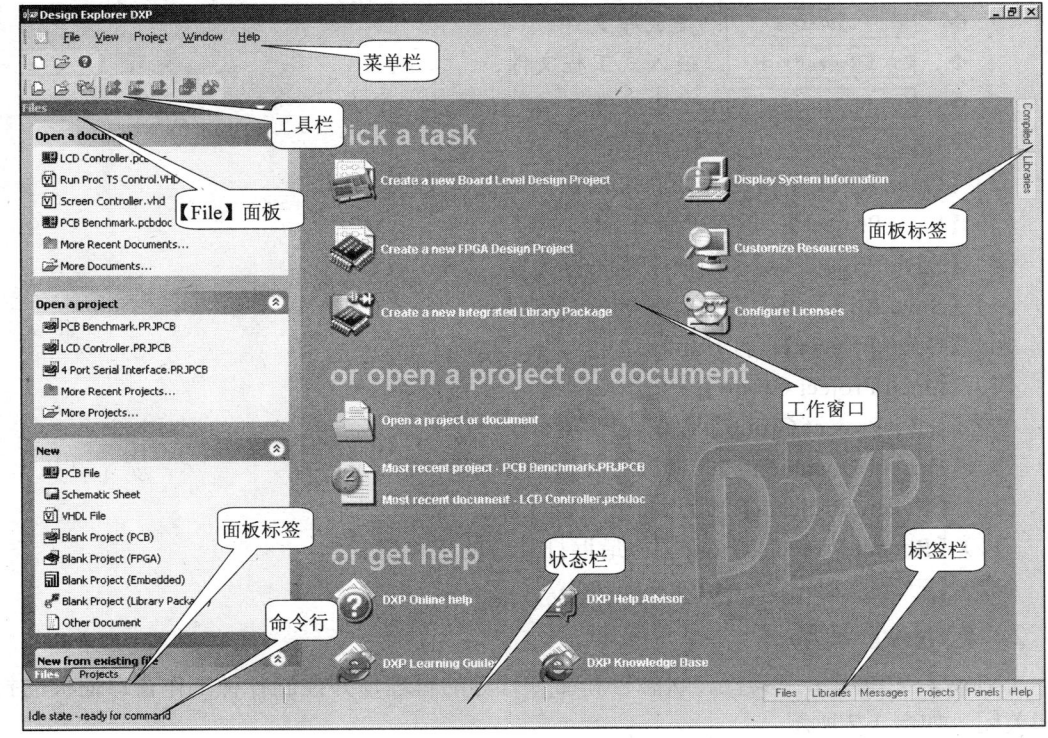

图1-4 Protel DXP 主窗口

下面就简单介绍 Protel DXP 主窗口中各部分的功能。

1.3.1 Protel DXP 菜单栏

Protel DXP 的菜单栏是用户启动和优化设计的入口，它具有命令操作、参数设置等功能。用户进入 Protel DXP 后，首先看到的有【File】、【View】、【Project】、【Window】和【Help】5 个下拉菜单，如图 1-5 所示。

图1-5 菜单栏

1. 【File】菜单

【File】菜单主要用于文件的新建、打开和保存等，如图 1-6 所示。

下面介绍【File】菜单各选项的功能。

（1）【New】：新建一个文件，主要的文件类型有以下几种。

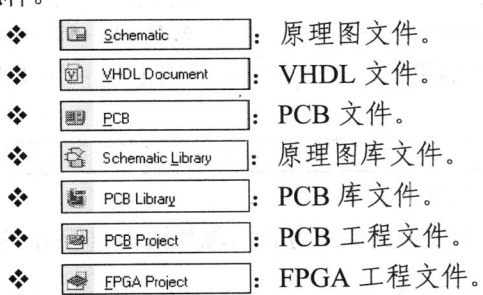

- Schematic：原理图文件。
- VHDL Document：VHDL 文件。
- PCB：PCB 文件。
- Schematic Library：原理图库文件。
- PCB Library：PCB 库文件。
- PCB Project：PCB 工程文件。
- FPGA Project：FPGA 工程文件。

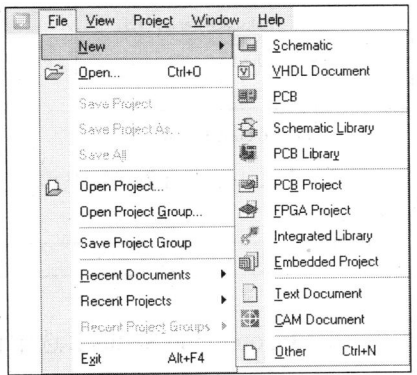

图1-6 【File】菜单

- ❖ Integrated Library：集成库文件。
- ❖ Embedded Project：嵌入式工程文件。
- ❖ Text Document：文本文件。
- ❖ CAM Document：CAM 文件。

（2）【Open】：打开 Protel DXP 可以识别的已有文件。
（3）【Save Project】：保存当前工程。
（4）【Save Project As】：当前工程另存为。
（5）【Save All】：保存当前打开的所有文件。
（6）【Open Project】：打开工程。
（7）【Open Project Group】：打开工程组。
（8）【Save Project Group】：保存工程组。
（9）【Recent Documents】：最近打开过的文件。
（10）【Recent Projects】：最近打开过的工程。
（11）【Recent Projects Groups】：最近打开过的工程组。
（12）【Exit】：退出 Protel DXP。

2.【View】菜单

【View】菜单用于工具栏、状态栏和命令行等的管理，并控制各种工作窗口面板的打开和关闭，如图 1-7 所示。

下面介绍【View】菜单各选项的功能。

（1）【Toolbars】：控制工具栏的显示与隐藏，它包含如图 1-8 所示的子项。
- ❖ 【No Document Tools】：选中该子项，工具栏中将显示 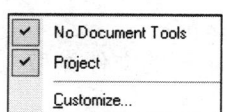。
- ❖ 【Project】：选中该子项，工具栏中将显示 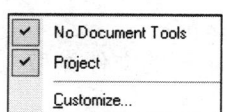。
- ❖ 【Customize】：系统资源个性化修改命令。

（2）【Workspace Panels】：包含如图 1-9 所示的子项，它用于工作窗口面板的显示控制，选择其中子项，将会显示对应的工作窗口面板。

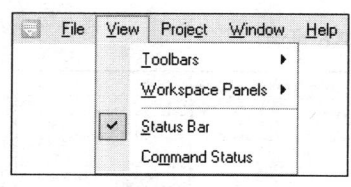

图1-7　【View】菜单　　　　图1-8　【Toolbars】菜单子项　　　　图1-9　【Workspace Panels】菜单子项

（3）【Status Bar】：选中该选项，浏览器主窗口下方将出现如图 1-10 所示的状态栏和标签栏。

图1-10　状态栏和标签栏

（4）【Command Status】：选中该选项，浏览器界面下方将出现如图 1-11 所示的命令行。

第1章 初识 Protel DXP

图1-11 命令行

3.【Project】菜单

【Project】菜单中各选项主要用于整个设计工程的编译、分析和版本控制，当尚未打开任何工程时，【Project】下拉菜单栏中除【Add Existing Project】、【Add New Project】、【Version Control】选项外，其他选项为灰色，处于不可用状态，如图 1-12 所示。

下面介绍当前可用菜单选项的功能。

- ❖ 【Add Existing Project】：添加已有工程。
- ❖ 【Add New Project】：添加一个新工程。
- ❖ 【Version Control】：版本控制。

其他命令将会在后续章节中介绍。

4.【Window】菜单

【Window】菜单主要用于窗口大小和位置的管理，如图 1-13 所示。

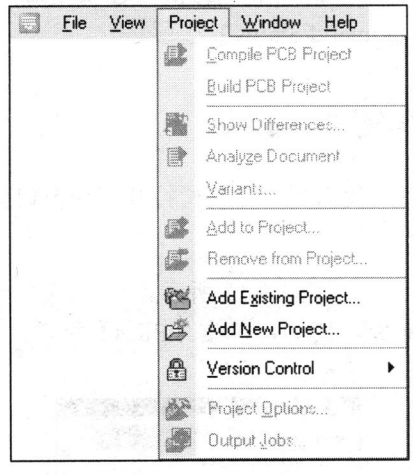

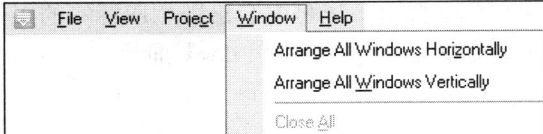

图1-12 【Project】菜单　　　　　图1-13 【Window】菜单

- ❖ 【Arrange All Windows Horizontally】：窗口水平平铺。
- ❖ 【Arrange All Windows Vertically】：窗口垂直平铺。
- ❖ 【Close All】：关闭所有工程。

5.【Help】菜单

【Help】菜单用于打开帮助文件，如图 1-14 所示。

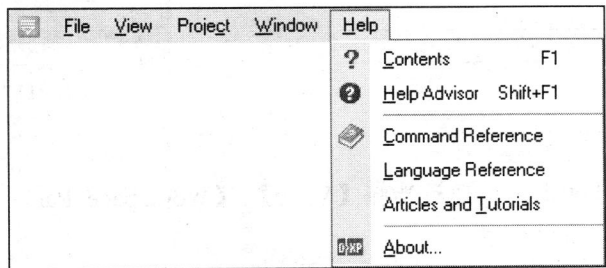

图1-14 【Help】菜单

1.3.2 工具栏

工具栏各按钮具体功能如下。

- ❖ 和 ：单击两个按钮后，可在随后显示的【File】面板中选择新建或打开工程文件。
- ❖ ：打开已有文件。
- ❖ ：用于打开帮助向导。
- ❖ ：用于打开已有工程。
- ❖ ：打开已有工程。

1.3.3 状态栏和命令行

状态栏和命令行用于显示当前的工作状态和正在执行的命令。状态栏和命令行的打开与关闭可利用【View】菜单进行设置，方法为选中【View】菜单中的相应选项，如图 1-7 所示的【View】/【Status Bar】选项和【View】/【Command Status】选项。

1.3.4 标签栏和工作窗口面板

Protel DXP 通过工作窗口面板来完成相应操作，下面我们利用标签栏打开工作窗口面板。

1. 标签栏

标签栏位于 Protel DXP 设计浏览器主窗口的右下角，如图 1-15 所示。

单击标签，屏幕中会出现相应标签的工作窗口面板。例如，单击【Files】标签，则会出现如图 1-16 所示的【Files】面板。

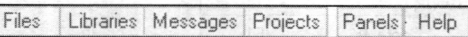

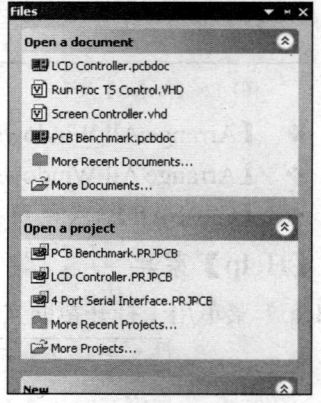

图1-15 标签栏 　　　　　　　　　　　　　　图1-16 【Files】面板

 设计者也可以通过选择【View】/【Workspace Panels】中的可选项，使相应工作面板显示。

2. 工作窗口面板

Protel DXP 大量地使用工作窗口面板，用户可以通过工作窗口面板方便地实现打开文件、访问库文件、浏览各个设计文件和编辑对象等各种功能。工作窗口面板可分为两类，一类是在任何编辑环境中都有的面板，如库文件（Library）面板和工程（Project）面板；另一类是在特定的编辑环境中才会出现的面板，如 PCB 编辑环境中的导航器（Navigator）面板。

面板的显示方式有 3 种。

（1）自动隐藏方式。如图 1-17 所示，该图中的面板处于自动隐藏方式。要显示某一工作窗口面板，可以将鼠标指针放在相应标签上或者单击该标签，工作窗口面板会自动弹出。当鼠标指针移开该面板一定时间或者在工作区单击鼠标左键后，该面板会自动隐藏。

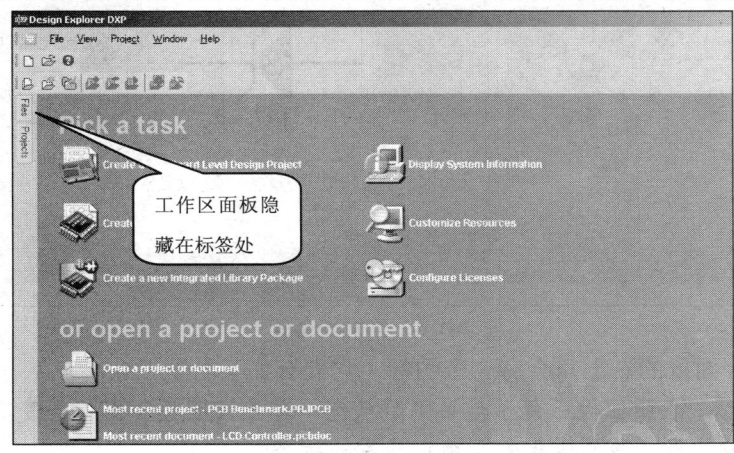

图1-17　面板靠边隐藏方式

（2）锁定显示方式。如图 1-18 所示，图中左侧的【Files】面板处于锁定显示方式。

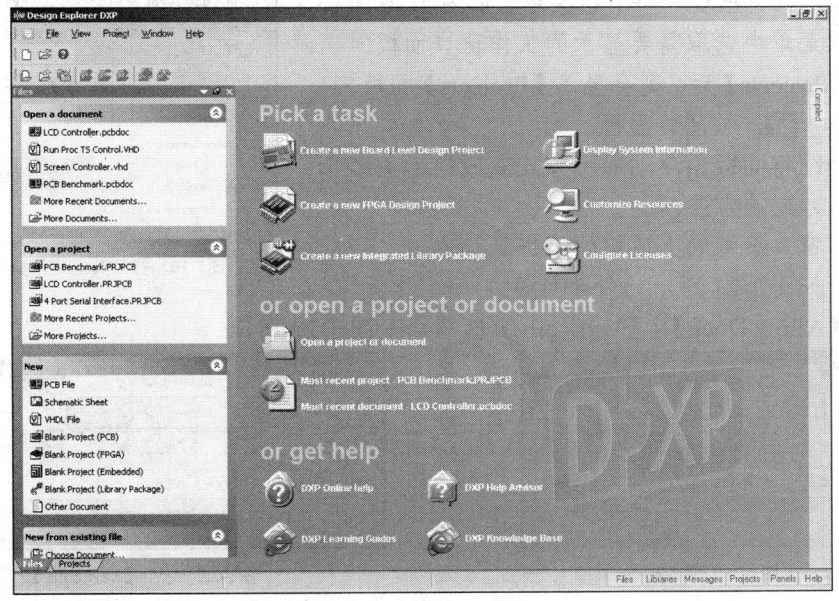

图1-18　锁定显示方式

（3）浮动显示方式。如图 1-19 所示，其中的【Libraries】面板处于浮动显示状态。

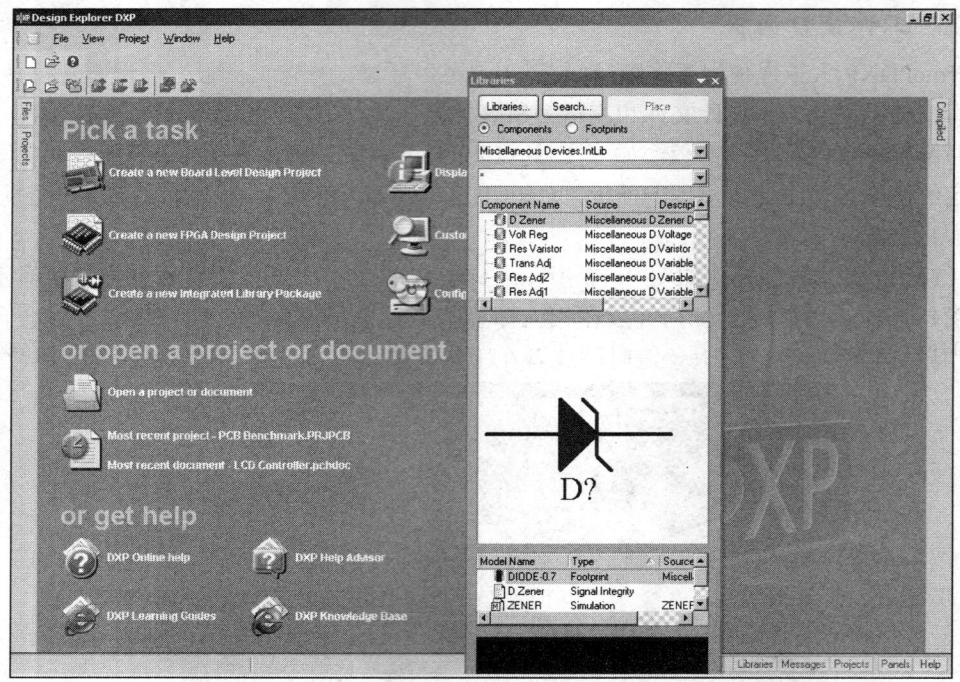

图1-19 浮动显示方式

一般在每个面板的右上角会有3个图标，它们有如下功能。

- ❖ ![icon]：表明面板正处于自动隐藏状态，单击该图标，图标会变成 ![icon]。
- ❖ ![icon]：表明该面板正处于锁定显示的状态。
- ❖ ![icon]：显示其他的工作窗口面板，单击该图标后，会出现一个下拉菜单，如图1-20所示，从菜单中选取需要显示的工作窗口面板。选择【Projects】后，则会显示【Projects】面板。
- ❖ ![icon]：关闭该面板。

下面介绍将面板由浮动显示方式变成自动隐藏或锁定显示方式的方法。

(1) 在工作窗口面板的上边框处单击鼠标右键，将会弹出如图1-21所示的命令标签。

(2) 选中【Allow Dock】/【Vertically】选项，如图1-22所示。

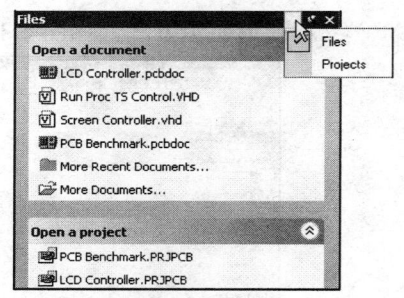

图1-20 打开其他工作窗口面板

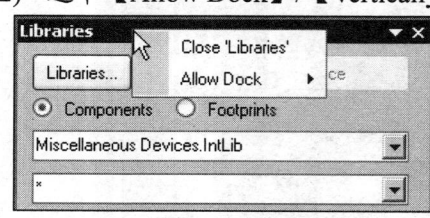

图1-21 命令标签

图1-22 选中【Vertically】

(3) 将鼠标指针（箭头）放在面板的上边框处，按住鼠标左键拖动鼠标至窗口左边或右边合适位置，直到虚框变成如图1-23所示。

第 1 章 初识 Protel DXP

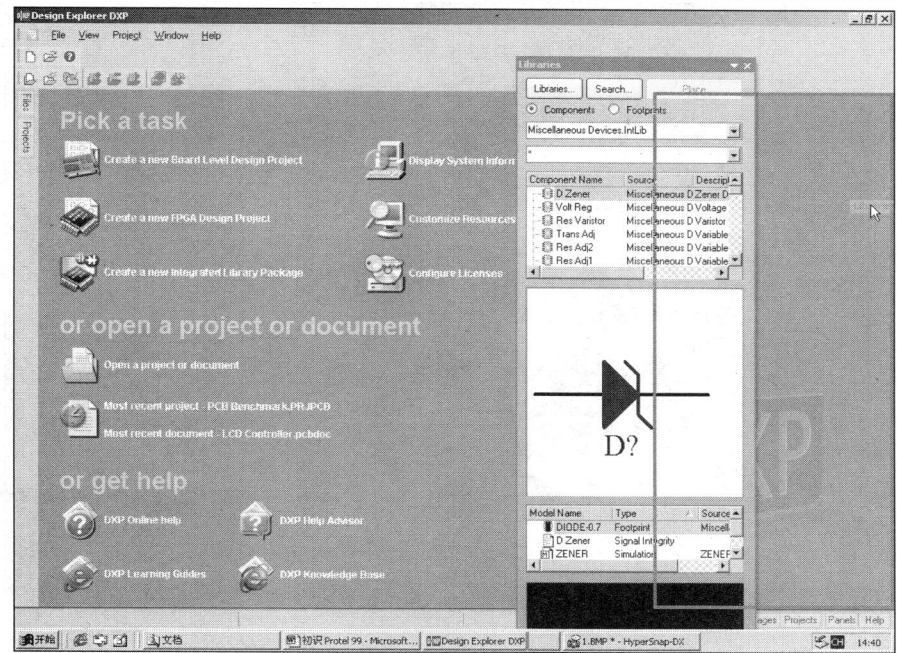

图1-23 拖动状态

(4) 放开鼠标左键,即可使所移动的面板变成自动隐藏或者锁定显示方式,如图 1-24 所示。

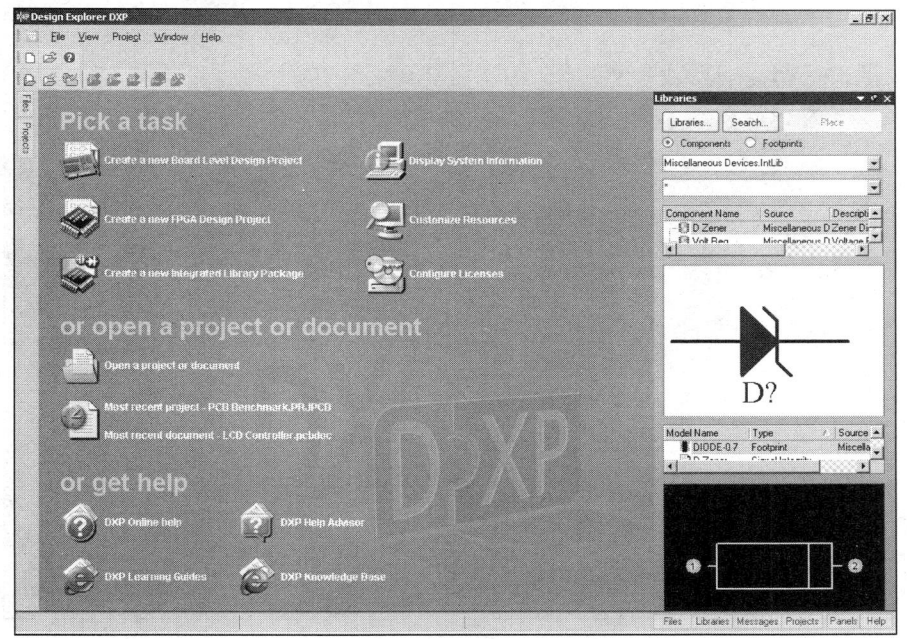

图1-24 面板靠边显示方式

(5) 选定自动隐藏或锁定显示方式。要使所移动的面板为自动隐藏方式,需要先确认面板右上方有 ■ 图标出现。如果是 ■ 图标,则说明该面板正处于锁定显示方式,单击 ■ 图标,可以使该图标变成 ■,从而使该面板变成自动隐藏显示方式。

要使工作窗口面板由自动隐藏或者锁定显示方式转变为浮动显示方式,只需用鼠标将工作窗口面板向外拖动到希望放置的位置即可,如图 1-25 所示,拖动后的结果如图 1-26 所示。

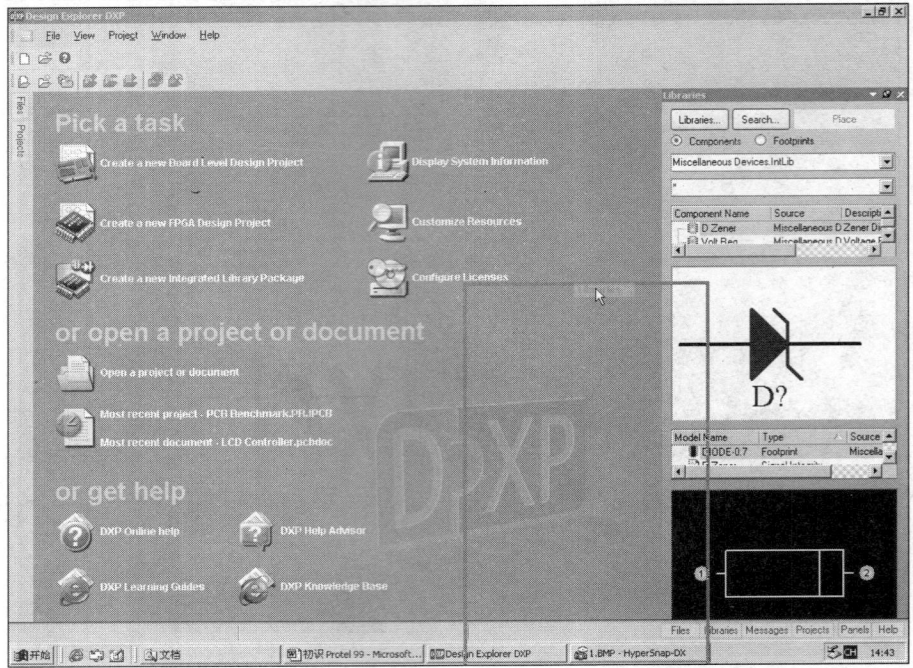

图1-25 拖动状态

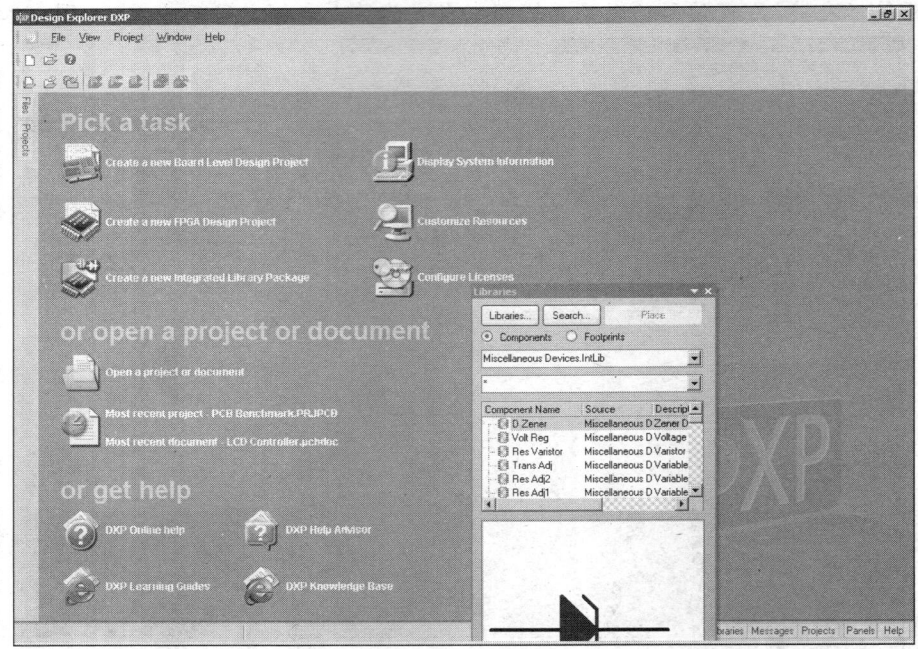

图1-26 拖动后的【Libraries】面板

1.3.5 工作窗口

在进行设计工作时,工作窗口将显示设计图纸等项目。在刚进入 Protel DXP 时,该区域会显示常用的菜单命令,如图 1-4 所示。下面介绍各图标的具体功能。

（1）在 Pick a task 栏中各选项含义如下。

- ❖ Create a new Board Level Design Project：新建一个电路板设计工程。
- ❖ Create a new FPGA Design Project：新建一个 FPGA 设计工程。
- ❖ Create a new Integrated Library Package：新建一个集成库文件。
- ❖ Display System Information：显示系统信息。
- ❖ Customize Resources：系统资源个性化。
- ❖ Configure Licenses：配置许可认证。

（2）在 or open a project or document 栏中各选项含义如下。

- ❖ Open a project or document：打开一个工程或文件。
- ❖ Most recent project - PCB Benchmark.PRJPCB：最近打开的工程或文件。

（3）在 or get help 栏中各选项含义如下。

- ❖ DXP Online Help：打开 Protel DXP 联机帮助。
- ❖ DXP Help Advisor：打开 Protel DXP 帮助向导。
- ❖ DXP Learning Guides：Protel DXP 学习指导（链接到 Protel DXP 网站）。
- ❖ DXP Knowledge Base：Protel DXP 知识库（链接到 Protel DXP 网站）。

1.4 资源个性化

不同的用户可能会有不同的设计习惯，针对这种情况，Protel DXP 人性化的设计理念给予了设计者灵活的设计方式，它允许用户根据自己的需要和习惯来修改系统菜单、工具栏和快捷键等项目。下面就来介绍一下 Protel DXP 的个性化魅力，并为设计者打造一个属于自己的个性化设计空间。

1. 进入资源个性化修改环境

执行菜单命令【View】/【Tool Bars】/【Customize】，打开如图 1-27 所示的【Customizing DefaultEditor Editor】对话框，系统进入资源个性化修改状态，这时选择菜单栏和工具栏中的各种命令，系统不会执行相应操作。

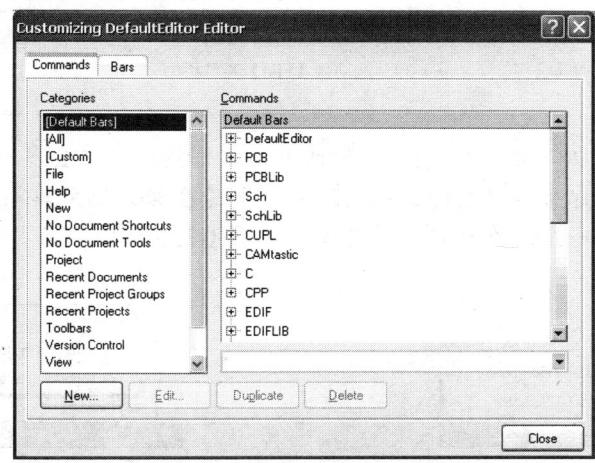

图 1-27 【Customizing DefaultEditor Editor】对话框

 用户可以在菜单栏或工具栏上单击鼠标右键，并在弹出的标签中选择【Customize】选项也可以进入资源个性化修改环境，如图1-28所示。

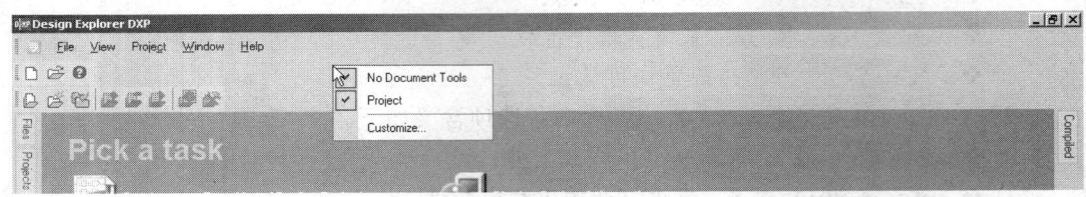

图1-28 个性化设置标签

进入资源个性化修改环境后，将鼠标指针放在需要调整的菜单栏或者工具栏项目上，按住鼠标左键，将它们拖至所希望放置的地方，然后松开鼠标左键即可将其调整到新位置。

2. 调整菜单栏和工具栏排列

在如图1-28所示界面中，选择【Window】菜单中的【Close All】选项，如图1-29所示。拖动至【File】菜单上，【File】菜单自动打开，如图1-30所示，选择需要放置的位置，放开鼠标左键即可。最终【File】菜单中的内容如图1-31所示，【Window】菜单中的内容如图1-32所示。

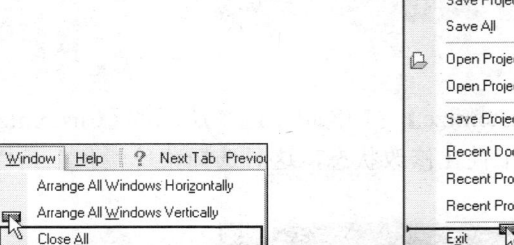

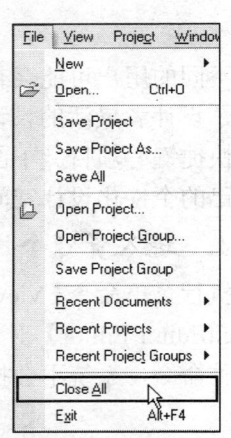

图1-29 拖动【Close All】菜单　　　图1-30 拖动到【File】菜单栏中　　　图1-31 调整后的【File】菜单

 在拖动的同时如果按下 Ctrl 键，鼠标指针旁边会多一个 + 标记，这样做可以不从原菜单中去除被拖动项目，而是在保证原菜单不变的前提下，在新位置形成一个所拖动项目的副本，如图1-33所示。

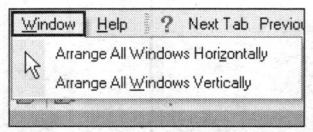

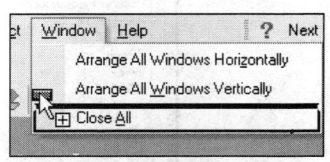

图1-32 调整后的 Windows 菜单栏　　　　　　　图1-33 制作菜单命令副本

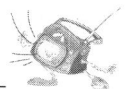

3. 删除个性化项目

在资源个性化修改环境中，设计者也可以将以往的个性化修改删除。

(1) 删除所有个性化项目。在【Commands】选项卡中选中【Categories】栏中的【Custom】选项，如图1-34所示，单击 Delete 按钮，即可删除所有定制的个性化项目。

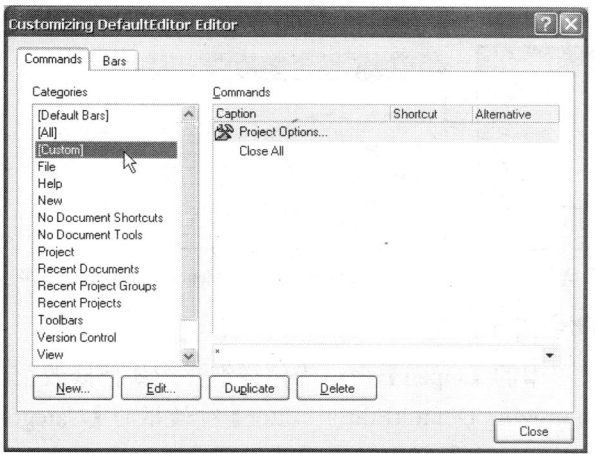

图1-34 删除所有个性化项目

(2) 删除某一个性化项目。用鼠标右键单击所要删除的项目，从弹出的菜单中选择【Delete】命令即可，如图1-35所示。

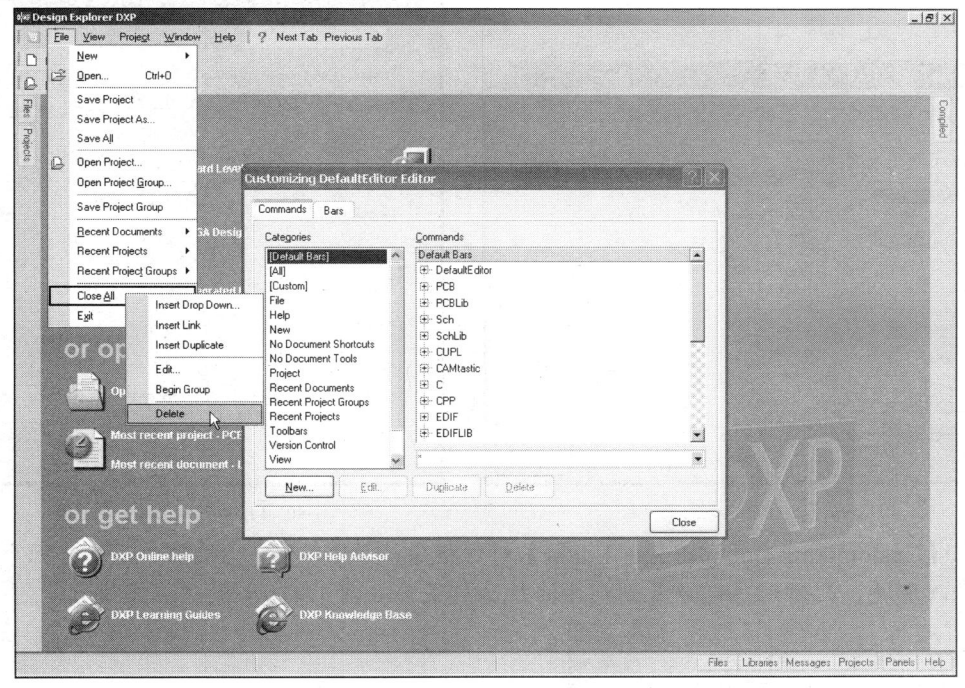

图1-35 删除某一个性化项目

4. 新建下拉菜单

(1) 在需要插入新建下拉菜单的地方，单击鼠标右键，在弹出的快捷菜单中执行【Insert Drop Down】命令，如图1-36所示。随后会出现如图1-37所示的对话框。

(2) 在弹出对话框的【Caption】栏中填入新建下拉菜单的名字，然后在【Popup Key】栏中单击 按钮，选择新建下拉菜单的快捷键，在【Bitmap】栏中通过浏览的方式在本机中找到下拉菜单适当的图标。

(3) 单击 OK 按钮，即可完成下拉菜单的创建，如图 1-38 所示。然后用户就可以参考前面所讲的调整菜单栏和工具栏排列的方法，向该菜单中添加自己需要的命令。

图1-36 插入下拉菜单

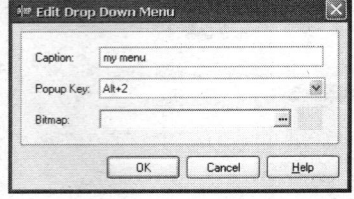
图1-37 【Edit Drop Down Menu】对话框

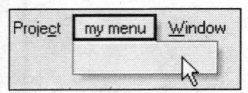
图1-38 新建的【my menu】下拉菜单

5. 修改菜单命令外观

下面以【File】菜单中的【Open】命令为例详细介绍如何修改菜单命令的外观。

(1) 接上例。在【Customizing DefaultEditor Editor】对话框的【Categories】栏中单击【File】选项，然后在【Commands】栏中双击【Open】命令，如图 1-39 所示。

(2) 在弹出的【Edit Command】对话框中键入相应属性，如图 1-40 所示。单击 OK 按钮退出该对话框。

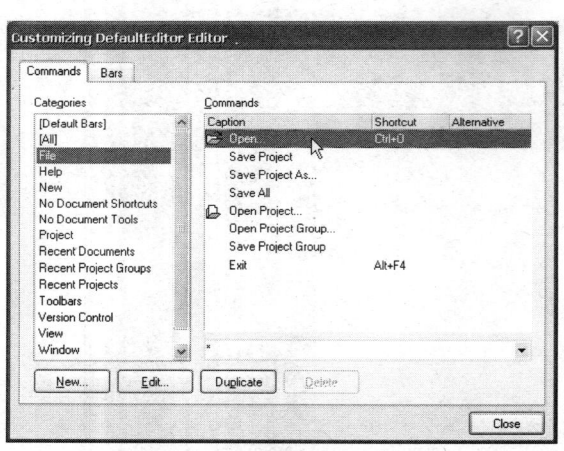

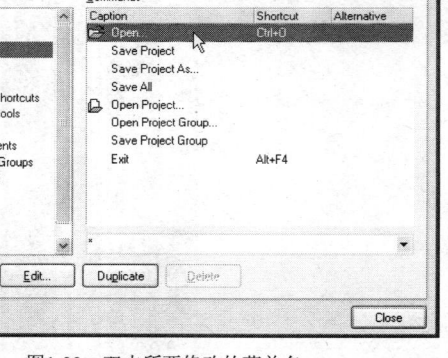

图1-39 双击所要修改的菜单名　　　　　　图1-40 【Edit Command】对话框

(3) 在【Customizing DefaultEditor Editor】对话框中，单击 Close 按钮，退出资源个性化修改环境。此时用户即可看到刚才修改的效果，如图 1-41 所示。

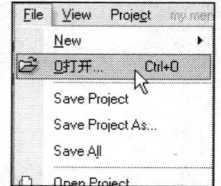

图1-41 修改后的【Open】菜单和工具栏

第 1 章　初识 Protel DXP

通过这一方法，用户还可以对 Protel DXP 的全英文环境进行汉化。

本书中所有范例的菜单外观，均采用 Protel DXP 默认外观。

1.5　Protel DXP 的文件组织结构

Protel DXP 引入了设计工程的概念，即在印制电路板的设计过程中，一般先建立一个工程文件，该文件扩展名为".Prj***"（其中"***"是由所建工程项目的类型决定的）。该文件只是定义工程中各个文件之间的关系，并不将各个文件包含于内，在设计工作过程中，建立的原理图、PCB 等文件都以分立文件的形式保存在计算机中。有了工程文件这个联系的纽带，同一工程中的不同文件可以不必保存在同一文件夹中。在查看文件时，设计者可以通过打开工程文件的方式查看与工程相关的所有文件，也可以将工程中的单个文件以自由文件的形式单独打开。

当然，用户也可以不建立工程文件，而直接建立一个原理图文件或者其他单独的、不属于任何工程的自由文件。

建议用户在开始某一项设计时，首先为该项目单独建立一个文件夹，将所有与该项设计有关的文件都存放在该文件夹下。

1.6　启动常用编辑器

Protel DXP 是基于 Windows 操作系统的 32 位的电子设计系统，它为用户提供了一整套的设计工具，让用户的设计理念轻松实现，其中最常用的编辑器共有以下 7 个。

- ❖ VHDL 编辑器（VHDL Document，文件扩展名为".Vhd"）。
- ❖ 原理图编辑器（Schematic Document，文件扩展名为".SchDoc"）。
- ❖ PCB 编辑器（PCB Document，文件扩展名为".PcbDoc"）。
- ❖ 原理图库文件编辑器（Schematic Library Document，文件扩展名为".SchLib"）。
- ❖ PCB 库文件编辑器（PCB Library Document，文件扩展名为".PcbLib"）。
- ❖ 文本编辑器（Text Document，文件扩展名为".Txt"）。
- ❖ CAM 文件编辑器（CAM Document，文件扩展名为".Cam"）。

下面将重点介绍如何建立印制电路板的工程文件，以及启动原理图编辑器和印制电路板编辑器的步骤。对于启动其他类型的编辑器，用户可以参照启动这两个编辑器的步骤进行操作。

1.6.1 创建一个电路板设计工程

按照一般的设计流程，设计者在进行设计时，应当先建立一个工程。为便于文件管理，建议用户首先建立一个专门存放所有与此工程相关文件的文件夹。

1. 创建一个电路板设计工程

(1) 执行菜单命令【File】/【New】/【PCB Project】后，【Projects】面板就会出现一个新建工程文件，如图1-42所示。

(2) 执行菜单命令【File】/【Save Project】，在弹出的对话框中，将存储位置定位到用户新建的文件夹，在文件名栏中键入"My first project"后，单击 保存(S) 按钮即可。保存工程文件后，【Projects】面板中的工程文件名会由默认的"PCB Project1.PrjPCB"变成刚才键入的文件名，如图1-43所示。

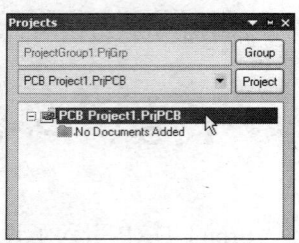

图1-42 新建的工程文件

其中 No Documents Added 的含义是当前工程中没有任何文件。

这样，就建立了一个新的工程文件，该工程中所有单个文件之间的关联信息都将保存在该工程文件中。

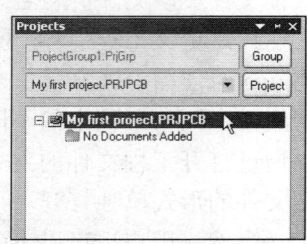

图1-43 保存后的工程文件

 建立新的PCB工程还有其他方法，例如在【Files】面板的【New】栏中选择【Blank Project (PCB)】选项来建立一个PCB工程文件，如图1-44所示。

2. 关闭和打开电路板设计工程

(1) 在【Projects】面板中，用鼠标右键单击需关闭的工程文件名。在弹出的快捷菜单中选择【Close Project】选项，即可关闭该工程，如图1-45所示。

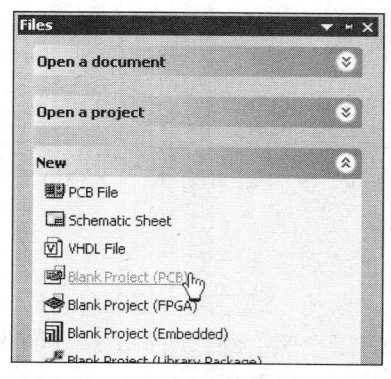

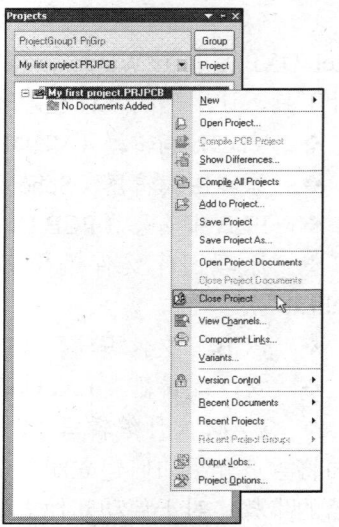

图1-44 通过【Files】面板中的【New】栏新建PCB工程

图1-45 关闭工程

(2) 执行菜单命令【File】/【Open Project】,或在【Files】面板中选择【Open a Project】中的选项可以打开已有的工程。

1.6.2 启动原理图编辑器

并不是一定要建立工程文件后才可以打开原理图编辑器,即使没有工程文件,用户也可以打开原理图编辑器建立一个自由原理图文件,利用这种功能,用户可以只画出一张原理图而不做任何其他后续工作。如果需要,用户仍然可以将这个原理图文件添加至其他工程中。

下面介绍新建一张原理图的方法。
(1) 执行菜单命令【File】/【New】/【Schematic】,启动原理图编辑器。
(2) 进入原理图编辑器后,整个窗口已经和刚才大不相同,在工具栏中出现了很多按钮。

如果此前已经打开了一个工程文件,新建的原理图文件会自动加入到当前工程中,并列于原理图文件夹下。例如,打开"My first project.PRJPCB"工程文件后,再执行第(1)步的操作。一个系统默认名字为"Sheet1.SchDOC"的原理图文件会自动加入到"My first project.PRJPCB"工程中,如图1-46所示。

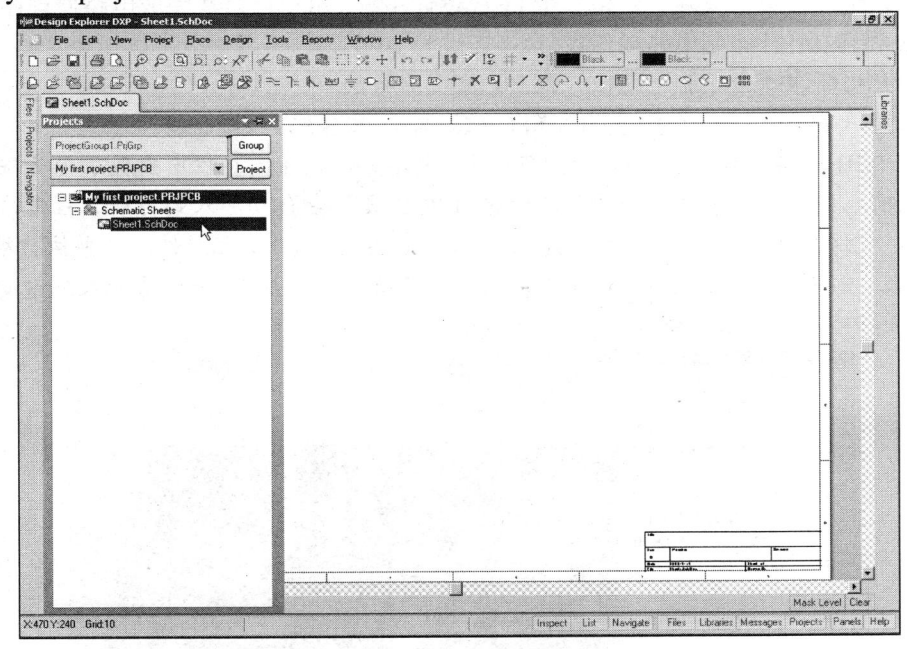

图1-46 新建的原理图文件

(3) 执行菜单命令【File】/【Save】,在弹出的对话框中,选择合适的路径并输入文件名,例如"111",单击 保存(S) 按钮即可。此时在工程面板【Projects】中,可以看到一个名为"111.SchDoc"的原理图文件已加入到工程"My first project.PRJPCB"当中了,如图1-47所示。

如果用户未打开任何工程或者将所有已打开的工程全部关闭,再执行菜单命令【File】/【New】/【Schematic】,此时系统会建立一个自由的原理图文件(Free Schematic Sheets),保存后它不隶属于任何工程,如图1-48所示。

Protel DXP 实用教程

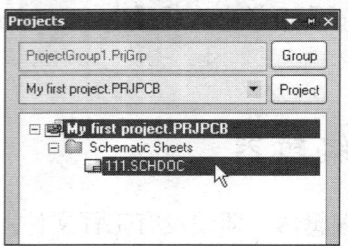
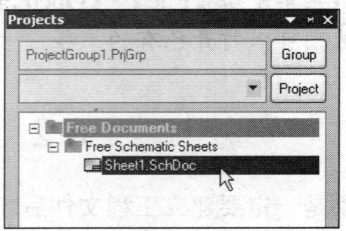

图1-47 保存后的原理图文件　　　　　图1-48 自由原理图文件

在保存自由文件时，自由文件的文件名一定不能与同一文件夹下属于某个工程的相同类型文件同名，否则原工程中的文件将被替换，而且系统也不会提示用户。

1.6.3 启动印制板电路编辑器

印制电路板编辑器实际上就是一个 PCB 设计系统，用户通常在完成电路原理图的基础上，在该系统中进行印制电路板的设计。

下面介绍新建一个印制电路板（PCB）文件的方法。

(1) 执行菜单命令【File】/【New】/【PCB】，启动 PCB 编辑器。
(2) 进入 PCB 编辑器后，整个窗口已经和刚才大不相同，在工具栏中出现了很多按钮。如果此前已经打开了一个工程文件，新建的 PCB 文件会自动加入到当前工程中，并列于 PCBs 文件夹下。例如：打开 "My first project. PRJPCB" 工程文件后，再执行第 (1) 步操作，一个系统默认名字为 "PCB1.PcbDoc" 的 PCB 文件会自动加入到 "My First project.PRJPCB" 工程中，如图 1-49 所示。

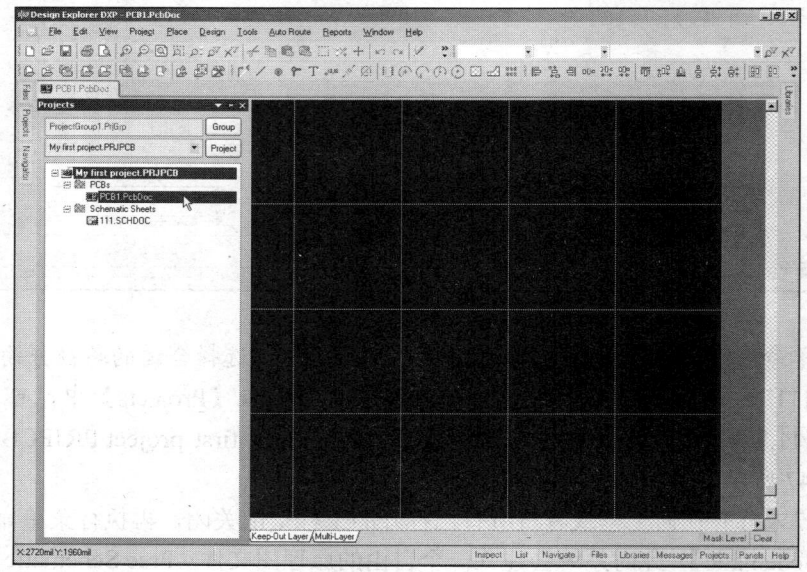

图1-49 新建的印制电路板（PCB）文件

第 1 章 初识 Protel DXP

(3) 执行菜单命令【File】/【Save】，在弹出的保存文件对话框中，选择合适的路径并输入相应的文件名"111"后，单击 保存(S) 按钮结束。此时在工程面板【Projects】中，可以看到一个名为"111.PCBDOC"的印制电路板文件已加入到工程"My first project.PRJPCB"当中了，如图 1-50 所示。

如果用户未打开任何工程或者将所有已打开的工程全部关闭，再执行菜单命令【File】/【New】/【PCB】，此时会建立一个自由的印制电路板（PCB）文件（Free PCBs），保存后它不隶属于任何工程，如图 1-51 所示。

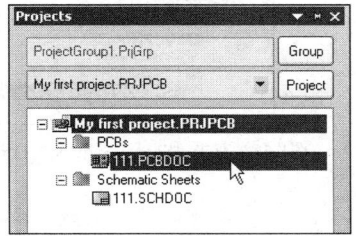
图1-50 保存后的【Projects】面板显示

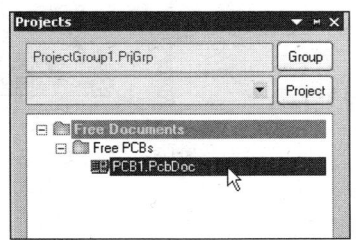
图1-51 新建的自由印制电路板（PCB）文件

1.6.4 不同编辑器之间的切换

在创建不同类型的文件或相同类型的不同文件并进入相应的编辑器时，用户会发现在工作窗口上部会相应地增加不同的标签。用鼠标单击这些标签就可以在不同类型的编辑器或相同类型的不同文件之间自由切换，如图 1-52 所示。

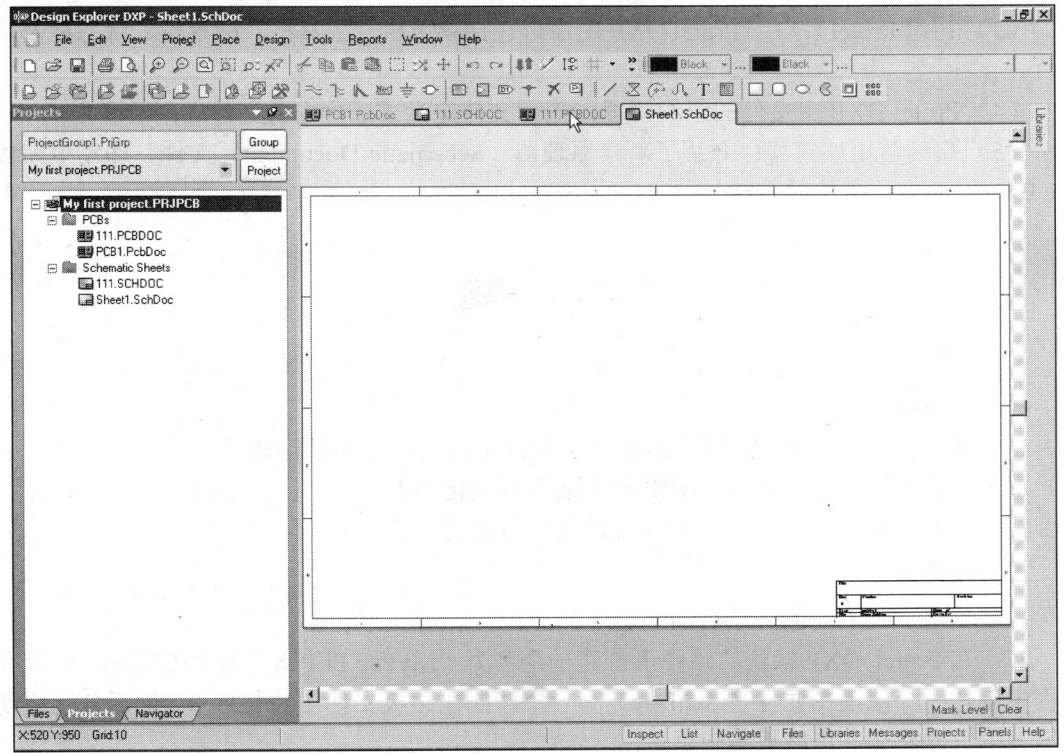
图1-52 由当前的原理图编辑器切换到印制电路板编辑器

Protel DXP 实用教程

要关闭其中的任何一个文件，可以在标签上单击鼠标右键，在弹出的快捷菜单中选择【Close】选项，即可关闭相应文件，如图 1-53 所示。

要打开工程中的任何一个文件，可以在【Projects】面板中，双击要打开的文件名，即可打开相应文件，如图 1-54 所示。

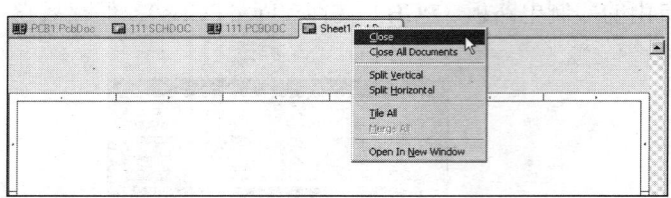
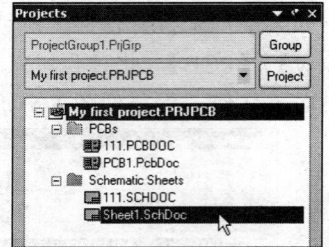

图1-53　关闭文件　　　　　　　　　　图1-54　双击"Sheet1.SchDoc"打开该文件

小　结

本章初步介绍了 Protel DXP 的相关知识，为日后进一步的工作做好准备。

（1）Protel DXP 介绍：Protel DXP 是 Altium 公司于 2002 年推出的一套电路板设计软件平台，主要运行在 Windows 2000 和 Windows XP 操作系统上。

（2）运行 Protel DXP：单击 Windows 界面左下角的 开始 按钮，运行 Protel DXP 的执行程序就可以进入 Protel DXP 界面。

（3）初识 Protel DXP：Protel DXP 主窗口包括菜单栏、工具栏、标签栏、状态栏及命令行。

（4）Protel DXP 中文件的组织管理：工程文件定义了工程中各文件之间的联系。

（5）启动常用编辑器：介绍了新建原理图（Schematic Document）文件、印制电路板（PCB Document）文件的方法。

习　题

一、问答题

1. 如何在不同类型的编辑器或相同类型的不同文件之间进行切换？
2. 用户可以自己对 Protel DXP 的界面进行汉化吗？
3. 在 Protel DXP 创建的各种文件的组织方式是怎样的？

二、操作题

1. 试用 3 种不同的方法启动 Protel DXP。
2. 在 Protel DXP 默认的路径下创建一个名为"MyPcb.PrjPcb"的工程文件，然后在工程中创建一个原理图文件（.SchDoc）和一个印制电路板文件（.PcbDoc），最后分别启动原理图编辑器和印制电路板编辑器。

第2章 Protel DXP 原理图编辑器基础

在正式开始学习使用 Protel DXP 绘制原理图之前,设计者应该先学会如何在 Protel DXP 原理图编辑器中查看一张已经画好的图,也就是说,要学会原理图设计系统中各种(诸如查找、定位、放大缩小等)关键看图工具和手段的运用,这对于以后项目的设计和原理图的绘制将大有益处。

下面利用 Protel DXP 中自带的一个例子来说明如何利用 Protel DXP 原理图编辑器中的常用工具看原理图。

学习目标
- ◎ 熟悉原理图设计系统中常用面板功能。
- ◎ 掌握原理图编辑器工具栏的打开与关闭。
- ◎ 掌握绘图区域的放大与缩小方法。
- ◎ 掌握图件的复制和粘贴方法。
- ◎ 掌握图件的阵列粘贴方法。
- ◎ 掌握按一定要求排列图件的方法。
- ◎ 掌握注释工具——图形工具栏的使用。
- ◎ 掌握原理图的打印输出方法。

2.1 原理图工作窗口面板

与以往任何老版本不同,Protel DXP 在其各种编辑器中,大量使用了工作窗口面板(Workspace Panel),单击面板标签,相应的工作窗口面板就会出现,这些工作窗口面板不但功能完备,而且还可以根据用户的习惯按不同方式放置,比如可以让工作窗口面板使用完毕后自动隐藏以增大用于作图的工作区面积,或者让某个工作窗口面板锁定显示在窗口中以方便作图过程中的随时查看和使用。

下面将通过 Protel DXP 中自带的例子,来介绍原理图编辑器中常用的面板功能。
(1) 执行菜单命令【File】/【Open Project】,在 Protel DXP 的安装目录中找到"Altium\Examples\4 Port Serial Interface\4 Port Serial Interface.PRJPCB"文件,如图2-1所示,单击 打开(O) 按钮。

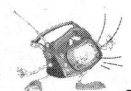

Protel DXP 实用教程

(2) 随后整个窗体如图 2-2 所示，在【Projects】面板中，用鼠标左键双击"4Port UART and Line Drivers.SchDoc"，即可打开"4 Port Serial Interface.PRJPCB"工程中名为"4Port UART and Line Drivers.SchDoc"的原理图了，如图 2-3 所示，与此同时也进入了 Protel DXP 的原理图编辑器。

图2-1 打开"4 Port Serial Interface.PRJPCB"工程

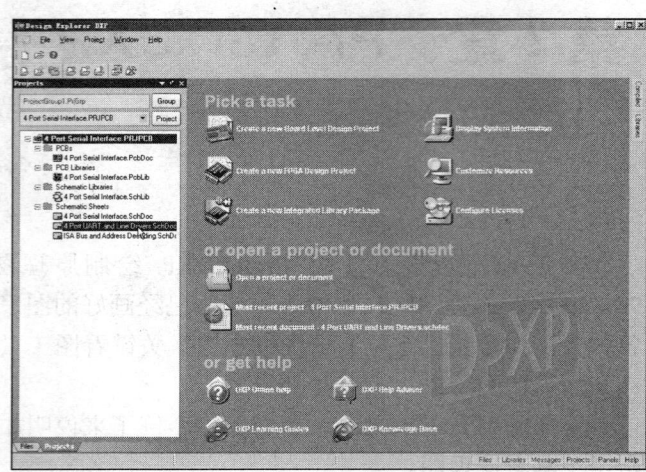

图2-2 双击打开"4Port UART and Line Drivers.SchDoc"原理图文件

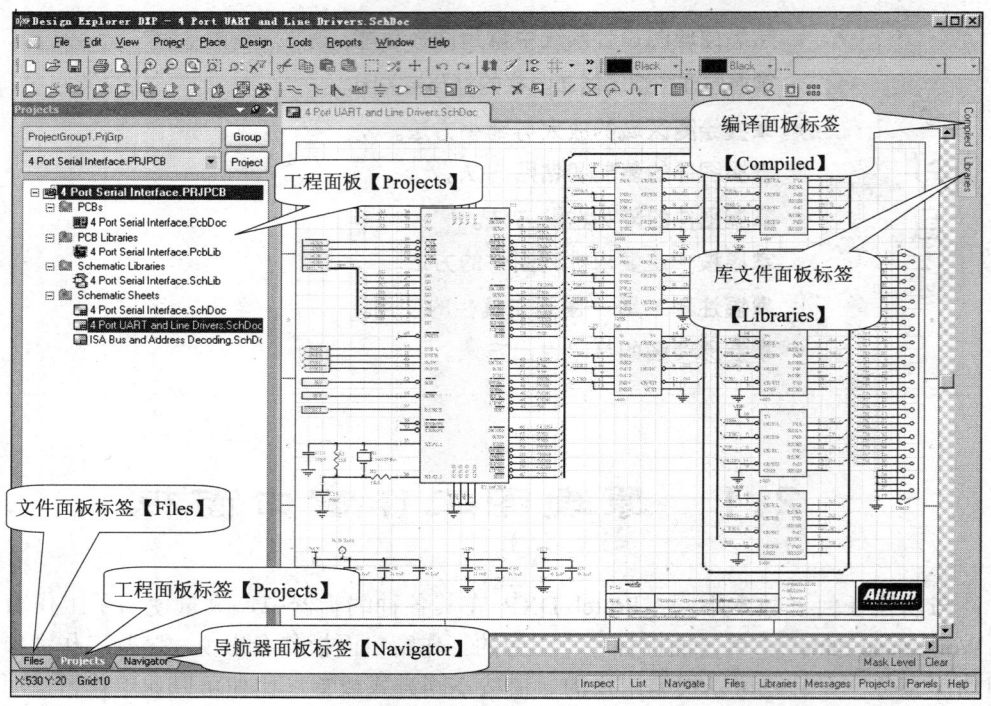

图2-3 原理图编辑器外观结构

2.1.1 工程面板【Projects】的管理功能

工程面板采用树状结构显示工程中的所有文件，和 Windows 的资源管理器非常相似，如图 2-4 所示。用户可以在树状结构中选择文件，双击后即可方便地将所需文件打开。

第 2 章 Protel DXP 原理图编辑器基础

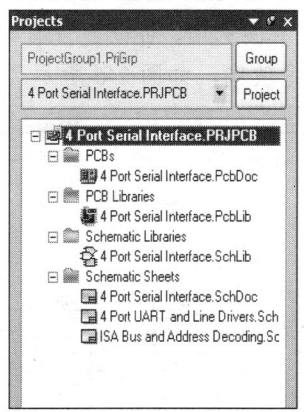

图2-4 工程面板【Projects】

2.1.2 导航器面板【Navigator】的显示导航功能

在原理图编辑器中，导航器面板可以起到快速定位元器件、快速查看有关项目（如网络）分布的作用，导航器面板如图 2-5 所示。在导航器面板上单击要查看的项目元器件名称或网络标号，对于用户的设计和读图是非常有用的。一般情况下，当用户打开工程中的任何一个文件时，导航器面板就会出现在窗口中，用户也可以将其关闭。

下面介绍在导航器面板中主要按钮和复选框的名称及作用。

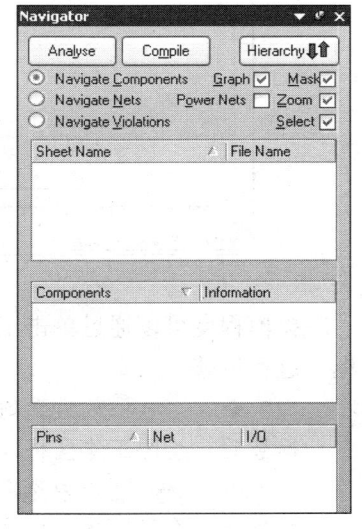

图2-5 导航器面板

❖ Analyse 分析按钮，单击该按钮可以对当前原理图进行分析。分析的主要内容是查看当前原理图中元器件的编号有没有重复，分析之后利用导航器面板可以对当前打开的原理图中的元器件种类及位置进行分析定位。

❖ Compile 编译按钮，单击该按钮可以对当前工程进行编译。编译的过程包含分析的过程，编译之后利用导航器面板除可以对当前打开工程所有原理图中的元器件种类、位置进行分析定位以外，还可以对原理图中电气网络的分布和违反设计规则的地方进行分析定位。

❖ Hierarchy 层次分析按钮，在层次原理图和单张原理图中都有所应用。使用该按钮可以方便地按一定连接关系在层次原理图的母图和子图中来回切换，在单张原理图中，还可以快速查看项目（如某个网络标号）分布。在单张原理图中，当系统编译后，单击该按钮，再用鼠标在工作区原理图中单击某元器件或者网络标号，之后便可查看所有与所单击的元器件有电气连接关系的其他元器件的位置分布，或者所单击的网络标号在原理图中的分布状况。

利用导航器面板中提供的复选框，可以确定在导航器中选定有关项目后工作区的显示状况，下面分别进行介绍。

❖ Mask☑ 掩模选项，选中该选项，可以使没有被选中的元器件和网络连线呈退色状态，就好像蒙了一层毛玻璃，如图2-6所示。

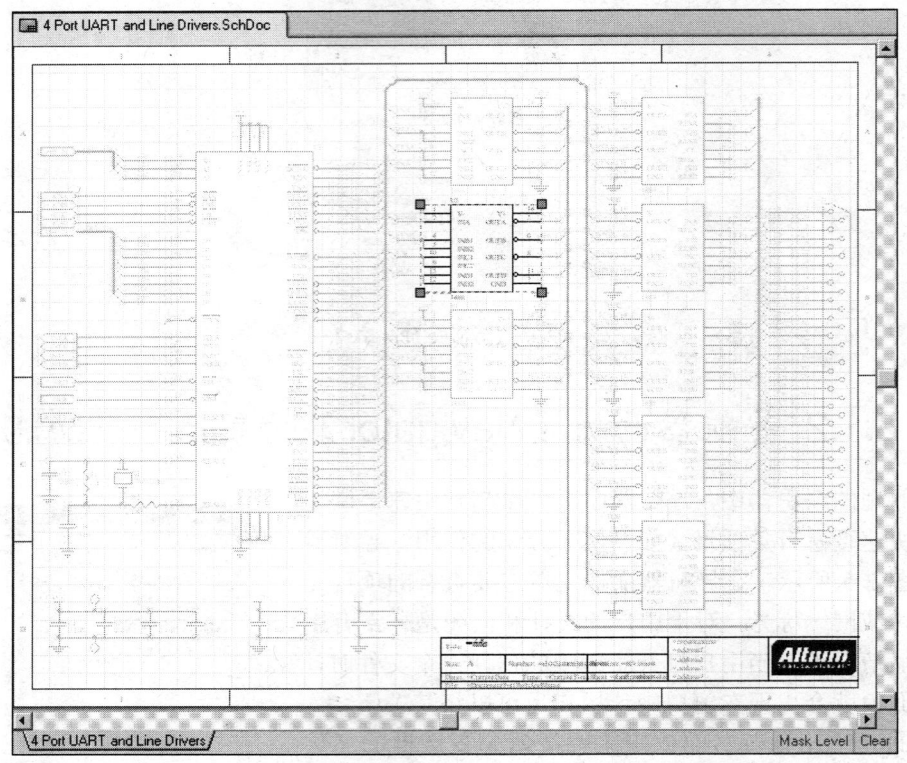

图2-6 掩模功能

掩模程度可以通过单击工作区右下方的 Mask Level 标签，在弹出的如图 2-7 所示的调整框中进行调整。

❖ Zoom☑ 放大选项：选中该选项后，在导航器面板中选中某元器件或网络标号后，绘图工作区将以所选中项目为中心放大显示。

❖ Select☑ 选中选项：选中该选项后，在导航器面板中选择某元器件或网络标号后，在绘图工作区中对应项目将以选中状态显示，所选中项目的周围将有绿色线框出现，如图2-8所示。

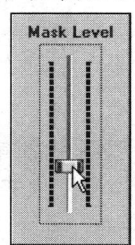
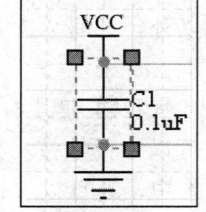

图2-7 调整掩模程度　　　　　　　　　　图2-8 元器件的选中状态

❖ Graph☑ 显示分布选项：选中该选项，在导航器面板中选择某元器件或网络标号后，系统将使用放射状虚连线的方式表示与所选项目相关的其他元器件或网络标号的分布，如图2-9所示。

第 2 章 Protel DXP 原理图编辑器基础

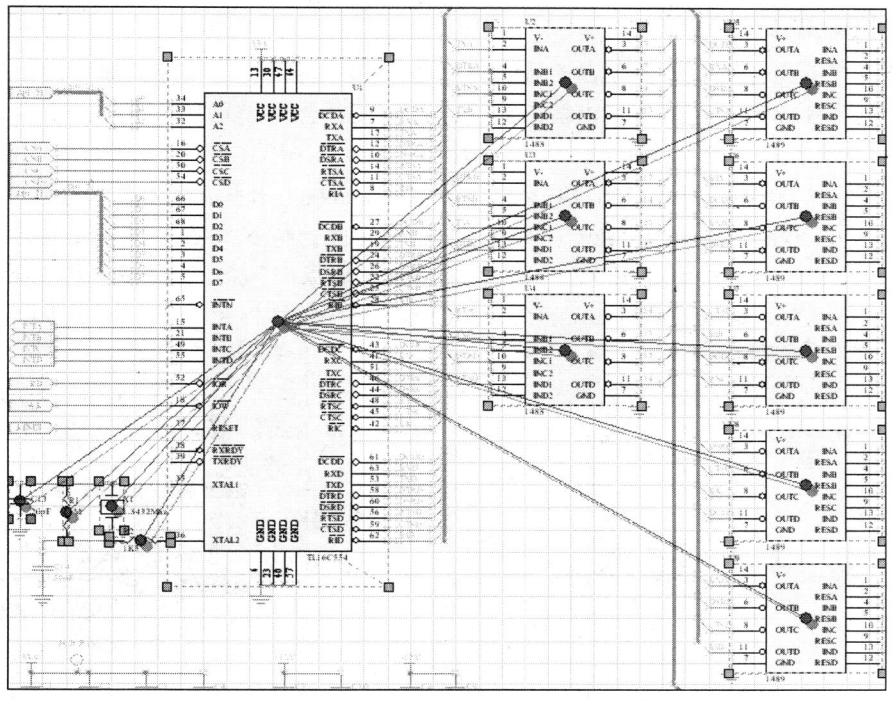

图2-9 显示分布选项的功能

❖ Power Nets ☑ 在浏览元器件时，选中 Graph☑ 选项后，该选项才会出现。如果用户选中该选项，电源网络也会以放射线状连线方式表示出来。图2-10所示为同时显示与所选元器件有关的元器件以及电源网络后的工作区。

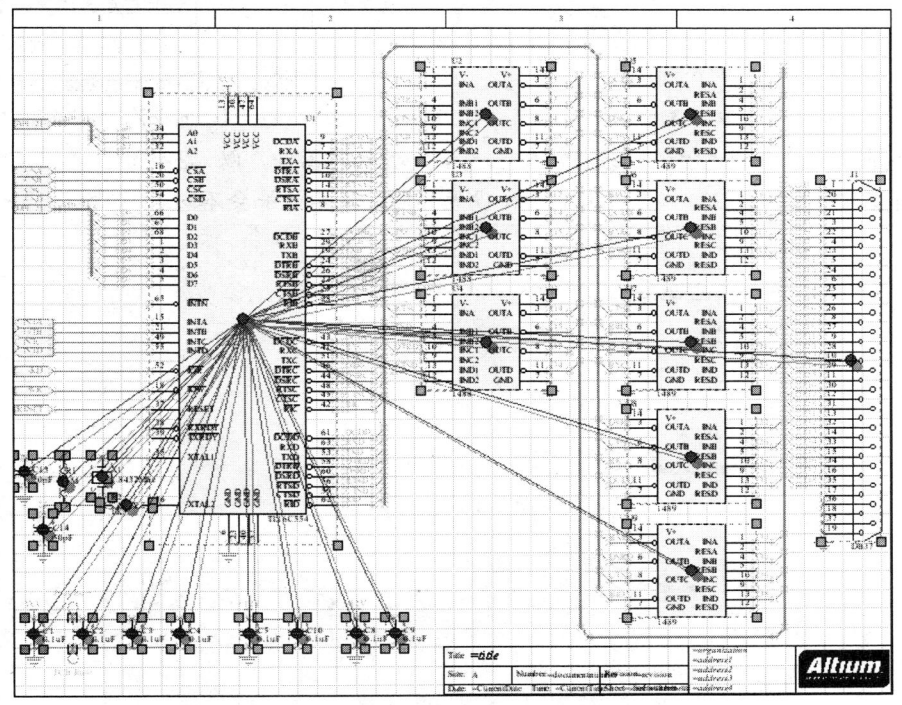

图2-10 电源网络分布选项的功能

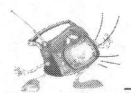

Protel DXP 实用教程

1. 快速定位元器件

(1) 打开原理图文件并打开导航器面板，选中 ⊙ Navigate Components 单选按钮，使导航器处于浏览元器件方式，这里仍然以前面打开的范例文件为例。此时的导航器面板为空，如图 2-11 所示。

(2) 单击 Analyse 按钮，对原理图进行分析，使导航器面板显示当前原理图中的所有元器件列表；也可以单击 Compile 按钮直接对包括当前原理图的整个工程进行编译，编译的过程包含对原理图进行分析的过程，分析过后，在导航器面板中，除了会显示当前原理图中所有元器件列表外，还会显示所选元器件管脚的电气连接网络标号，如图 2-12 所示。

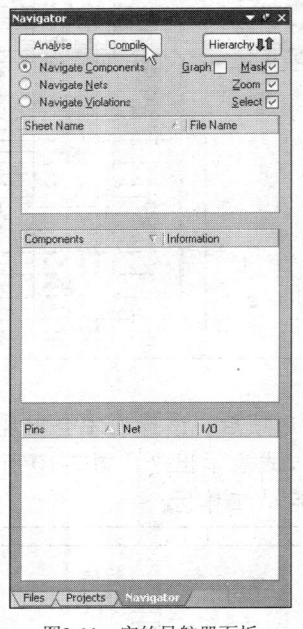
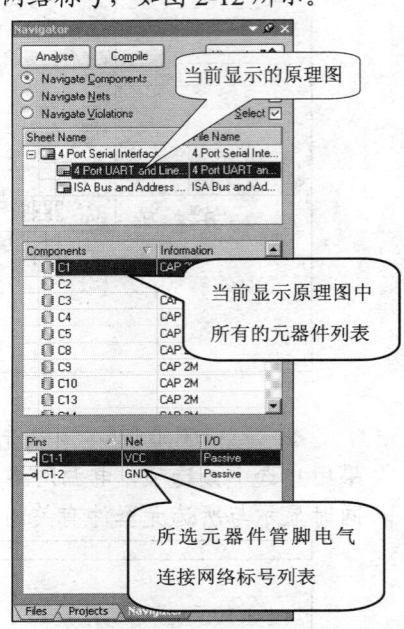

图2-11 空的导航器面板　　　　　　　　图2-12 编译【Compile】后的导航器面板

(3) 在导航器面板中的元器件列表框中单击想要定位的元器件，以 C2 为例，单击 C2 后，图纸将以 C2 为中心在工作区放大显示（设置不同，显示效果会不同），如图 2-13 所示。

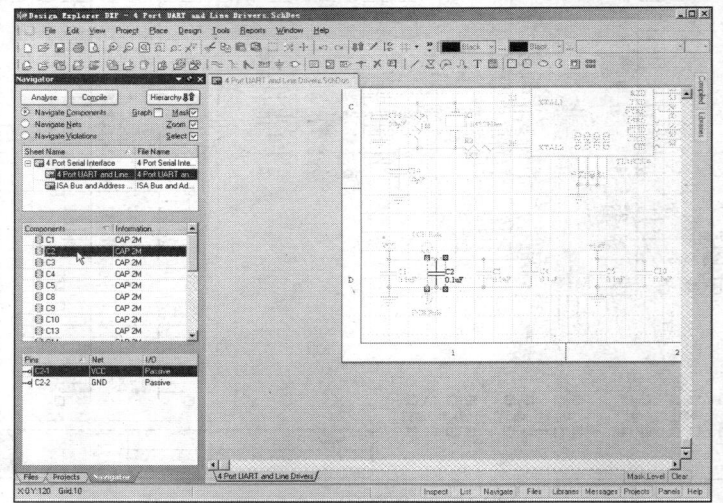

图2-13 快速浏览 C2 位置

第 2 章　Protel DXP 原理图编辑器基础

2. 快速浏览网络分布

(1) 打开原理图文件后再打开导航器面板，选中 Navigate Nets 单选按钮，使导航器处于浏览网络标号的方式，如果尚未对当前原理图或工程进行分析或编译，导航器面板为空，如图 2-11 所示。

(2) 单击 Analyse 按钮，对当前原理图进行分析，使导航器面板显示当前原理图的所有网络标号；也可以单击 Compile 按钮直接对包括当前原理图的整个工程进行编译，编译过后，在导航器面板中除了会显示当前原理图中所有网络标号列表外，还会显示与所选网络标号有关的元器件列表，如图 2-14 所示。

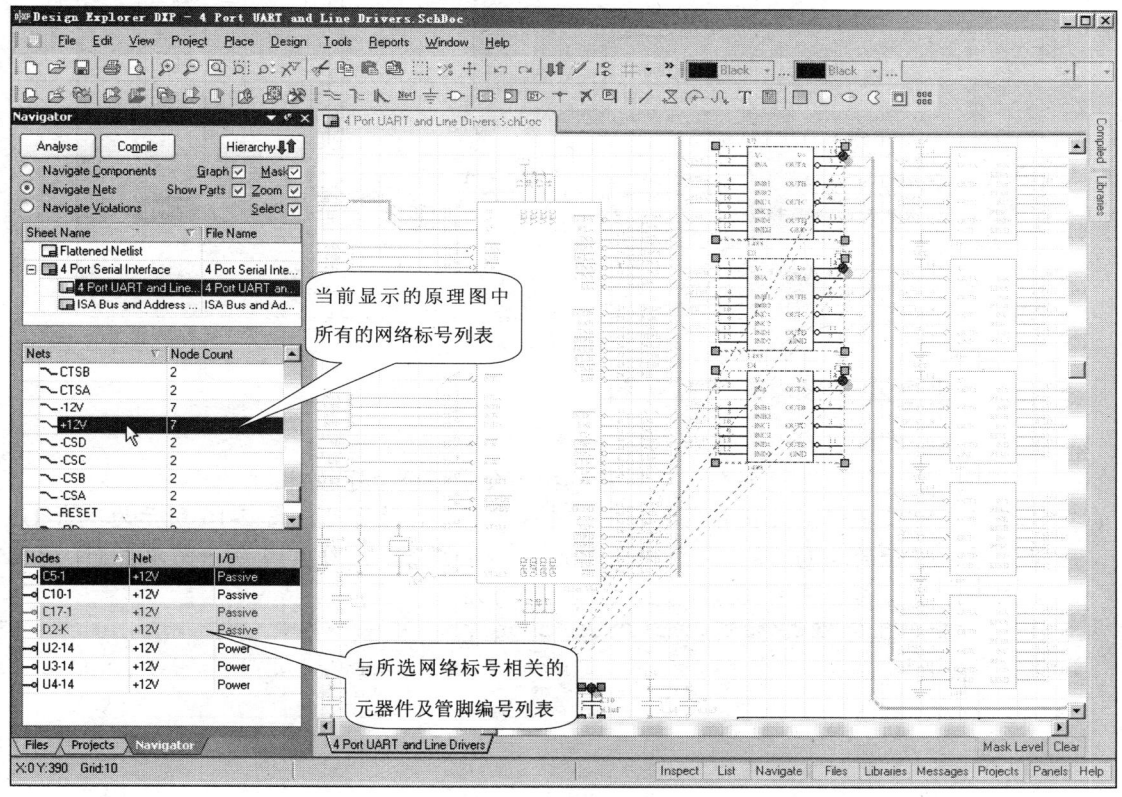

图2-14　快速浏览网络分布

(3) 在导航器面板中单击需要了解其分布的网络标号名称（以网络标号+12V 为例），之后与该网络标号相关的元器件和电气连接关系将以红色虚连线的方式显示于工作区中。

3. 快速浏览违反设计规则的信息

(1) 单击导航器面板中的 Compile 按钮编译整个工程。

(2) 选中 Navigate Violations 单选按钮，使导航器处于浏览违反设计规则信息的状态，此时导航器面板将显示当前原理图中由于违反预先设定的设计规则而产生的错误信息，其中包括错误类型、错误数量和错误发生的坐标位置等信息，如图 2-15 所示。

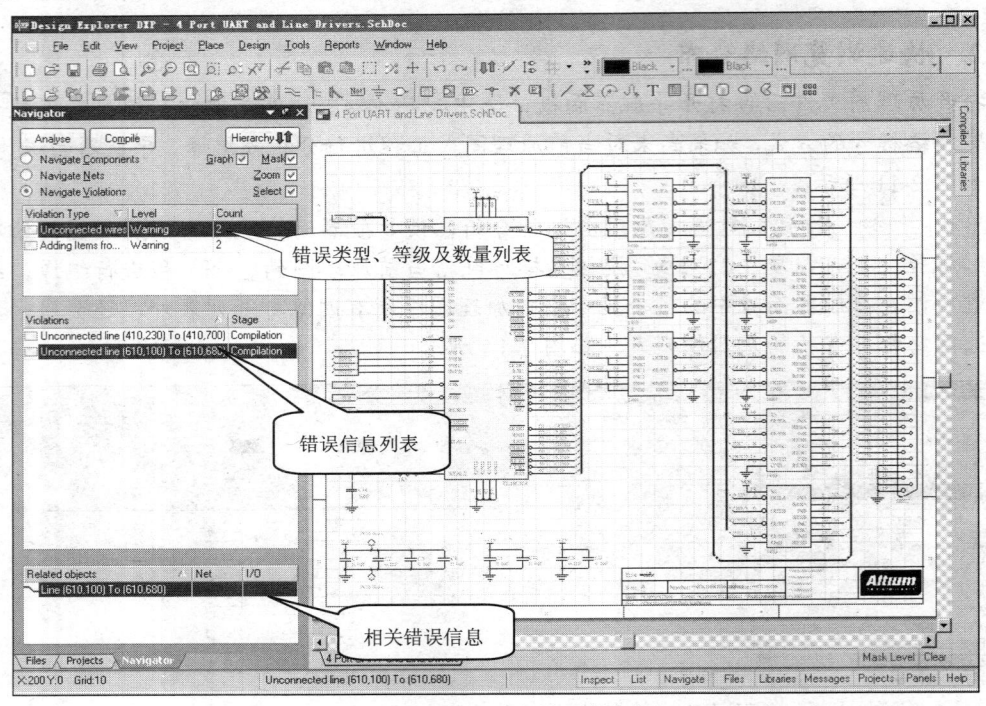

图2-15 浏览违反设计规则的信息

4. 快速查看单张原理图的结构

(1) 单击导航器面板中的 Compile 按钮,编译整个工程。
(2) 单击 Hierarchy 层次查看按钮,这时鼠标指针会带一个十字指针。
(3) 在绘图工作区单击需要查看层次的元器件或者网络标号即可。图 2-16 所示为单击 U3 后,系统显示的与 U3 有电气连接关系的 U1 和 J1 分布。图 2-17 所示为单击 U1 的接地符号之后,系统显示的地线在原理图中的分布。

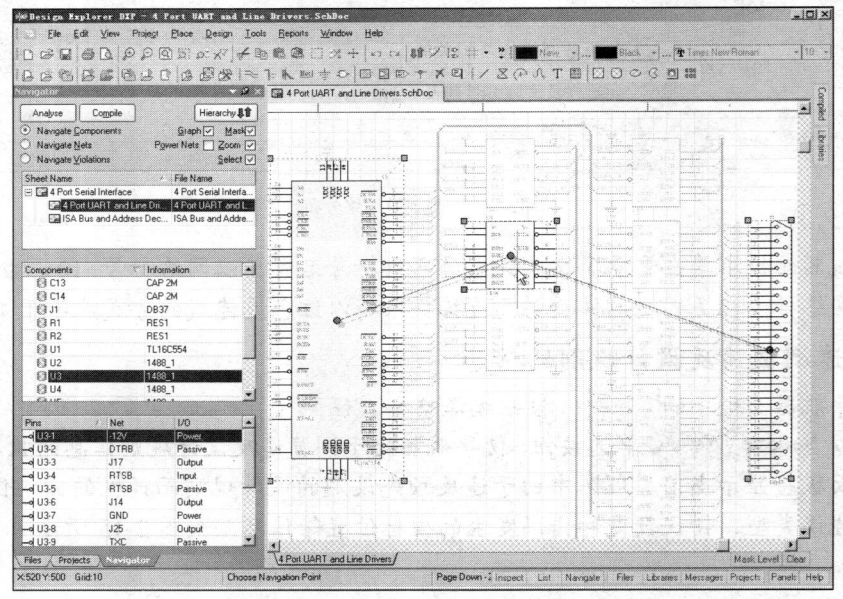

图2-16 与 U3 相关的元器件分布

第 2 章　Protel DXP 原理图编辑器基础

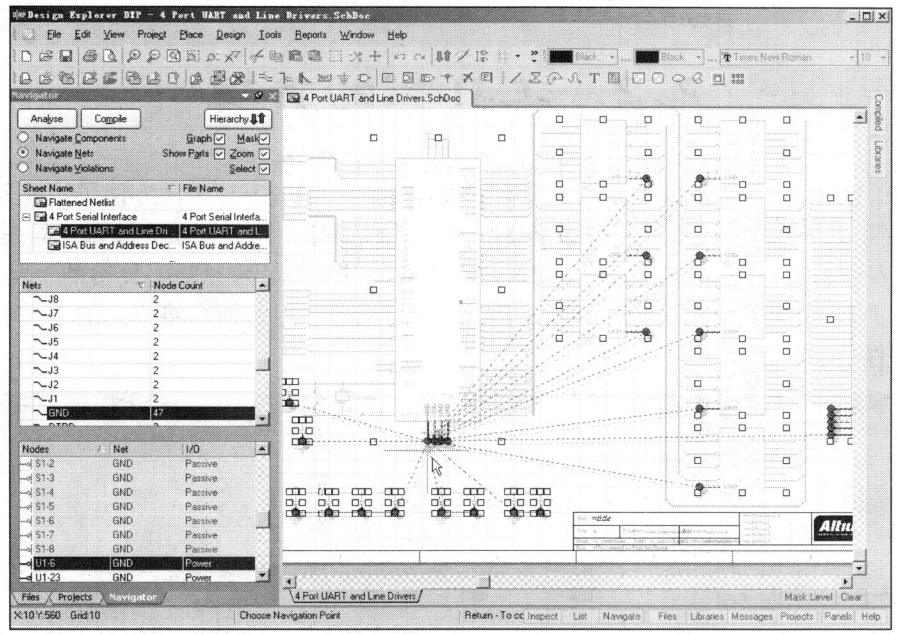

图2-17　U1 地信号分布

2.1.3　库文件面板【Libraries】

库文件面板【Libraries】主要用来显示和管理系统载入的库文件，如图 2-18 所示。在 Protel DXP 中广泛采用集成库文件，所谓集成库文件，就是把元器件相关的原理图符号、封装形式和仿真模型等信息集成在一个库文件中，在调用某个元器件时，所有相关信息都同时被调用。

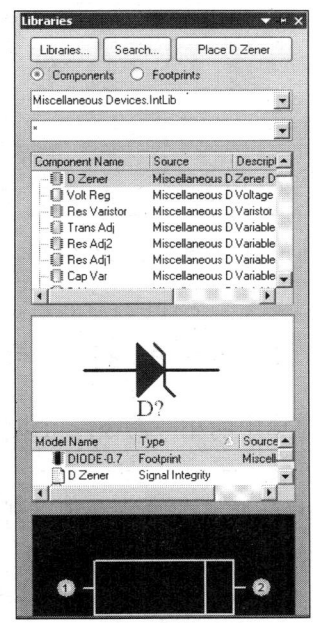

图2-18　库文件面板【Libraries】

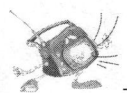

Protel DXP 实用教程

2.2 工具栏的管理

Protel DXP 原理图编辑器提供了丰富的设计工具，这些工具大大方便了设计人员，使操作更加简单方便。为便于介绍，这里将所有工具栏都打开并分别独立放置，如图 2-19 所示。但是在进行某项设计时，并不会同时使用所有设计工具，可以将不使用的工具栏关闭，使作图平面更加清晰整洁。同时，用户可以根据自己的使用习惯，将不同的工具栏按一定位置顺序摆放。

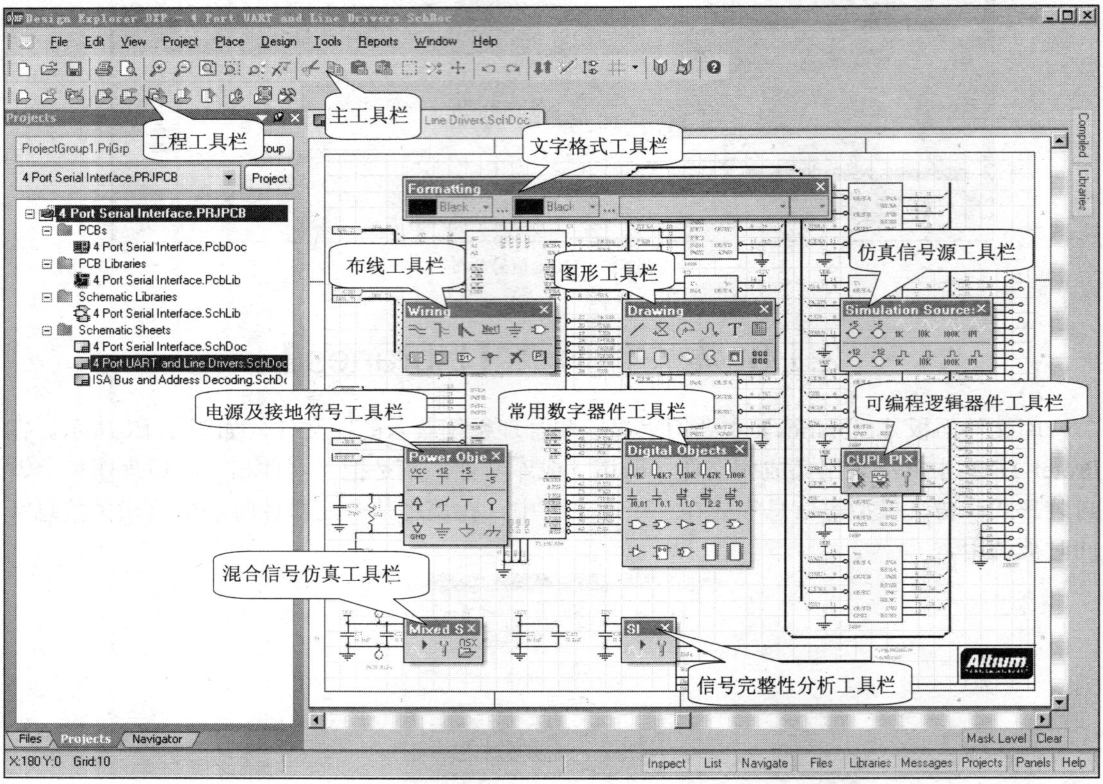

图2-19 原理图编辑器中的各种工具栏

2.2.1 工具栏的打开与关闭

执行【View】/【Toolbars】菜单中的相应命令，可以打开或关闭工具栏。

打开或关闭工具栏还有其他方法，可以利用键盘快捷键与鼠标配合，先按快捷键 B，然后在弹出的菜单（见图 2-20）中单击相应的选项即可。还可以在已打开的工具栏上单击鼠标右键，如图 2-21 所示，在弹出的菜单中单击相应的选项即可。

第 2 章 Protel DXP 原理图编辑器基础

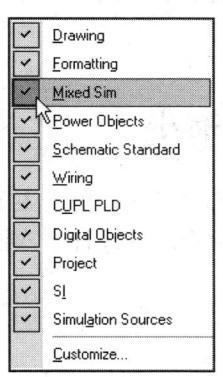

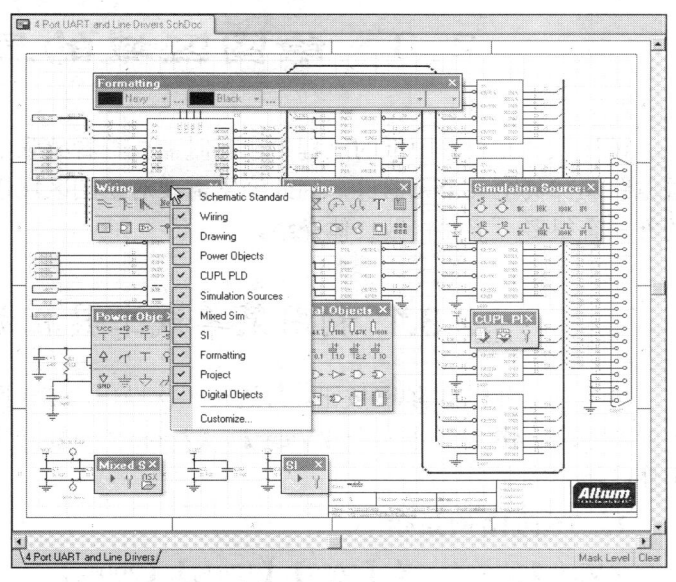

图2-20 利用快捷键打开或关闭工具栏　　　　图2-21 用鼠标右键单击后打开或关闭工具栏

2.2.2 工具栏的排列

调整工具栏位置，只需用鼠标左键单击工具栏上方，按住左键不放，拖曳该工具栏，此时鼠标指针变成十字箭头状，然后将所移动的工具栏放置到合适位置即可。通过这种方法，用户可以将原理图作图过程中需要经常使用的工具栏调整到如图 2-22 所示的状态。

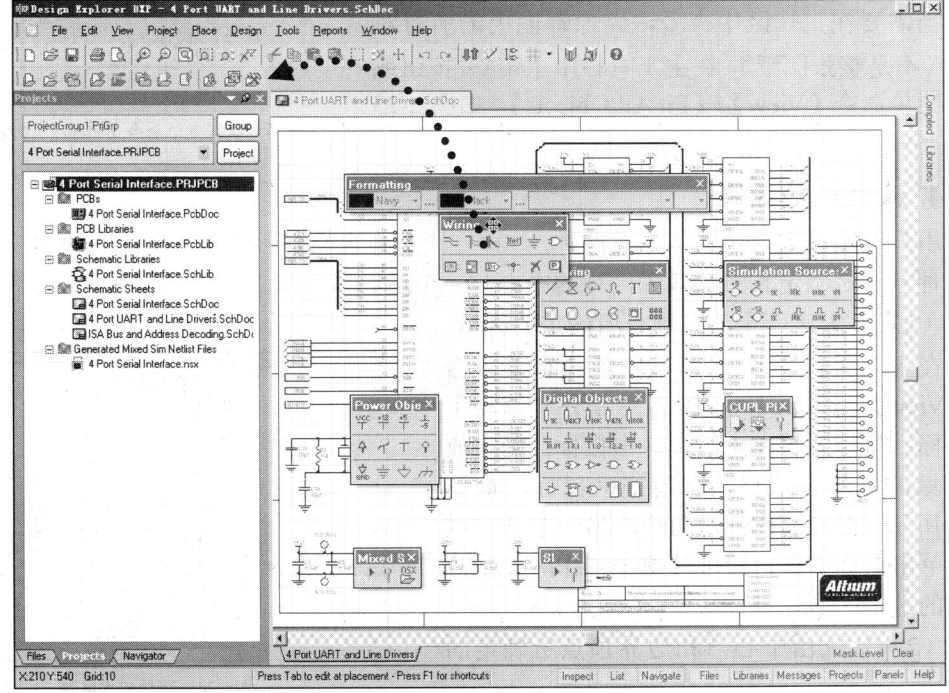

图2-22 拖曳工具栏

2.3 绘图区域的显示管理

设计人员在查看图纸的过程中，有时需要查看整张电路原理图，有时候又需要仔细查看电路局部甚至某个元器件，因此经常需要对绘图区域进行放大或缩小。放大和缩小图纸的方法有很多，下面将做具体介绍。

2.3.1 利用菜单或工具栏放大与缩小

单击主工具栏中的 按钮。每进行一次操作，工作区域相应放大一次。单击主工具栏中的 按钮或执行菜单命令【View】/【Zoom Out】，如图 2-23 所示。每进行一次操作，工作区域相应缩小一次。

1. 不同比例显示

【View】菜单命令有【50%】、【100%】、【200%】和【400%】4 种显示比例可供用户选择，如图 2-23 所示。同一命令不能重复执行多次。

2. 以最大比例在工作区显示整张图纸

当需要查看整张电路原理图时，可以执行菜单命令【View】/【Fit Document】，如图 2-23 所示。

3. 以最大比例在工作区显示所有对象

当需要在工作区中查看电路原理图上的所有对象时（不是整张图纸），在主工具栏中单击 按钮或执行菜单命令【View】/【Fit All Objects】，如图 2-23 所示。

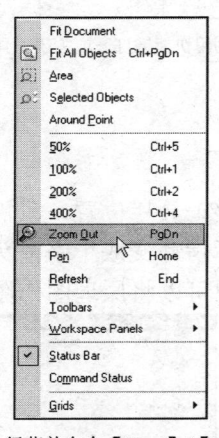

图2-23　执行菜单命令【View】/【Zoom Out】

4. 放大选定区域

用户选定放大区域的方法有两种，一种方法是确定长方形放大区域的对角两顶点位置，另一种方法是确定长方形放大区域的中心和一个边界顶点位置。

（1）放大由两个对角顶点所确定的区域。

在主工具栏中单击 按钮或执行菜单命令【View】/【Area】，如图 2-23 所示。移动十字光标到目标区域左上方，单击鼠标，确定放大区域的左上方顶点，接着拖动鼠标，如图 2-24 所示，将光标移到对角线的另一个顶点位置，单击鼠标确认，即可使整个工作区显示放大后的选定区域。

（2）放大由中心点和边界顶点所确定的区域。

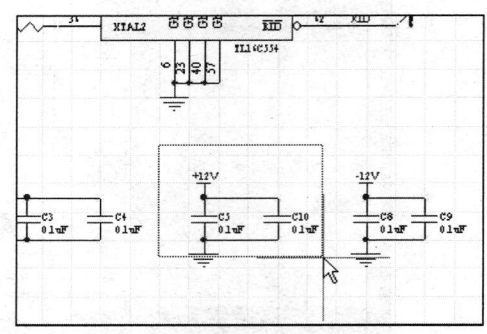

图2-24　选择放大区域

该方式是通过确定用户选定的长方形区域中心和一边界顶点的位置,来确定所要进行放大的区域。首先执行菜单命令【View】/【Around Point】,如图 2-23 所示。然后移动十字光标到目标区域的中心,单击鼠标左键,确定放大区域的中心,接着将光标移到选定区域的某一角,单击鼠标左键确认,即可将选定区域放大显示在整个工作区中。

5. 移动显示中心

当需要移动工作区显示的中心时,可利用菜单命令【View】/【Pan】。首先在原理图上将鼠标箭头移到希望成为显示中心的目标点,然后按快捷键 V/N 执行该命令,目标点的位置就会移到工作区的中心位置显示。进行下一次操作之前,即使鼠标箭头当前的位置就是下一个目标点,也应该移动一下鼠标,否则操作无效。

6. 放大选定的元器件

先在原理图上单击希望放大的元器件,然后可以执行菜单命令【View】/【Selected Objects】,或者在主菜单上单击 按钮即可。

7. 刷新画面

用户在设计时会发现,在执行完滚动界面、移动元器件等操作后,有时会出现界面显示残留的斑点、线段或图形变形等问题,虽然这样并不影响电路的正确性,但不美观。这时,可以执行菜单命令【View】/【Refresh】来刷新界面,如图 2-23 所示。

2.3.2 利用快捷键放大与缩小

这是一种在绘图过程中比较常用而且使用方便的放大缩小图纸的方法。当处于命令状态下(比如放置元器件)时,无法用鼠标去执行一般的菜单命令,要进行放大和缩小,必须采用功能快捷键来完成放大缩小图纸的工作。

- ❖ 放大:按 PageUp 键,绘图区域会以光标当前位置为中心进行放大,随着用户按键,绘图工作区放大比例会在一定限度内加大。
- ❖ 缩小:按 PageDown 键,绘图区域会以光标当前位置为中心进行缩小,随着用户按键,绘图工作区相应地在一定限度内不断缩小。
- ❖ 位移:按 Home 键,原来光标下的显示位置会移到工作区的中心位置显示。
- ❖ 刷新:按 End 键,会对显示界面进行刷新从而消除残留斑点或线条变形,恢复正确的界面。

2.3.3 图纸区域栅格定义

其他一些与界面显示有关的命令,具体介绍如下。

- ❖ 显示或隐藏可见栅格:可通过执行菜单命令【View】/【Grids】/【Toggle Visible Grid】来实现,如图 2-23 所示。
- ❖ 允许或禁止跳跃栅格:可通过执行菜单命令【View】/【Grids】/【Toggle Snap Grid】来实现,如图 2-23 所示。
- ❖ 允许或禁止电气栅格:可通过执行菜单命令【View】/【Grids】/【Toggle Electrical Grid】来实现,如图 2-23 所示。

2.4 图件的复制、剪切、粘贴与排列

在很多原理图的绘制过程中,有时一个元器件会多次从库中调出,有时完成某种功能的电路结构会重复出现,如果不断地在库中寻找、调用元器件,或者重复绘制相同的电路结构,必将很大程度上影响用户的画图速度。这时用户就可以使用复制的方法来完成这种简单重复的工作。另外,随着多个相同图件的出现,它们的排列能否整齐当然非常重要,因为在很多场合,整齐就是一种美。下面就来介绍在原理图中如何复制图件,并将它们摆放整齐。

2.4.1 选中需要复制的图件

当要执行复制、剪切或删除图件等操作时,首先要确定选中区域,区域中包含将要对其进行操作的各个元器件、导线和网络标号等图件。选中区域的确定方法有如下几种。

(1) 单选一个图件。只需要用鼠标单击该图件即可,这时该图件周围将出现绿色的虚线框。如图2-25所示,单击R1后,R1处于选中状态。

(2) 框选一组图件。使用这种方法可以一次选中指定方形区域中的所有图件。在要选择的矩形区域的某一顶点处按下鼠标左键,拖动鼠标,将鼠标指针移至对角的另一个顶点,松开鼠标左键,这时在刚才由两顶点所确定的矩形区域内的所有图件都会处于选中状态,如图2-26所示。

(3) 依次点选多个图件:执行菜单命令【Edit】/【Select】/【Toggle Selection】或使用快捷键 E/S/T。这时光标变为十字形状,用光标逐个单击要选择的图件就能使之处于被选择状态。如果在选择过程中,误选了某个图件,可以再次单击误选的图件,这时该图件将回到非选中状态。选择完毕后,单击鼠标右键退出该命令状态。如图2-27所示,单击DS1后,DS1将和其他选中的图件一起进入选中状态。

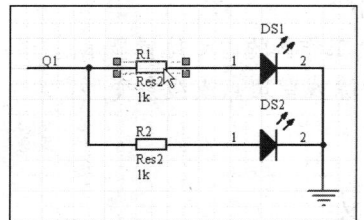

图2-25 单击选中单个图件

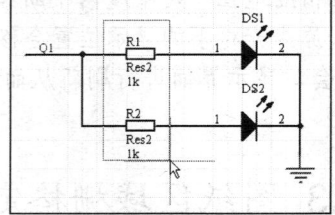

图2-26 框选一组图件

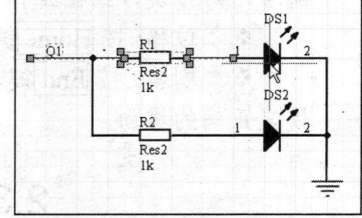

图2-27 依次选中多个图件

 按住 Shift 键,并单击要选择的图件也能达到相同的目的。同时,这种方法经常作为第2种方法的补充,用来选定处于不规则区域的多个元器件。

(4) 其他方法:菜单【Edit】/【Select】下除了上面所介绍的【Toggle Selection】外,还有4个选项,如图2-28所示。

各选项的功能介绍如下。

- 【Inside Area】(快捷键为 E/S/I，或者在主菜单栏上单击  按钮)：选中框内图件，该命令的作用和使用方法与上面讲的方法 2 大致相同，只是在执行该命令时，在确定矩形区域的一个顶点后、另一个顶点前，鼠标左键可以放开。
- 【Outside Area】(快捷键为 E/S/O)：选中框外图件，这一命令与上一个刚好相反，是选择指定矩形区域外的所有图件。
- 【All】(快捷键为 Ctrl+A)：选择当前原理图上的所有图件。
- 【Connection】(快捷键为 E/S/C)：选择某一连接，该命令可以通过单击原理图中的导线，选中所有与选中导线具有相同网络标号的导线。如图 2-29 所示，单击鼠标指针所指的导线后，与之相连的导线全部处于选中状态。

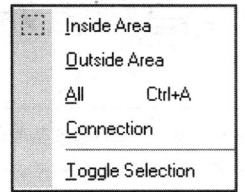
图2-28 【Edit】/【Select】下的选项

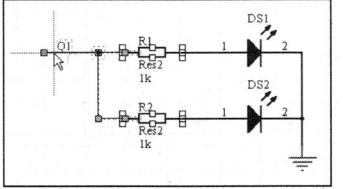
图2-29 选择某一连接

(5) 取消图件的选择可以使用菜单【Edit】/【Deselect】下的命令，如图 2-30 所示。

菜单命令【Edit】/【Deselect】共有 5 个选项，分别介绍如下。

- 【Inside Area】(快捷键 E/E/I)：取消某一选定矩形区域内的选择。
- 【Outside Area】(快捷键 E/E/O)：取消某一选定矩形区域外的选择。

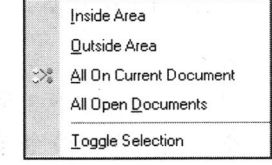
图2-30 菜单【Edit】/【Deselect】下的选项

- 【All On Current Document】(快捷键 E/E/A，或者单击主工具栏中 按钮)：取消当前操作文件中的所有选择。

要实现这一功能，最简单的方法就是在当前操作的图纸空白处，单击鼠标左键。

- 【All Open Document】(快捷键 E/E/D)：取消当前打开的所有文件中的所有选择。
- 【Toggle Selection】该命令的使用参见第 3 种方法。

2.4.2 图件的复制与粘贴

当确定了选定区域后，用户就可以进行复制了。下面就通过实例来说明图件复制和粘贴的过程。

(1) 确定需要复制的选定区域，采用框选多个图件的方法，如图 2-31 所示。
(2) 复制选中区域中的图件。

复制选中区域中图件的方法有如下几种。

- ❖ 执行菜单命令【Edit】/【Copy】。
- ❖ 按快捷键 E/C。
- ❖ 按快捷键 Ctrl+C。

(3) 确定复制基准点。当执行复制命令后，鼠标指针变成十字形状，将十字光标的中心移至用户所选择图形的基准点位置，单击鼠标左键或按 Enter 键，如图 2-32 所示。

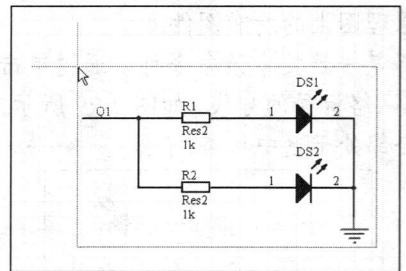

图2-31 框选需要复制的区域

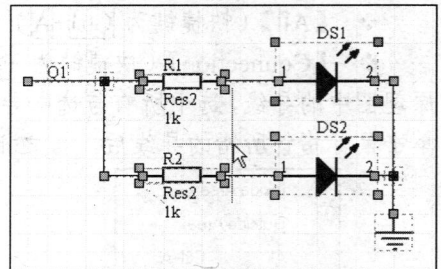

图2-32 确定复制区域的基准点

注意：基准点是用于确定图件位置的参考点，可认为是一个坐标原点。用户可以随意选取基准点，但为了将来粘贴图件方便，一般将基准点选择在所选图件的中心位置。

(4) 执行粘贴命令。

执行粘贴命令有如下 3 种方法。

- ❖ 执行菜单命令【Edit】/【Paste】。
- ❖ 按快捷键 E/P。
- ❖ 按快捷键 Ctrl+V。

(5) 粘贴图件。执行上述命令之后，十字光标将带着复制的图件虚影出现在工作区，如图 2-33 所示。将其移动至适当位置，单击鼠标左键或按 Enter 键即可将剪贴板中的图件粘贴在当前位置上，如图 2-34 所示。

(6) 修改元器件序号。执行完以上操作步骤后，用户会发现，粘贴的图件组中的元器件序号、网络标号和原来的图件组完全相同，因此必须对其进行修改，修改后的结果如图 2-35 所示。

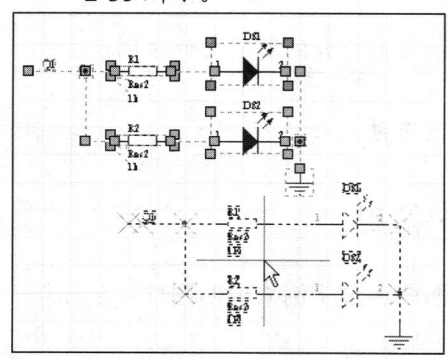

图2-33 鼠标指针上即将粘贴的图件虚影

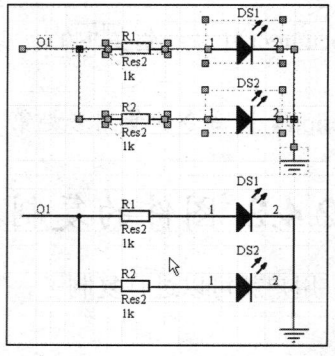

图2-34 粘贴的图件

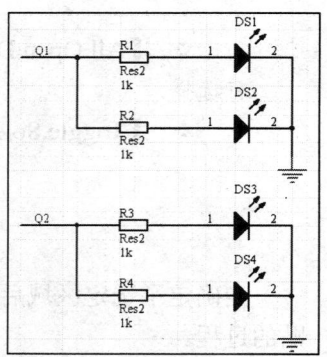

图2-35 修改元器件序号、网络标号后的图件

2.4.3 图件的阵列粘贴

对于只进行一次复制粘贴的简单图件操作,使用 2.4.2 节的操作方法是比较方便的。但是对于比较复杂的图件组,要逐个修改每个元器件的序号就非常麻烦,而且如果要把一组图件不断重复粘贴很多次,要不断重复执行粘贴命令,也显得不方便。使用 Protel DXP 中的阵列粘贴,就可以很好地解决这些问题。

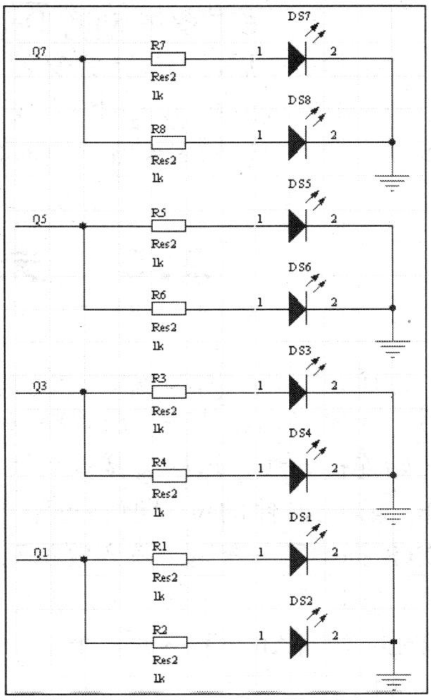

下面以图 2-36 为例介绍图件的阵列粘贴。

执行阵列粘贴命令有如下 3 种方式。

- ❖ 单击图形工具栏中的 按钮。
- ❖ 执行菜单命令【Edit】/【Paste Array】。
- ❖ 按快捷键 E/Y。

(1) 选定复制阵列粘贴的区域。
(2) 执行复制命令。
(3) 选取阵列图件复制参考点。
(4) 执行阵列粘贴命令。执行命令后,出现如图 2-37 所示的对话框。

下面介绍其中各选项的功能。

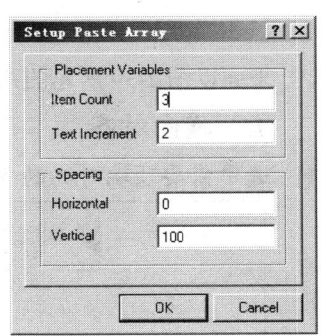

图2-36 图件阵列粘贴实例

- ❖ 【Placement Variables】: 放置参数,有下列两个参数。
  - 【Item Count】: 个数,即要重复粘贴复制图件组的个数。
  - 【Text Increment】: 当要阵列粘贴的图件组中含有结尾为数字的元器件序号时,填写的这个数字将作为增量,加在原图件组中的元器件序号上,形成新图件组中将对应元器件新序号。

如图 2-37 所示,一共重复粘贴 3 次,每次图件组内各序号数自动加 2。

- ❖ 【Spacing】: 参考点之间的间距,有如下两项。
  - 【Horizontal】: 参考点之间的水平间距。
  - 【Vertical】: 参考点之间的垂直间距。

图2-37 设置阵列粘贴参数对话框

如图 2-37 所示,相邻图件参考点间的水平间隔为"0",垂直间隔为"100",也就是这些相同的图件竖着排成一排。

(5) 设置完阵列属性对话框后,单击 OK 按钮。此时,鼠标指针将变成十字形,在绘图区选定位置单击鼠标左键,阵列将从单击鼠标处开始粘贴。

2.4.4 图件的剪切与粘贴

在选中需要剪切区域后,执行图件或图件组剪切命令有如下 3 种方法。

- 执行菜单命令【Edit】/【Cut】。
- 按快捷键 E/T。
- 按快捷键 Shift+Delete。

执行命令后，鼠标指针变成十字形状，将十字的中心移至所选择图形的基准点位置，单击鼠标左键或按 Enter 键完成剪切，这时，系统的剪贴板中将有一份用户选择图件的副本，同时所剪切的图件将在原理图中消失。

2.5 元器件的排列与对齐

在绘制原理图过程中，放置完元器件后，还要将元器件基本放置整齐，才可以开始连接导线，这样会减少后期的调整工作。在元器件的位置调整过程中，Protel DXP 提供了一套用于整齐放置元器件的工具。在排列元器件时，可以执行菜单命令【Edit】/【Align】下的各个子命令，如图 2-38 所示。

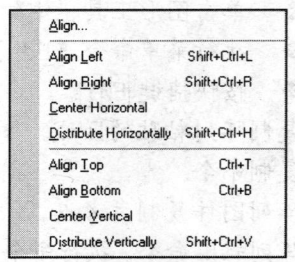

图2-38 菜单命令【Edit】/【Align】各子项

2.5.1 元器件的对齐

下面以图 2-39 所示的几个元器件为例，介绍如何将多个元器件横向对齐以及纵向对齐。

1. 横向对齐

(1) 选中需要顶端对齐的各个元器件，如图 2-40 所示。

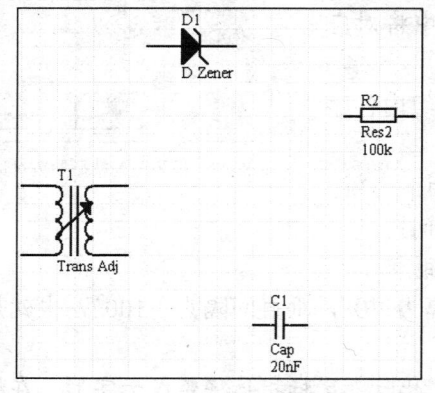
图2-39 排列之前的状况

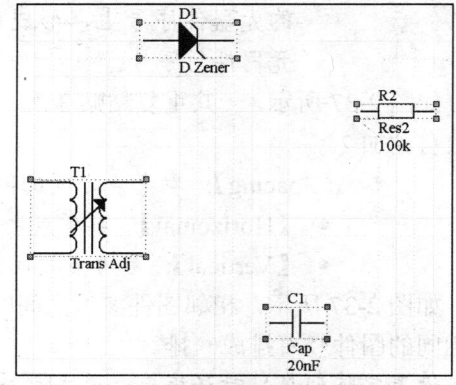
图2-40 选中需要对齐的元器件

(2) 执行菜单命令【Edit】/【Align】/【Align Top】，之后各元器件的最顶端将排列在一条水平直线上，如图 2-41 所示。

(3) 选中需要对齐的各个元器件后，执行菜单命令【Edit】/【Align】/【Align Bottom】。之后所选元器件图形符号的最底端将位于一条水平直线上，其效果如图 2-42 所示。

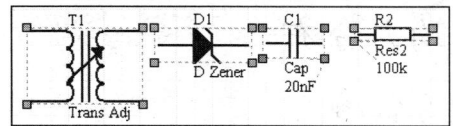
图2-41 顶端横向对齐后的效果

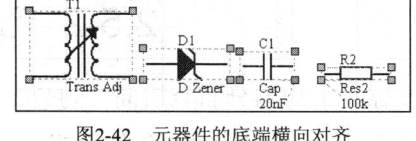
图2-42 元器件的底端横向对齐

(4) 选中需要对齐的各个元器件后,执行菜单命令【Edit】/【Align】/【Center Vertical】。之后所选元器件图形符号的中心将位于一条水平直线上,其效果如图2-43所示。

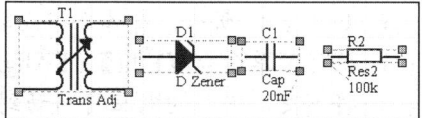
图2-43 元器件的中心横向对齐

2. 元器件的纵向对齐

元器件的纵向对齐有纵向左对齐、纵向右对齐和中心纵向对齐3种方式。

(1) 选中需要对齐的各个元器件后,执行菜单命令【Edit】/【Align】/【Align Left】。之后所选元器件图形符号的最左端将位于一条纵向直线上,结果如图2-44所示。

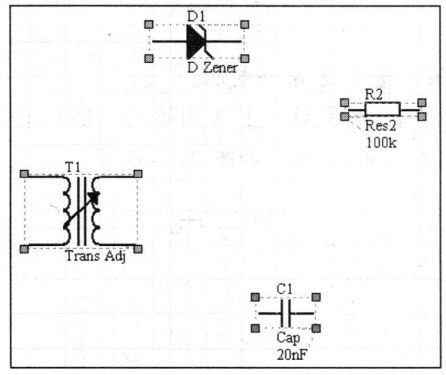

(a) 左对齐之前　　　　　　　　　　　　　(b) 左对齐之后

图2-44 元器件的纵向左对齐

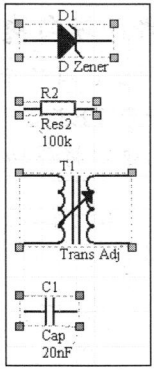

(2) 选中需要对齐的各个元器件后,执行菜单命令【Edit】/【Align】/【Align Right】。之后所选元器件图形符号的最右端将位于一条纵向直线上,其效果如图2-45所示。

(3) 选中需要对齐的各个元器件后,执行菜单命令【Edit】/【Align】/【Center Horizontally】。之后所选元器件图形符号的中心将位于一条纵向直线上,其效果如图2-46所示。

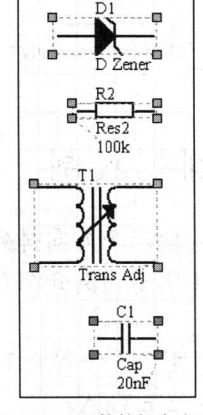

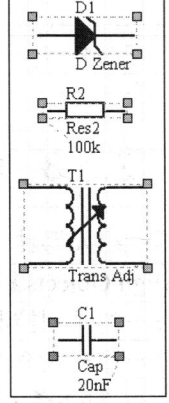

图2-45 元器件的纵向右对齐　　　　　　　　图2-46 元器件的中心纵向对齐

2.5.2 元器件的均匀分布

元器件的均匀分布有横向均匀分布和纵向均匀分布两种。

1. 元器件的横向均匀分布

(1) 如图 2-47 所示，有 4 个横向非均匀分布的电阻，选中这 4 个电阻。
(2) 执行菜单命令【Edit】/【Align】/【Distribute Horizontally】后，左右两端的电阻位置将不变，中间的电阻将移动到使全部电阻横向均匀分布的位置，如图 2-48 所示。

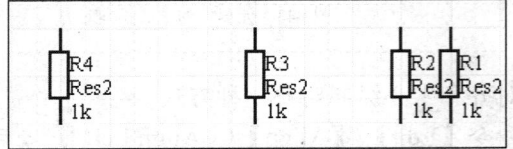
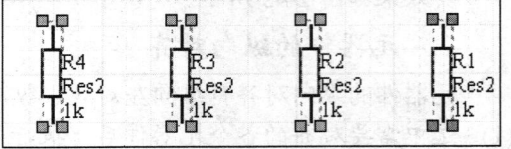

图2-47　非均匀分布的电阻　　　　　　　　图2-48　执行【Distribute Horizontally】命令后的结果

2. 元器件的纵向均匀分布

(1) 如图 2-49 所示，有 4 个纵向非均匀分布的电阻，选中这 4 个电阻。
(2) 执行菜单命令【Edit】/【Align】/【Distribute Vertically】后，上下两端的电阻位置将不变，中间的电阻将移动到使全部电阻纵向均匀分布的位置，如图 2-50 所示。

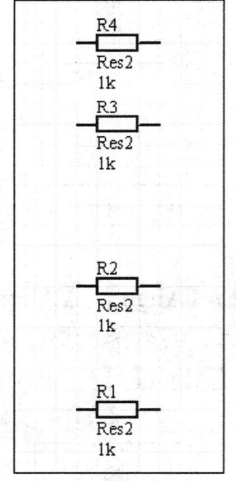
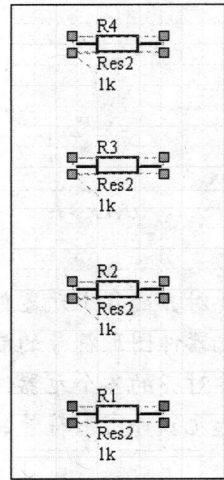

图2-49　一组纵向非均匀分布的电阻　　　　　图2-50　执行【Distribute Vertically】命令后的结果

2.5.3 同时执行两个方向的排列控制

前面介绍了一组元器件在某一个方向上的排列方法，要实现两个方向排列的同时控制，则可以使用【Align Objects】对话框来设置。下面将以图 2-51 所示为例介绍对一组元器件，同时执行两个方向的排列控制。

(1) 选择需要进行排列或匀布的元器件，使图 2-51 所示中的 4 个图件都处于选中状态。
(2) 执行菜单命令【Edit】/【Align】/【Align】，或者按快捷键 E/G/A。
(3) 执行命令后，弹出如图 2-52 所示的对话框，用于设置水平和垂直两个方向的排列方式。

第 2 章　Protel DXP 原理图编辑器基础

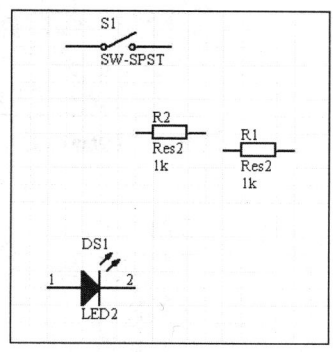

图2-51　待排列的几个元器件

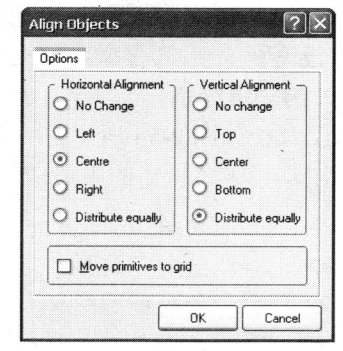

图2-52　设定两个方向排列方式的对话框

该对话框中含有如下 3 个选项。

❖ 【Horizontal Alignment】：横向排列选项。

在该选项中，含有 5 个单选按钮。

【No Change】：横向不改变位置。

【Left】：横向左对齐。

【Center】：横向中心对齐。

【Right】：横向右对齐。

【Distribute equally】：横向均匀分布。

❖ 【Vertical Alignment】纵向排列选项。

在该选项中，含有 5 个单选按钮。

【No change】：纵向不改变位置。

【Top】：纵向顶部对齐。

【Center】：纵向中心对齐。

【Bottom】：纵向底部对齐。

【Distribute equally】：纵向均匀分布。

❖ 【Move primitives to grid】：排列时元器件位于栅格复选框。

选中该复选框，在执行上述元器件自动排列时，元器件将始终位于栅格上。建议用户选中该项，否则当系统自动排列元器件后，在连接导线时会很难捕捉到元器件管脚上的电气节点。

(4) 选中横向排列的"Centre"选项以及纵向排列的"Distribute Equally"选项，设置完成后，单击 OK 按钮确定。排列的结果如图 2-53 所示。

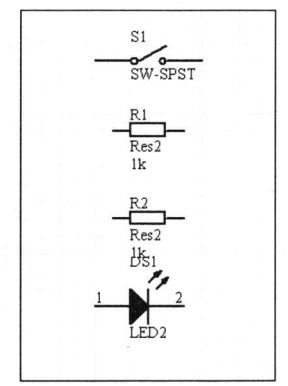

图2-53　完成排列后的图件

2.6　图形工具栏

Protel DXP 提供了功能强大的图形工具（Drawing）。使用图形工具可以方便地在原理图上绘制直线、曲线、圆弧和矩形等图形，来对原理图进行进一步的修饰、说明。本节将向读者详细介绍 Drawing 工具栏的使用方法。

需要说明的是，用图形工具绘制的图形主要起标注的作用，并没有任何电气含义，这是图形工具和布线工具（Wiring）的关键区别。

图形工具栏如图 2-54 所示。

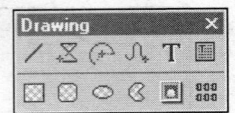

图2-54 【Drawing】工具栏

图形工具栏中各按钮的主要功能如下。

- ❖ ╱：绘制直线。
- ❖ ⊠：绘制多边形。
- ❖ ⌒：绘制椭圆弧。
- ❖ ∿：绘制贝塞尔曲线。
- ❖ T：添加文字标注。
- ❖ ▦：添加文本框。
- ❖ ▭：绘制矩形。
- ❖ ▢：绘制圆角矩形。
- ❖ ⬭：绘制椭圆。
- ❖ ◔：绘制饼图。
- ❖ ▦：粘贴图片。
- ❖ ▦：阵列粘贴图件。

与上述各个按钮相对应的，还可以选择菜单命令【Place】/【Drawing Tools】中对应的命令选项实现以上功能，如图 2-55 所示。

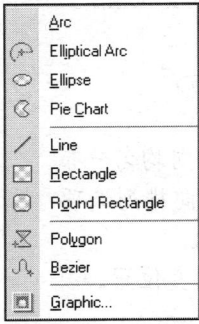

图2-55 菜单【Place】/【Drawing Tools】中的命令选项

2.7 打印输出原理图

对于原理图的查看、校对和存档来讲，原理图的打印是非常重要的。下面就来介绍如何利用打印机打印输出原理图。

2.7.1 页面设置

如果用户的 Windows 操作系统中还没有安装打印机，请参考有关资料安装打印机。

(1) 执行页面设置命令。执行菜单命令【File】/【Page Setup】。

(2) 设置原理图打印属性对话框。执行完上一步操作后，系统打开打印机属性设置对话框，如图 2-56 所示。

在此对话框中，用户可以对打印所使用的纸张大小、纸张方向、页边距、打印比例和打印颜色等进行设置。

- ❖ 【Printer Paper】（选择打印纸张）：在 Size 下拉列表框中可以选择所用打印纸张的尺寸，如图 2-57 所示。

第 2 章 Protel DXP 原理图编辑器基础

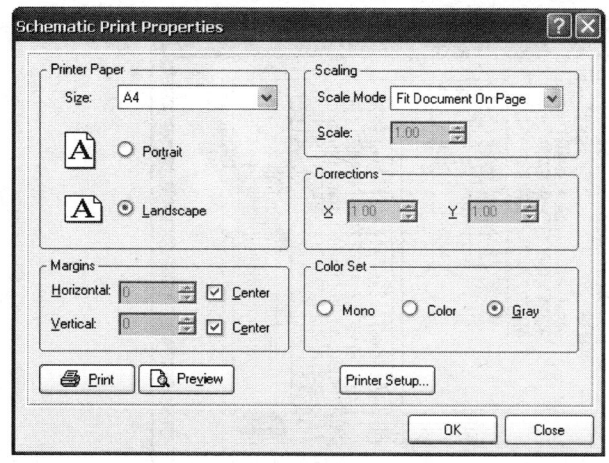

图2-56 原理图打印属性对话框

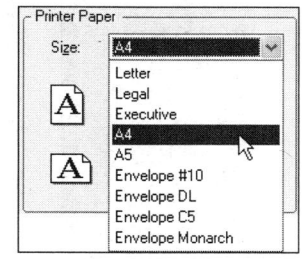

图2-57 选择打印纸张的尺寸

❖ 【Margins】（页边距设定）。

❖ 【Scaling】（设置打印比例）：在【Scaling】下拉列表中选择 "Fit Document On Page" 时，如图 2-58 所示，整张图纸将打印在一张纸上（纸张大小为前面所定义的大小）。

在【Scaling】下拉列表中选择 "Scaled Print" 时，整张图纸将以用户定义的比例打印在一张或几张纸上，这由用户定义的比例和所选纸张大小而定。

❖ 【Corrections】（修正打印比例）：如果用户对打印大小不太满意，可以在【Scaling】（设置打印比例）中选择 "Scaled Print" 后，对【Corrections】项进行设置，对打印结果 X 向和 Y 向的尺寸进行规定比例的缩放，缩放比例可以填写在对话框相应的 X 和 Y 后，如图 2-59 所示。

❖ 【Color Set】（设置打印颜色类型）：用户可以对打印的颜色类型进行设置，如图 2-60 所示，可以选择单色（Mono）、彩色（Color）和灰度（Gray）3 种打印模式。

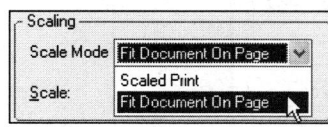

图2-58 打印比例下拉列表

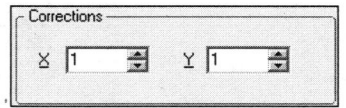

图2-59 设置修正比例

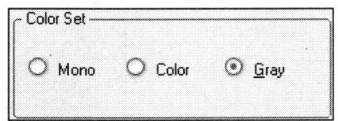

图2-60 设置打印颜色类型

在用户设置完各项原理图打印属性后可以对打印效果进行预览。在原理图打印属性设置对话框中，单击 Preview 按钮，可以看到设置后的打印效果，如图 2-61 所示，如果用户对预览效果不满意，可以从第(1)步开始重新设置页面属性。

用户也可以直接单击主工具栏中的打印预览按钮 ，预览打印效果。

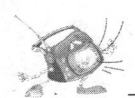

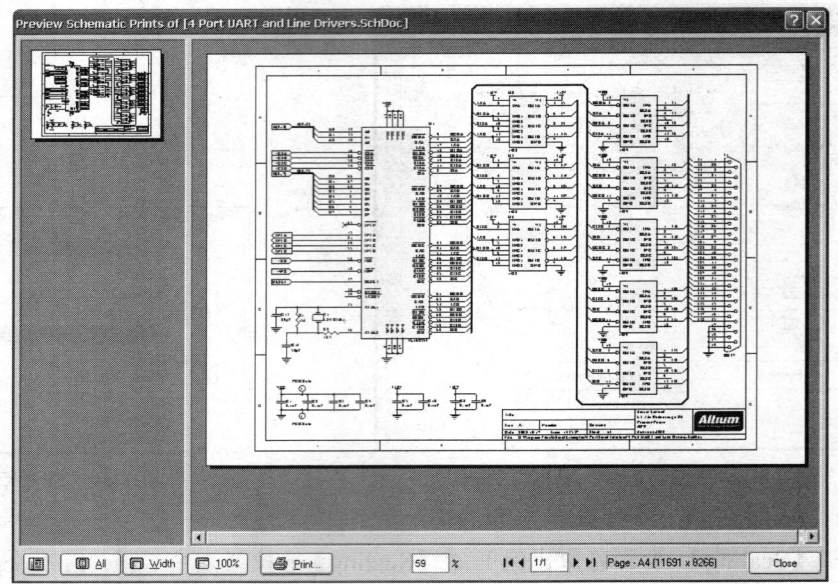

图2-61 打印效果预览

(3) 单击 Close 按钮，完成原理图打印页面属性的设置。

2.7.2 打印原理图

在对原理图打印属性设置完成后，就可以正式打印原理图了。

(1) 执行打印命令。执行打印命令的方法有如下几种。
- ❖ 单击主工具栏中的 按钮，可以直接按照预定的页面设置打印一份原理图。
- ❖ 执行菜单命令【File】/【Print】，设定打印机后，可以打印原理图。

在此，选择第2种方法执行打印命令。

(2) 设置打印机。执行第1步操作后，系统弹出如图2-62所示的对话框。

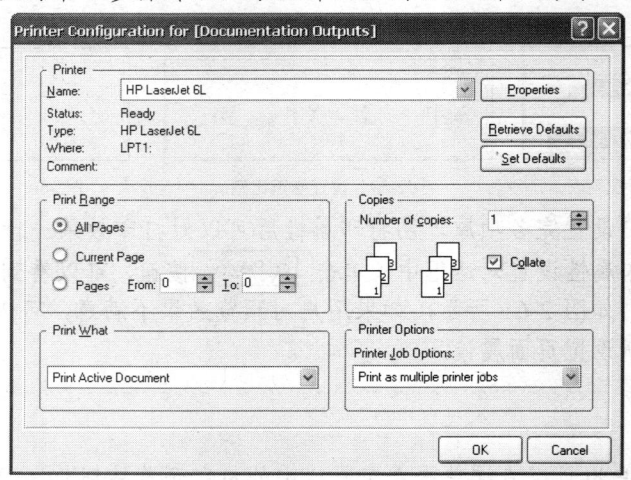

图2-62 设置打印机对话框

在此对话框中用户可以选择打印机，设置打印机属性，选择打印页范围，以及设定打印份数、打印方式等。

第 2 章　Protel DXP 原理图编辑器基础

❖ 【Printer】（选择打印机）：如果用户的 Windows 操作系统中安装了多台打印机，可以在【Name】下拉列表框中对打印机的类型及输出接口进行选择。用户应根据实际的硬件配置情况进行选择。这里，我们选择的打印机类型为"HP LaserJet 6L"，输出接口为"LPT1"（并行接口 1），如图 2-62 所示。

❖ 【Print Range】（选择打印页）。

❖ 【Print What】（选择打印目标）。

❖ 【Copies】（设置打印份数）。

❖ 其他项目设置：其他项目包括设置打印机的分辨率、打印纸的类型、纸张方向和打印品质等。单击图 2-62 所示对话框中的 Properties 按钮，系统会弹出如图 2-63 所示的对话框。

用户可在该对话框中完成其他项目的基本设置工作，设置完成后单击 确定 按钮确认即可。要做更进一步的设置，用户可单击图 2-63 所示对话框中的 高级(V)... 按钮，即可对打印机的属性做进一步的设置，如图 2-64 所示。

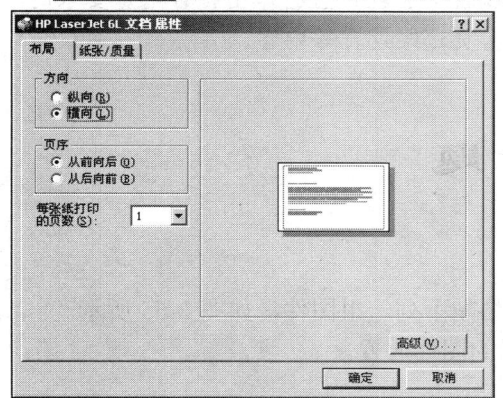
图2-63　其他项目设置对话框

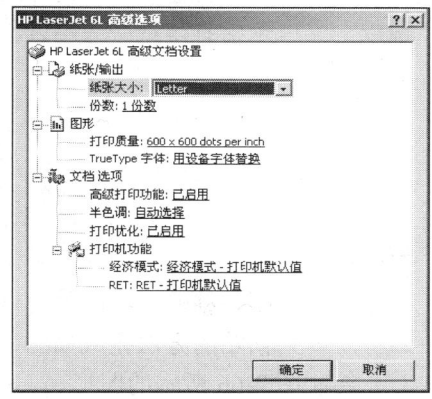
图2-64　设置打印机高级属性

以上有关打印机属性设置的图 2-63 和图 2-64 所示界面可能会随打印机种类和驱动程序的不同而有所变化。

(3) 设置完打印机后，在如图 2-62 所示的对话框中单击 OK 按钮，即可开始按设置要求打印了。

小　结

本章通过 Protel DXP 中的实例介绍了原理图设计系统中常用面板的使用方法，放大缩小原理图的常用方法，以及图纸的打印页面设置和打印。

❖ 原理图设计系统的面板：原理图的设计步骤包括放置电路图纸、放置元器件、布线、编辑调整、打印输出等步骤；设计原理图时一般按上述步骤进行。

❖ 原理图工具栏的调整：原理图编辑器中各种工具栏的打开、隐藏或关闭；绘图过程中工作区域的显示状态等；掌握了界面管理的方法将为设计工作带来很大的方便。

❖ 图件的复制粘贴：当在绘制原理图的过程中，遇到有少量重复的电路结构时，我们便可以采用图件的复制粘贴功能，这样会大大加快原理图绘制速度。

❖ **图件的阵列粘贴**：它的用途更加灵活，如果遇到大量重复的电路结构时，可以使用阵列粘贴手段，使所复制图件按指定数量、沿指定方向均匀复制排列，并可以自动增加元器件序号。

❖ **图件的排列对齐**：当在原理图中放置了很多元器件符号后，为了让原理图看上去更加美观整齐，可以利用 Protel DXP 提供的各种对齐工具，使放置的多个元器件按照指定对齐方式整齐排列。

❖ **图形工具栏**：当要在原理图中添加某些包括图形、线条和文字等注释时，可以使用图形工具。利用图形工具，可以很方便地在原理图中绘制各种直线、圆弧、曲线、矩形、圆形和椭圆形等图形，而这些图形、线条在原理图中是没有任何电气意义的，因此不会影响整个电路的电气连接。另外，还可利用图形工具在原理图中添加简短的文字注释和大段的文字注解，更增加了原理图的可读性。

❖ **原理图打印**：通过对原理图打印属性的合理设置打印出符合用户要求的图纸，其中包括打印纸张大小、打印颜色、页边距设置等内容。

习　题

一、操作题

1. 怎样复制并粘贴一组图件？试复制并粘贴下列一组图件，如图 2-65 所示。
2. 用阵列粘贴的方法完成如图 2-65 所示的图件放置。
3. 绘制图 2-66 所示的图形。

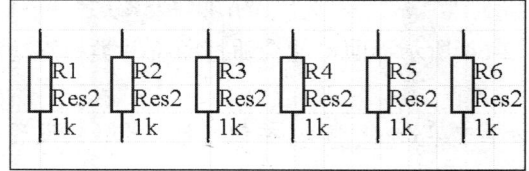　　　　　　　　　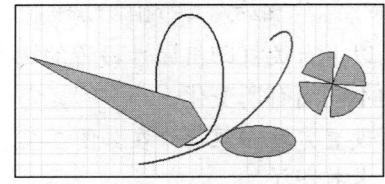

图2-65　粘贴图件练习　　　　　　　　　图2-66　图形工具使用练习

4. 打开 2.1 节中的例子，利用导航器面板快速找到元器件 U6 所在的位置。
5. 打开 2.1 节中的例子，利用导航器面板快速查看与元器件 U4 有电气联系的所有元器件分布。
6. 利用快捷键放大、缩小和刷新界面。
7. 打印输出本章实例的原理图。

二、问答题

1. 要使图件沿水平方向均匀分布应该执行什么命令？
2. 当用户对几个元器件执行沿某个方向均匀分布的命令后，发现在连接导线时捕捉不到元器件管脚的电气节点了，这是因为该用户没有设置哪一个选项？
3. 当打开一个工程中的一张原理图后，发现浏览器【Navigator】面板内容是空的，这时应该怎样操作可以使面板中显示工程的有关信息？

第 3 章 原理图绘制

电路原理图是整个电路设计的灵魂，它除了可以表达电路设计者的设计思想外，在印制电路板的设计过程中，还提供了各个元器件连线的依据。只有一张正确的原理图才有可能生成一块具备指定功能的印制电路板。只有美观的原理图，才能清晰、准确地反映设计者的意图，方便日常交流。因此，学会绘制正确、美观、清晰的原理图是非常重要的。

本章在说明绘制原理图的一般步骤后，将以一个实例为主线，针对绘制电路原理图常用的工具逐个做详细的介绍，相信读者通过本章的学习，能够很快学会绘制一般电路原理图，并会逐渐喜欢上 Protel DXP 这个得力的设计助手。

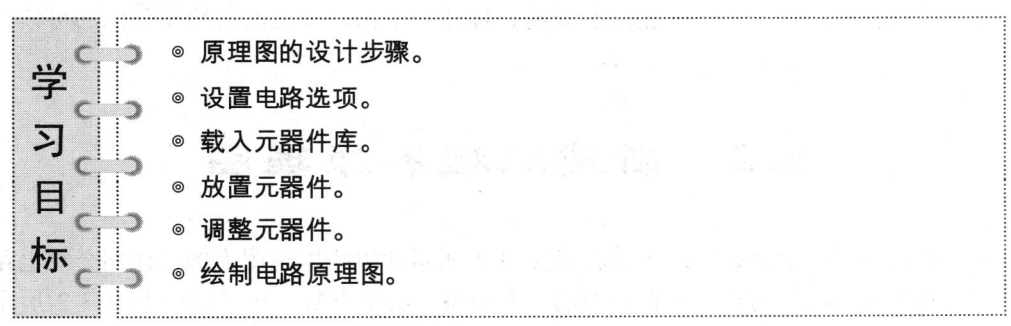

学习目标
- ◎ 原理图的设计步骤。
- ◎ 设置电路选项。
- ◎ 载入元器件库。
- ◎ 放置元器件。
- ◎ 调整元器件。
- ◎ 绘制电路原理图。

3.1 原理图的设计步骤

绘制电路原理图在整个电路设计过程中有着举足轻重的作用。一张正确、美观、清晰的电路原理图不但可以准确表达电路设计者的设计思想，同时还为后面的印制电路板设计工作打好了基础。

在 Protel DXP 中，电路原理图的设计大致分为 6 个步骤，如图 3-1 所示。

1. 设置原理图选项

在这一步中，可以根据个人的绘图习惯、公司单位的标准化要求以及图纸可能的大小，设置原理图图纸的大小、方向、标题栏的外观参数，另外用户还要设置原理图的设计信息，诸如公司名称、设计人姓名、设计以及修改日期等项目。

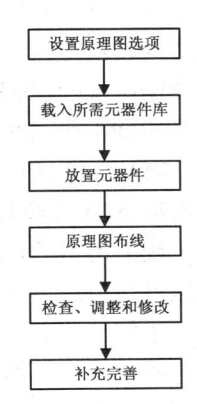

图3-1 原理图设计流程图

2. 载入所需元器件库

Protel DXP 拥有涵盖众多厂商、种类齐全的元器件库，但并非每一个元器件库在用户的设计中都会用到。载入所需元器件库就是将用户设计中需要用到的元器件库载入当前系统，以便在绘图过程中随时查找和取用库中的元器件。

3. 放置元器件

从载入的元器件库中选定所需的各种元器件，将其逐一放置到已建立好的工作平面上，然后根据美观清晰的设计要求，调整元器件位置，并对元器件的序号、封装形式和显示状态等进行定义和设置，以便为下一步的布线工作打好基础。

4. 原理图布线

将放置好的元器件各管脚用具有电气意义的导线、网络标号等连接起来，使各元器件之间具有用户所设计的电气连接关系。

5. 检查、调整和修改

用户利用 Protel DXP 所提供的各种校验工具，根据设定规则对前面所绘制的原理图进行检查，并做进一步的调整和修改，以保证原理图正确无误。

6. 补充完善

用户可以在原理图上做一些相应的说明、标注和修饰，以提高所绘原理图的可读性和美观性。

3.2 新建工程和原理图

在熟悉原理图编辑器之后，下面将以图 3-2 所示的电路原理图为例，详细介绍电路原理图的基本绘制过程。为使我们在画图的过程中做到心中有数，先了解一下图 3-2 所示电路的基本结构和功能。

该电路的主要功能是完成模拟信号的数据采集，它主要由单片机芯片 DS87C520-MCL 和 A/D 转换芯片 MAX118CPI 以及一些插接件、电阻、电容和开关组成。

DS87C520-MCL 是美信（Maxim）/达拉斯（Dallas）公司生产的 8 位微控制器，它的指令和管脚与常用的 8051 完全兼容，但在性能上全面超越 8051，由于采用了全新设计的处理器内核，去掉了一些没用的时钟和存储周期，即使在相同主频的情况下，其处理速度也会比传统的 8051 快 1.5～3 倍，与此同时其时钟频率可以达到 33MHz，并且内部集成 16kB 的 EPROM 和 1kB 的 RAM、掉电复位电路、看门狗定时器等。

MAX118CPI 同样是美信（Maxim）公司的产品，它是一款单＋5V 供电的 8 位 8 通道的高速 A/D 转换芯片，单通道转换时间为 660ns，不需要外部时钟，内部有采样保持电路。出于校准的目的，其第 8 个转换通道在内部直接与高的参考电压相连。在本例中高的参考电压就是电源电压。

了解这些之后，下面就从新建工程开始，介绍这幅原理图的绘制步骤。

新建工程和原理图文件的过程，在第 2 章中已经做了介绍，现在针对上述工程原理图做一个简要回顾。

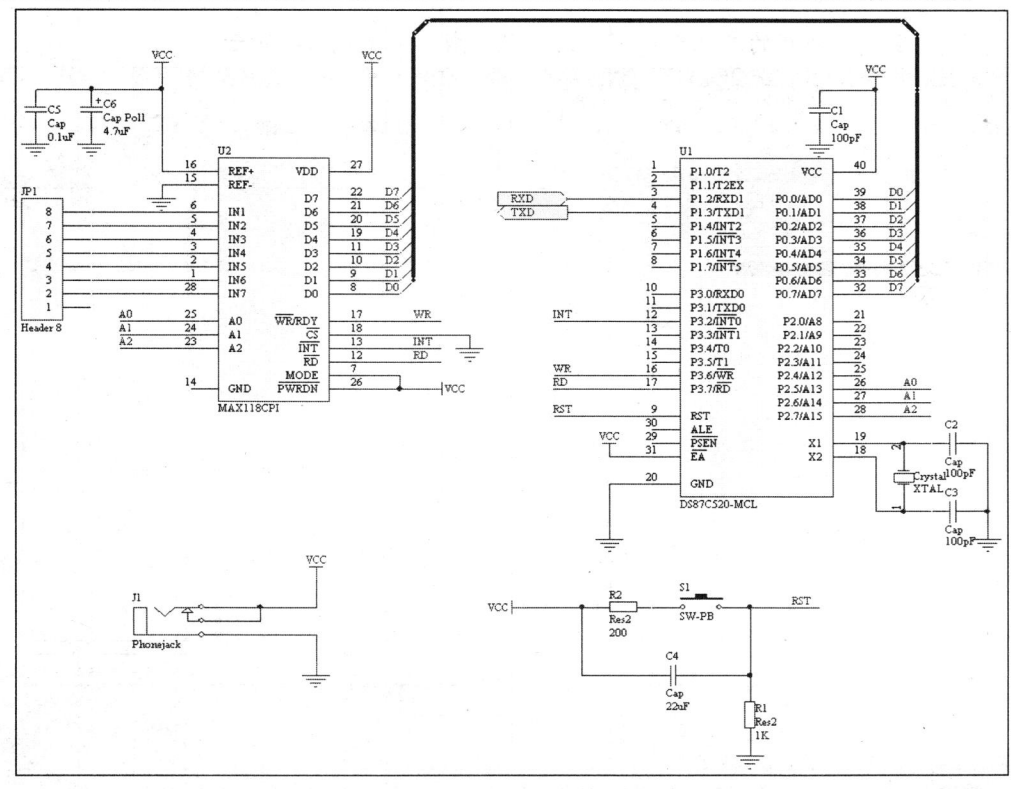

图3-2 原理图设计实例

(1) 先为新建工程在 Windows 中建立专用文件夹，用于保存工程进行中用户建立和系统产生的各种文件，便于日后文件管理。在这里，针对上面的例子，在"My Documents"中建立一个名为"AD System"的文件夹。

(2) 执行菜单命令【File】/【New】/【PCB Project】。

(3) 执行菜单命令【File】/【Save Project】，在弹出的保存工程对话框中键入"AD System"文件名，并保存在第(1)步建立的文件夹中，如图3-3所示。

(4) 执行菜单命令【File】/【New】/【Schematic】，在刚才建立的工程中新建原理图。

(5) 执行菜单命令【File】/【Save】，在弹出的对话框中键入新建原理图的文件名。在此以"87C52"作为该原理图的文件名，并保存在第(1)步中建立的文件夹下，如图3-4所示。

图3-3 保存工程文件

图3-4 保存原理图文件

(6) 保存完后，一个新的工程和原理图文件就建成了，如图 3-5 所示。

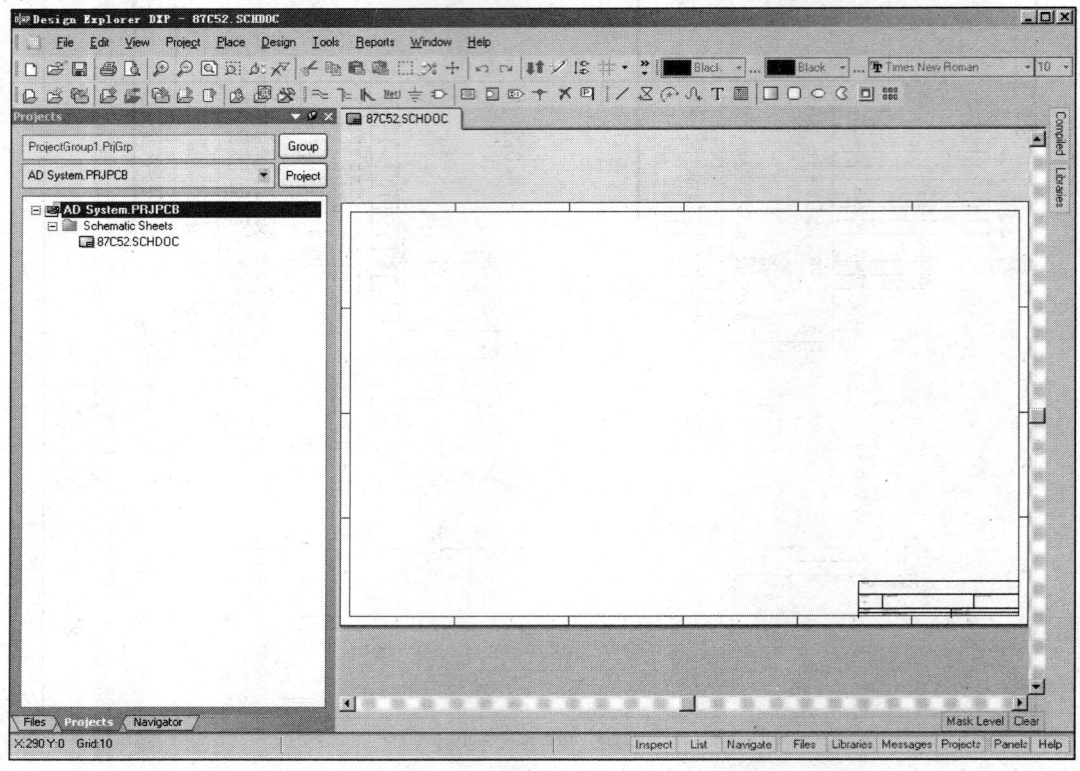

图3-5 新建工程和原理图文件后的窗口

3.3 设置原理图选项

绘制电路原理图时，首先要设置电路图纸，也就是要设置电路图纸的图纸方向、幅面尺寸、标题栏、边框底色和文件信息等各种参数和相关信息。一方面是为用户准备好一个合适的工作平面，以便用户在上面得心应手地展开自己的设计工作；另一方面可以使图纸符合公司或单位的标准化要求，便于设计文件的管理。

根据图 3-2 所示的实例对图纸提出以下要求。

❖ 图纸幅面为 A4。
❖ 图纸的方向为水平放置。
❖ 图纸标题栏采用标准型。

下面将根据上述要求对即将使用的图纸进行设置。

3.3.1 定义图纸外观

设置图纸参数可按照以下步骤进行。

(1) 执行菜单命令【Design】/【Options】，打开如图 3-6 所示的设置图纸属性对话框。

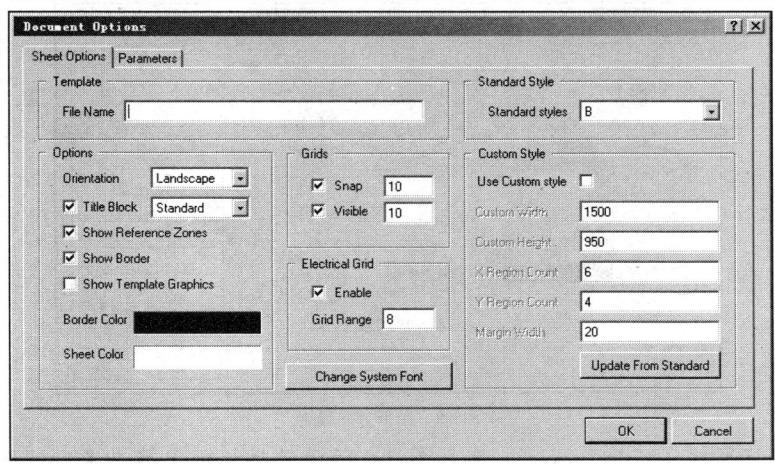

图3-6 设置图纸属性对话框

(2) 设置图纸尺寸。下面按A4型图纸设计图纸尺寸。如图3-6所示界面中的【Standard Style】（标准图纸格式）选项，单击【Standard styles】编辑框的▼按钮，在如图3-7所示的下拉列表框中选择"A4"。

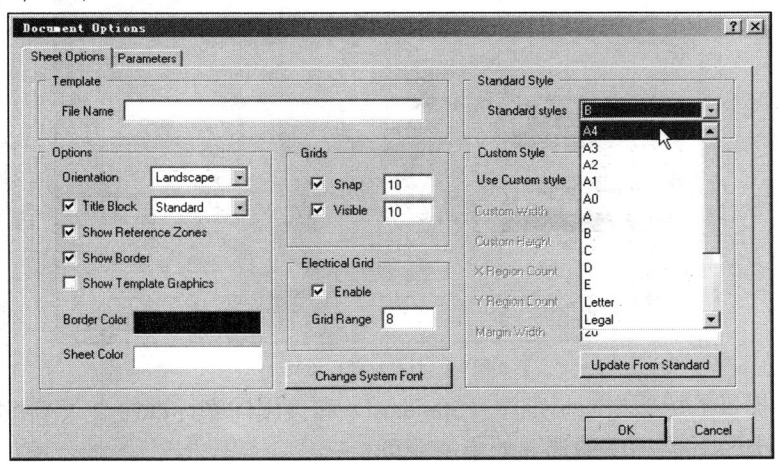

图3-7 图纸尺寸选择

如图3-7所示，Protel DXP 提供的标准图纸有下列几种。

- ❖ 公制：A0、A1、A2、A3 和 A4。
- ❖ 英制：A、B、C、D 和 E。
- ❖ Orcad 图纸：OrcadA、OrcadB、OrcadC、OrcadD 和 OrcadE。
- ❖ 其他：Letter、Legal 和 Tabloid。

(3) 设定图纸方向。对图纸方向的设定是在图3-6所示界面的【Options】选项中完成的，该选项中包括图纸方向设定、标题栏设定和边框底色设定等几部分。这里将图纸方向设定为水平方向。在【Options】选项内，单击【Orientation】选项的▼按钮，弹出如图 3-8 所示的下拉列表框，然后单击"Landscape"选项，即可将图纸的方向设定为水平。

Protel DXP 的图纸方向有两种选择。

- 【Landscape】：图纸水平横向放置。
- 【Portrait】：图纸垂直纵向放置。

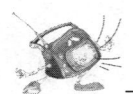

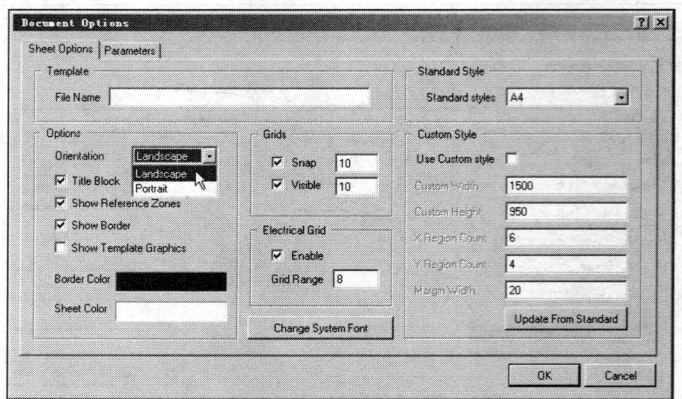

图3-8 图纸方向设定

(4) 设置图纸标题栏（Title Block）。在如图 3-6 所示的对话框中单击【Title Block】选项的 ▼ 按钮，会弹出一个下拉列表框，如图 3-9 所示，选择"Standard"选项即可将图纸类型设置为标准型。

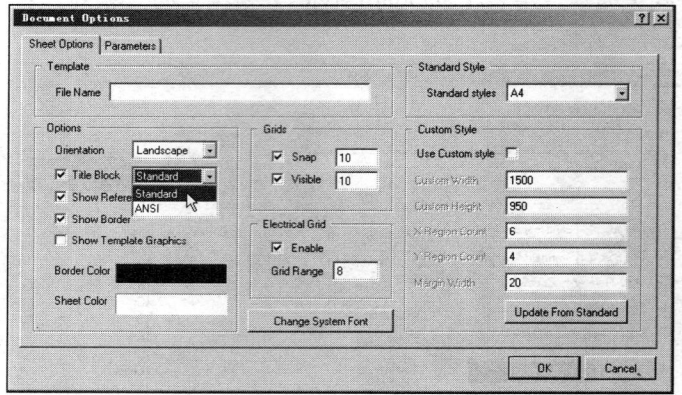

图3-9 选择标题栏类型

Protel 99 提供的标题栏有标准型（Standard）和美国国家标准协会（ANSI）模式两种。选择时只要将光标移至相应的选项处单击即可。

标准型如图 3-10 所示，美国国家标准协会模式如图 3-11 所示。

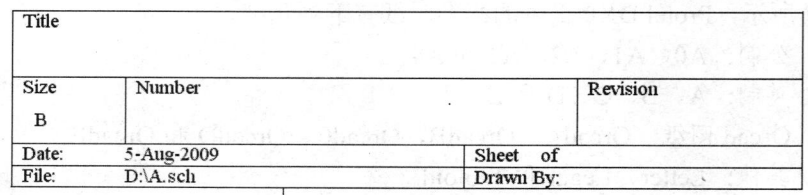

图3-10 标准型标题栏

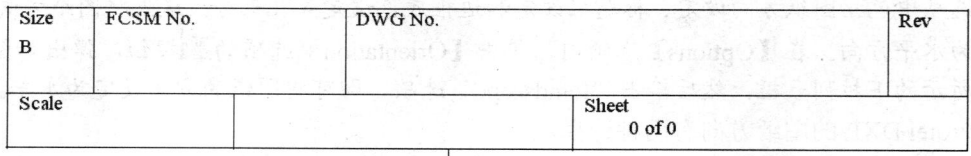

图3-11 美国国家标准协会制订的标题栏

(5) 设置显示图纸标题栏（Title Block）。单击【Title Block】选项前的复选框，复选框中为 "√" 表示选中该项，选中此项可以显示图纸标题栏。

(6) 设置显示参考边框（Show Reference Zones）。选中【Show Reference Zones】选项可以显示参考图纸边框。

(7) 设置显示图纸边框（Show Border）。选中【Show Border】选项前的复选框即可显示图纸边框。

(8) 设置显示图纸模板图形（Show Template Graphics）。选中【Show Template Graphics】选项前的复选框即可显示图纸模板图形。

(9) 设置图纸边框的颜色（Border Color）。此项可设置图纸边框的颜色，默认值为黑色。单击【Border Color】右侧的颜色显示框，如图 3-12 所示，之后将出现如图 3-13 所示的对话框，可以单击【Basic】、【Standard】和【Custom】标签，用鼠标选中想要选择的颜色，然后单击 OK 按钮即可。

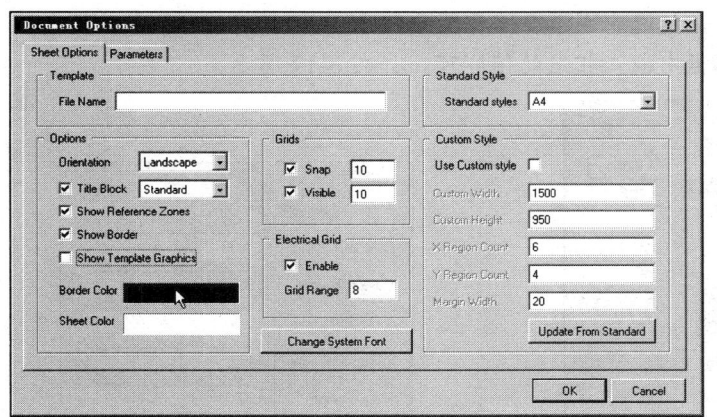

图3-12　单击图纸边框颜色栏

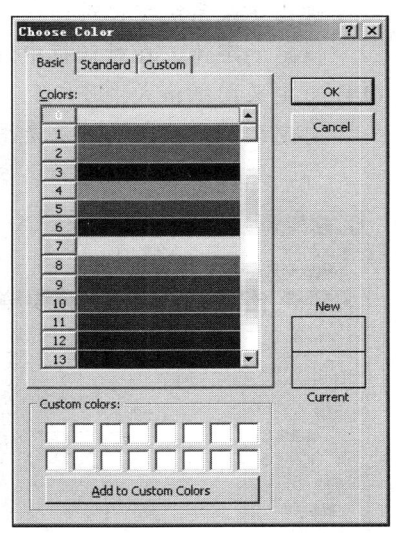

图3-13　选择图纸边框颜色

(10) 设置工作区的颜色（Sheet Color）。此项可设置图纸工作区的颜色。

(11) 设置图纸栅格（Grids）。此项设置包括两个部分：跳跃栅格（Snap）的设定和可视栅格（Visible）的设定，如图 3-14 所示。首先选中相应的复选框，然后在后面的文本框中输入所要设定的值。

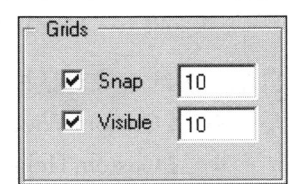

图3-14　图纸栅格的设定

❖ 【Snap】：跳跃栅格。此项设置将影响放置原理图中项目的最小步长。也可以认为是原理图中各种要素坐标值的最小单位，设定值的系统默认单位为 mil，即 1/1 000 英寸。例如【Snap】设定为 "20" 时，鼠标在拖动元器件时，元器件将以 20 mil 为基本单位沿鼠标拖动方向跳跃。

❖ 【Visible】：可视栅格。设置图纸上实际显示的栅格的距离，系统默认单位为 mil。

这里将两项的值均设定为 "10"。

(12) 设置（Electrical Grid）自动寻找电气节点。选中该项时，系统在绘制导线时会以【Grid Range】栏中的设定值为半径，以鼠标箭头为圆心，向周围搜索电气节点。如果找到了此范围内最近的节点，就会把光标移至该节点上，并在该节点上显示出一个"×"。设置方法是：首先选中【Enable】前的复选框，也就是使其前面的复选框出现"√"。然后在【Grid Range】后的文本框中输入所要设定的值，如"8"，单位为 mil，如图 3-15 所示。

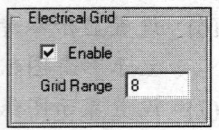

图3-15　电气栅格的设定

> **注意**　电气捕获栅格的大小应该略小于跳跃栅格的大小，只有这样才能准确地捕获电气节点。

(13) 更改系统字体（Change System Font）。单击图 3-6 所示界面中的 Change System Font 按钮，弹出更改系统字体对话框，如图 3-16 所示。电路原理图中元器件的引脚就是使用该项设定的字体。在对话框中设定好各项后，单击 确定 按钮即可。

(14) 自定义图纸格式。用户除了可以直接使用标准图纸格式之外，还可以自定义图纸格式。自定义图纸格式的方法是用鼠标选中图 3-6 所示界面中【Use Custom style】后的复选框，然后在各选项后的文本框中输入相应的值即可，如图 3-17 所示。

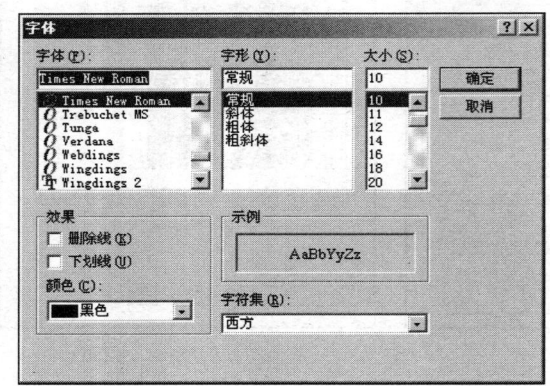

图3-16　【字体】对话框

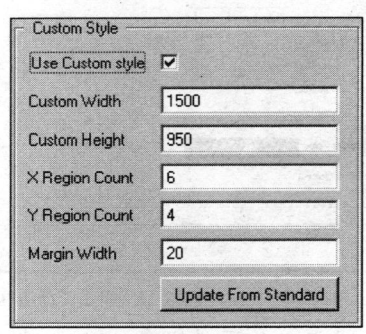

图3-17　自定义图纸格式

自定义图纸格式对话框中各选项有如下含义。

- ❖ 【Custom Width】：自定义图纸的宽度，默认单位为 mil。
- ❖ 【Custom Height】：自定义图纸的高度，默认单位为 mil。
- ❖ 【X Region Count】：X 轴方向（水平方向）参考边框划分的等分个数。
- ❖ 【Y Region Count】：Y 轴方向（垂直方向）参考边框划分的等分个数。
- ❖ 【Margin Width】：边框宽度。

3.3.2　填写图纸设计信息

在图 3-6 所示界面中，单击 Parameters 选项卡，即可打开设置图纸设计信息对话框，如图 3-18 所示。

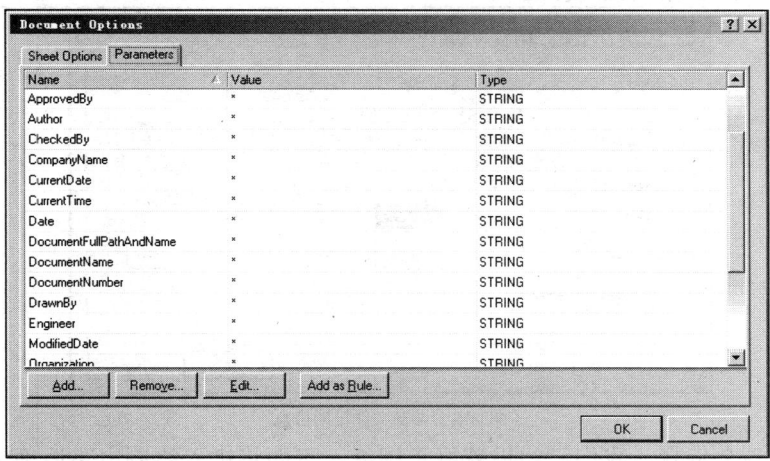

图3-18 设置图纸设计信息对话框

系统默认的待填参数有如下项目。

- ❖ 【Address1】、【Address2】、【Address3】、【Address4】：用于设置公司或单位地址。
- ❖ 【ApprovedBy】：用于填写批准人姓名。
- ❖ 【Author】：用于填写设计人姓名。
- ❖ 【CheckedBy】：用于填写审校人的姓名。
- ❖ 【CompanyName】：用于填写公司名称。
- ❖ 【CurrentDate】：用于填写当前日期。
- ❖ 【CurrentTime】：用于填写当前时间。
- ❖ 【Date】：用于填写日期。
- ❖ 【DocumentFullPathAndName】：用于填写文件名和完整的保存路径。
- ❖ 【DocumentName】：用于填写文件名。
- ❖ 【DocumentNumber】：用于填写文件数量。
- ❖ 【DrawnBy】：用于填写绘图人姓名。
- ❖ 【Engineer】：用于填写工程师姓名。
- ❖ 【ModifiedDate】：用于填写修改日期。
- ❖ 【Organization】：用于填写设计机构名称。
- ❖ 【Revision】：用于填写版本号。
- ❖ 【Rule】：用于填写规则信息。
- ❖ 【SheetNumber】：用于填写原理图编号。
- ❖ 【SheetTotal】：用于填写工程中原理图总数。
- ❖ 【Time】：用于填写时间。
- ❖ 【Title】：用于填写原理图的标题。

设定的方法是先用鼠标单击列表中需要设置的项目，然后在对话框中单击 Edit.. 按钮对项目进行编辑，我们以单击日期【Date】为例，在随后弹出的如图3-19所示的对话框中，参数值【Value】栏中填写"2002/10/8"，单击 OK 按钮即可完成设置。其他项目的设置方法与此类似。

Protel DXP 实用教程

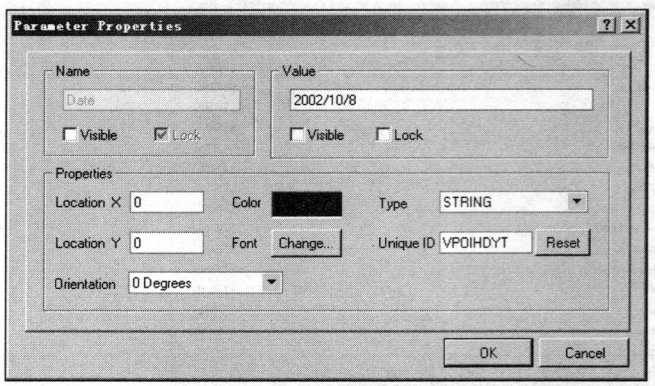

图3-19 设置文件日期信息

经过上述各个步骤，我们已经设置好了图纸，下面将进入绘制电路原理图的实质性工作阶段。

3.4 载入元器件库

绘制原理图的过程就是将表示实际元器件的符号，用表示电气连接的连线或者网络标号连接起来。

第(1)步要做的就是在图纸上放置元器件符号，Protel DXP 作为专业的计算机辅助电路板设计软件，常用元器件的原理图符号，都可以在 Protel DXP 的元器件库中找到，用户只需在元器件库中调用所需元器件，而不需要用户逐个去画元器件符号。

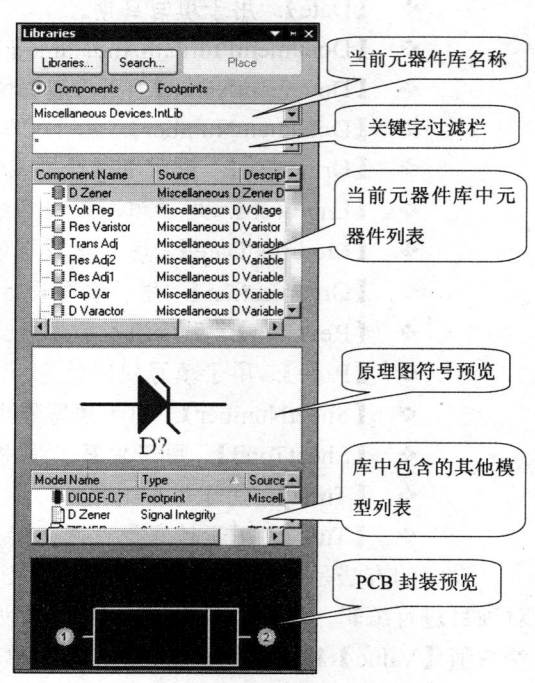

Protel DXP 元器件库中的元器件数量是庞大的，但同时分类也是非常明确的，它的一级分类主要是以元器件厂家分类，在厂家分类下面又以元器件种类（如微控制器类、A/D 转换芯片类）进行二级分类。针对特定的设计工程，用户可以只调用几个需要的相应元器件厂商中的二级库，这样做可以减轻系统运行负担，加快运行速度。也就是说，如果用户想直接利用 Protel DXP 现成的元器件库，就应该知道想要的元器件放在 Protel DXP 元器件库的哪个二级库中，并将该二级库载入到系统中。

(1) 打开库文件面板。在工作区右侧单击【Libraries】标签，如图 3-20 所示。系统默认的已经载入了两个库，一个是常用电气元器件选项库（Miscellaneous Devices.IntLib），另一个是常用接插件选项库（Miscellaneous Connectors.IntLib）。

图3-20 库文件面板

(2) 载入原理图所需的元器件库。单击库文件面板中的 Libraries... 按钮,出现如图 3-21 所示的添加、移除元器件库对话框。该对话框中按钮的主要作用是用来载入所需的元器件库或移出不需要的元器件库,窗口中显示的内容是当前系统中已经载入的元器件库。

(3) 在如图 3-21 所示的窗口中单击 Add Library... 按钮,系统打开 Windows 用于打开文件的典型对话框,如图 3-22 所示。

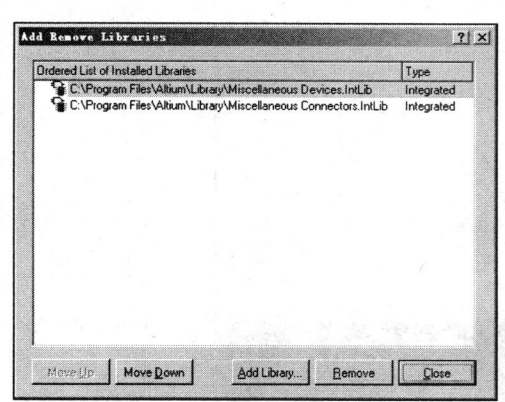

图3-21 添加、移除元器件库对话框

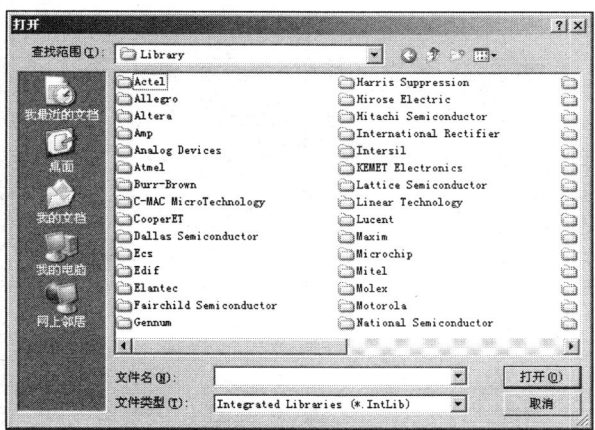

图3-22 打开库文件对话框

(4) 双击所需元器件厂商的一级元器件库文件夹,例如美信公司 "Maxim" 文件夹。随后在窗口中将显示 Maxim 公司产品的二级子库名称,如图 3-23 所示。

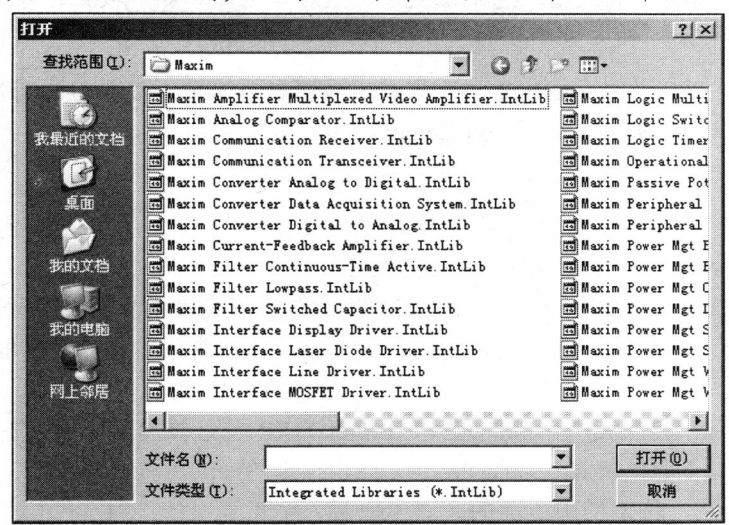

图3-23 打开二级子元器件库

(5) 选中所需种类的二级库,在这里我们需要美信 Maxim 公司生产的 A/D 芯片,选中 "Maxim Converter Analog to Digital.IntLib",然后单击 打开(O) 按钮,结果如图 3-24 所示。所选中的库文件即出现在添加、移除元器件库对话框中的【Ordered List of Installed Libraries】列表框中,成为当前活动的库文件,重复上述操作即可将不同的库文件依次添加到系统中,成为当前活动的库文件。然后单击 Close 按钮关闭添加、移除库文件窗口。此时,所载入的元器件库(以及该元器件库所包含的所有元器件)就会出现在库文件面板中,如图 3-25 所示。

Protel DXP 实用教程

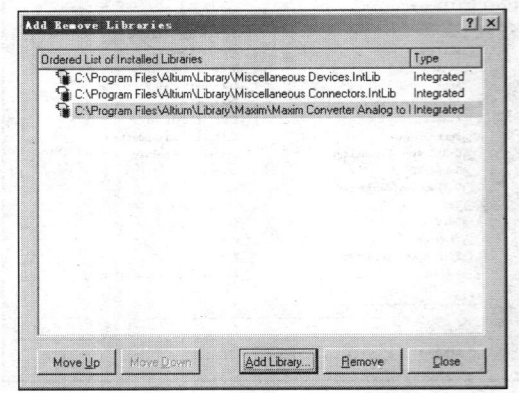

图3-24 添加"Maxim Converter Analog to Digital.IntLib"库

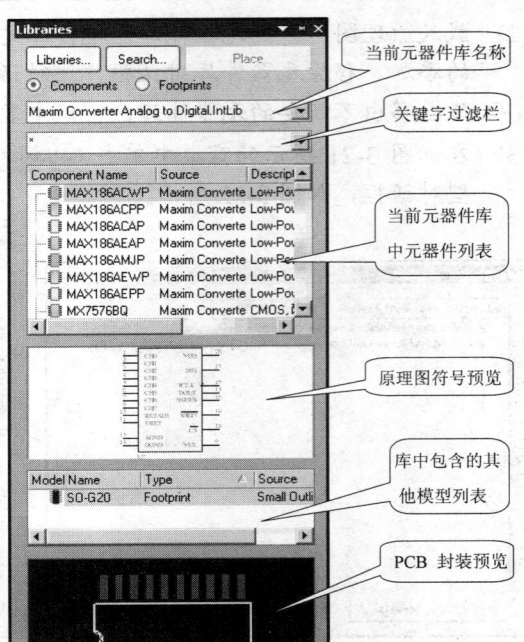

图3-25 新载入的元器件库

(6) 若想移除某个已经载入的库文件，只要在如图 3-24 所示对话框的【Ordered List of Installed Libraries】列表框中选中该文件，然后单击 Remove 按钮即可。

 改变当前库的设置还可以在工作窗口为原理图编辑器的前提下，执行菜单命令【Design】/【Add/Remove Library】。

Protel DXP 自带的库文件与以往版本 Protel 的库文件有所不同，是全新的集成库（integrated libraries），它的后缀名不再是".lib"或者".ddb"，而是".IntLib"（integrated libraries）。所谓集成就是同一个库文件中可以同时包含元器件的原理图符号、PCB 封装、SPICE 仿真模型和信号完整性分析模型的相关信息，所包含信息在库文件面板中都会有所显示，如图 3-25 所示。Protel DXP 自带的库文件保存在系统安装目录（如 C:\Program Files\Altium\Library 目录）中。除此之外，Protel DXP 也可以使用用户自建的 Protel DXP 单个库（*.SchLib 和*.PcbLib）以及 Protel 99 SE 导出的库文件（*.Lib）。

按照上述方法，将本例中所用的元器件库载入到设计系统。对应元器件的库分别如下所示。

❖ 电阻 R1、R2、电容 C1、C2、电解电容 C6、晶振 Y1、复位键 SW1 属于"Miscellaneous Devices.IntLib"。

❖ 接插件 J1、JP1 属于"Miscellaneous Connectors.IntLib"。

❖ 单片机 DS87C520-MCL 属于"Dallas Semiconductor"一级库文件夹中的"Dallas Microcontroller 8-Bit.IntLib"二级子库。

❖ A/D 转换芯片 MAX118CPI 属于"Maxim"一级库文件中的"Maxim Converter Analog to Digital.IntLib"二级子库。

3.5 放置元器件

当用户将所需用到的元器件库载入设计系统后，就可以从载入的库中取用元器件并把它们放置到图纸上了。

下面将用不同的方法放置元器件。

3.5.1 利用库文件面板放置元器件

下面利用库文件面板将 A/D 转换芯片 MAX118CPI 放置到工作平面上，具体步骤如下。
(1) 打开库文件面板。
(2) 载入原理图所需的元器件库。将所需的库文件"Miscellaneous Devices.IntLib"、"Miscellaneous Connectors.IntLib"、"Dallas Microcontroller 8-Bit.IntLib"和"Maxim Converter Analog to Digital.IntLib"依次载入。
(3) 打开元器件所需的元器件库。首先单击库文件名列表框的 按钮，在下拉列表中选中"Maxim Converter Analog to Digital.IntLib"后，单击鼠标左键即可，如图 3-26 所示。
(4) 在该元器件库中选定所需元器件。在当前库元器件列表框中找到并将光标移至"MAX118CPI"处，单击鼠标左键即可选定元器件"MAX118CPI"，如图 3-27 所示。

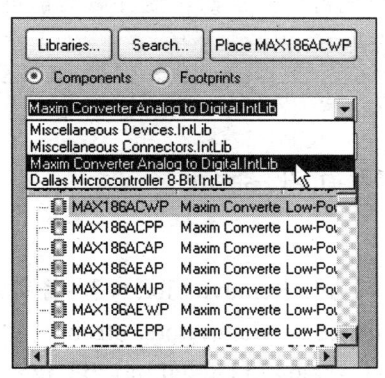 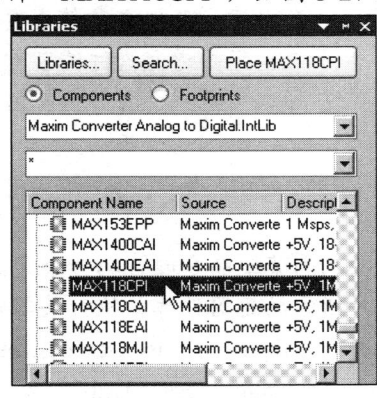

图3-26 选择所需的元器件库　　　　　　图3-27 选择所需元器件

(5) 放置元器件到工作平面上。选定"MAX118CPI"后，在库文件面板上单击 Place MAX118CPI 按钮或直接双击"MAX118CPI"，将光标移至工作平面，此时就会发现元器件 MAX118CPI 的虚影随光标的移动而移动，如图 3-28 所示。然后将元器件随光标移到工作平面上的适当位置，单击鼠标左键即可将元器件放置到当前位置，如图 3-29 所示，左边的一个 MAX118CPI 是刚才单击鼠标后放置的。
(6) 此时系统仍处于放置元器件状态，且鼠标指针上仍然有一个待放的元器件虚影，如图 3-29 所示，再次单击鼠标左键就会在工作平面中鼠标当前位置放置另一个相同的元器件。按 Esc 键或单击鼠标右键，即可退出该命令状态，这时系统才允许用户执行其他命令。

Protel DXP 实用教程

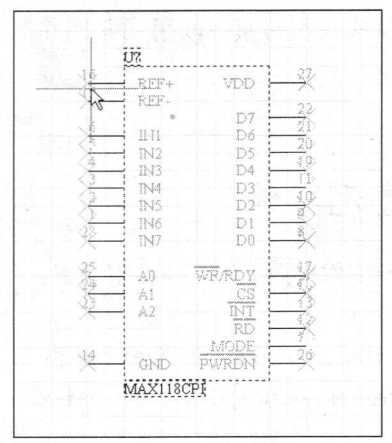

图3-28 即将放置元器件

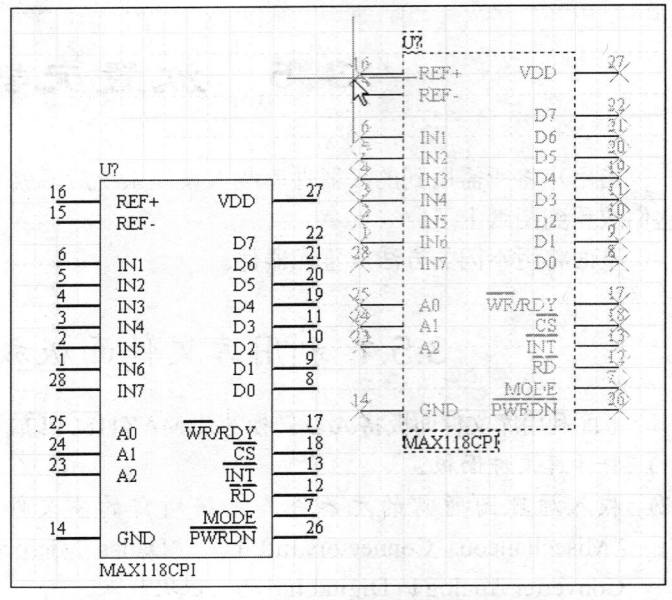

图3-29 放置元器件到工作平面上

选定所需元器件时可以先选定所在的元器件库，然后在如图 3-25 所示的关键字过滤栏中直接输入该元器件的名称或头几个字母，元器件列表框中将只出现元器件名称符合要求的一个或几个元器件。当然，这样做的前提是用户已经知道元器件的名称和所在的元器件库。

3.5.2 利用菜单命令放置元器件

下面利用菜单命令放置第 2 个元器件：晶振 Y1。

(1) 载入所需的元器件库。执行菜单命令【Design】/【Add/Remove Library】，将所需的库文件 "Miscellaneous Devices.IntLib"、"Miscellaneous Connectors.IntLib"、"Dallas Microcontroller 8-Bit.IntLib" 和 "Maxim Converter Analog to Digital.IntLib" 依次载入。

(2) 执行菜单命令【Place】/【Part】，出现如图 3-30 所示的对话框。

(3) 用户如果知道晶振在元器件库中的名字和封装代号，那么可以直接在【Place Part】对话框中输入如图 3-30 所示的内容，【Lib Ref】栏中填写所需放置的元器件在库中的名称，【Designator】栏中填写即将放置的元器件在当前原理图中的编号，【Comment】栏中填写元器件的描述信息，【Footprint】栏中填写放置的元器件的封装代号。

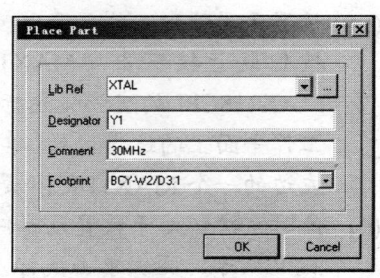

图3-30 放置元器件对话框

(4) 用户如果不知道晶振在元器件库中的确切名称，但大致知道在已载入的某个库中，则可以用鼠标单击【Lib Ref】栏右侧的浏览符号 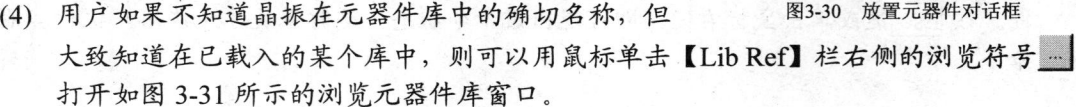，打开如图 3-31 所示的浏览元器件库窗口。

(5) 找到相应的库 "Miscellaneous Devices.IntLib"，在元器件列表框中找到 XTAL 后，用鼠标单击 "XTAL" 以选中该元器件，单击 OK 按钮后出现如图 3-32 所示的对话框，用户可以在【Comment】栏中填写需要的描述信息。

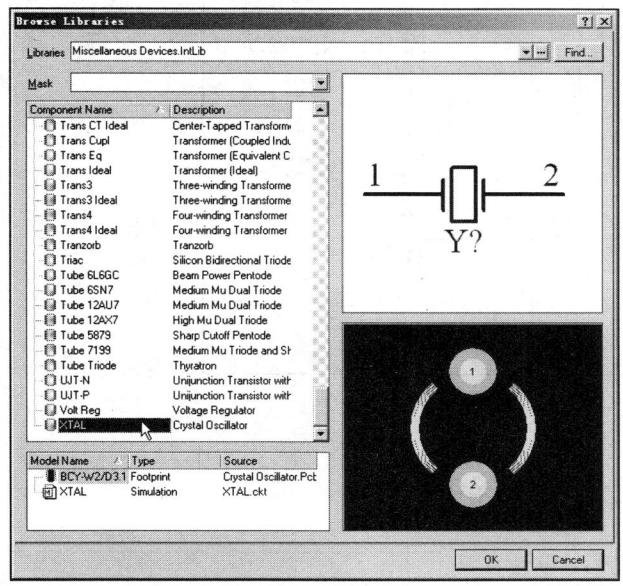

图3-31 浏览元器件库对话框

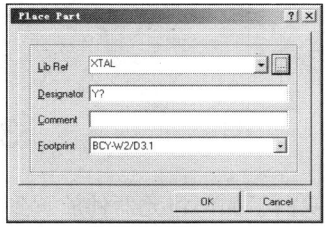

图3-32 放置元器件对话框

(6) 单击 OK 按钮或按 Enter 键确认。

(7) 将鼠标移至工作平面，此时就会发现多了一个以鼠标箭头为中心的十字形光标，元器件随光标的移动而移动。将元器件随光标移到工作平面上的适当位置，单击确认，即可将元器件放置到光标当前所在的位置，如图 3-33 所示。图 3-33（a）是在【Place Part】相应栏中填入元器件编号 "Y1" 和有关信息 "30MHz" 后的放置结果；图 3-33（b）是采用如图 3-32 所示的放置元器件的方法后没有填写元器件编号和有关信息时放置的结果。

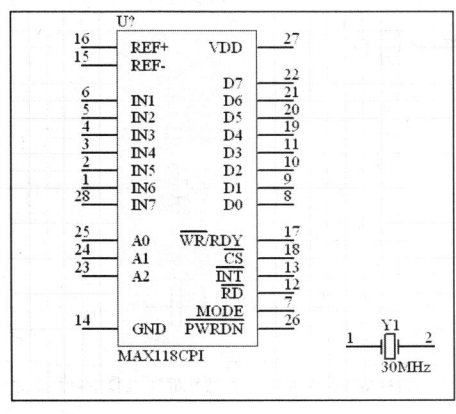

(a)

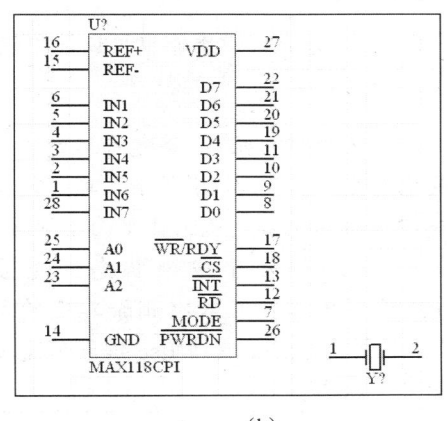

(b)

图3-33 放置第2个元器件到工作平面

(8) 放置其他的元器件。用上述两种方法将电阻（选用 Res2）、普通电容（Cap）、电解电容（Cap Pol1）、复位键（SW-PB）、单片机（DS87C520-MCL）、信号插座（Header 8）、电源插座（Phonejack）等元器件放置到工作平面上，最终结果如图 3-34 所示。

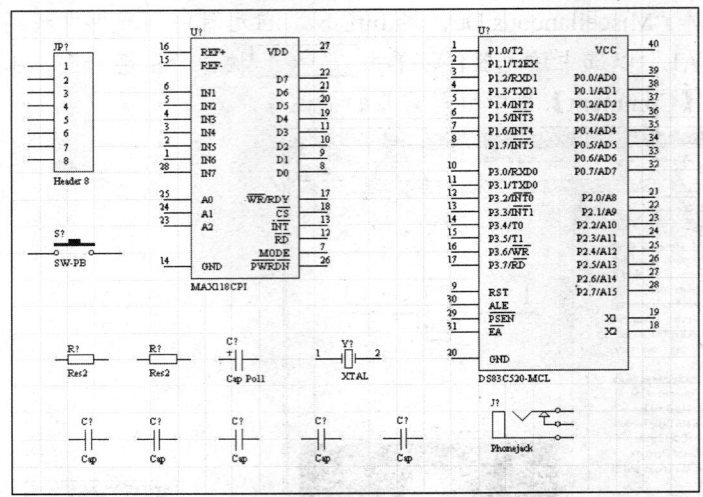

图3-34 元器件放置的最终结果

3.5.3 元器件的删除

明白了如何将元器件放置到图纸上之后,设计者还应该掌握如何从图纸上将已放置的元器件或其他图件删除的方法。这里以图3-34所示左下部的电容、电阻为例作做具体介绍,如图3-35所示。

下面将图3-35所示中右上角的电解电容删除,具体操作如下:

(1) 执行菜单命令【Edit】/【Delete】。

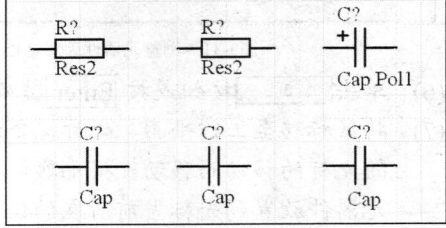

图3-35 元器件删除实例

完成该步操作也可以使用快捷键 E/D 。

(2) 当光标变为十字形状后,将光标移到右上角的电容上,如图3-36所示,单击鼠标左键即可将该元器件从工作平面上删除。此后,程序仍处于命令状态。重复第(2)步的操作即可依次删除其他的元器件。单击鼠标右键或按 Esc 键即可退出删除命令状态。

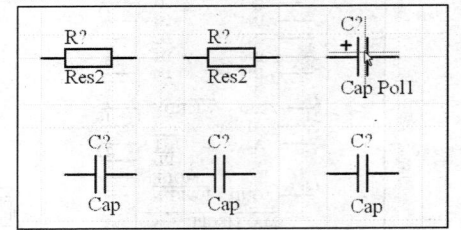

图3-36 执行菜单命令【Edit】/【Delete】删除一个元器件

删除一个元器件也可以先单击选中该元器件,此时元器件的周围会出现虚线框,然后按 Del 键即可完成删除工作。在进行各种操作时,鼠标与键盘相配合会大大简化工作步骤,提高工作效率。

如果想要一次删除多个元器件或图件,例如将图 3-35 所示中电阻全部删除可按如下操作步骤进行。

(3) 选中所要删除的多个元器件。按住鼠标左键不放,拖动鼠标指针,用拖出的选框框住所要删除的多个元器件,如图 3-37 所示。然后放开鼠标左键,此时两个电阻已经被选中,如图 3-38 所示。

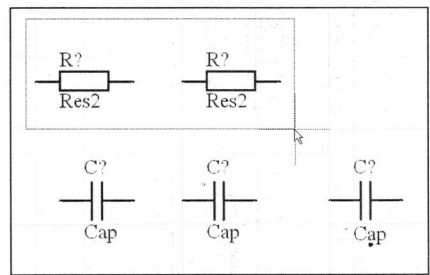

图3-37 用鼠标框选多个元器件

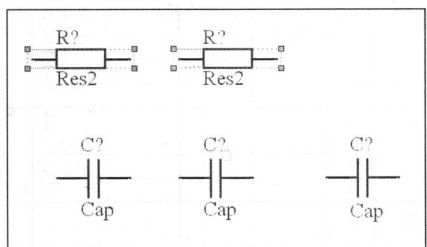

图3-38 选中所要删除的多个元器件

(4) 删除选中的元器件。执行菜单命令【Edit】/【Clear】,或直接在键盘上按 Del 键,即可从工作区中删除选中的多个元器件,如图 3-39 所示。

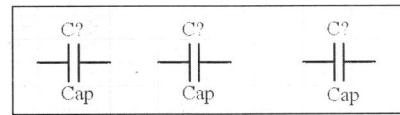

图3-39 一次删除多个元器件后的结果

删除选中的元器件也可以执行菜单命令【Edit】/【Cut】,或按快捷键 Shift+Del。与上述操作不同的是,该操作将删除的元器件保存到 Windows 的剪贴板中以供其他操作时使用,而不是彻底删除。

3.5.4 元器件位置的调整

为了使绘制的电路图能够达到布线方便简洁、清晰明了的效果,就需要对图纸上的元器件位置进行适当调整。通过各种操作将元器件移动到适当位置,或将元器件旋转成所需要的方向。下面将做具体介绍。

1. 移动单个元器件

这里以移动图 3-34 所示中复位键 SW-PB 为例,介绍移动单个元器件的具体操作步骤。

(1) 选中元器件。将鼠标箭头移到复位键 SW-PB 上,然后按住鼠标左键不放,此时在元器件上出现以鼠标箭头为中心的十字光标,这样便选中了该元器件,如图 3-40 所示。

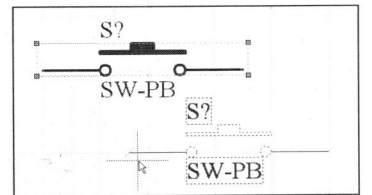

图3-40 选中所要移动的元器件

(2) 移动元器件。按住鼠标左键不放,移动十字光标,元器件的虚框轮廓会随光标的移动而移动。将元器件随光标移动到适当的位置,放开鼠标左键即完成了移动工作。注意,在移动的过程中必须按住鼠标左键不放。同时,用户会发现在放开鼠标左键之前,原来位置的晶振会以选中状态保持在原位不变,如图 3-40 所示。移动复位键后的结果如图 3-41 所示。

移动单个元器件还有以下方法：执行菜单命令【Edit】/【Move】/【Move】，单击该元器件即可选中该元器件，然后就可以进行移动了（此过程中不必按住鼠标左键不放），在合适的位置单击鼠标左键即可完成移动。此时系统仍处于移动命令状态，可继续移动其他元器件，直到单击鼠标右键或按 Esc 键取消命令为止。

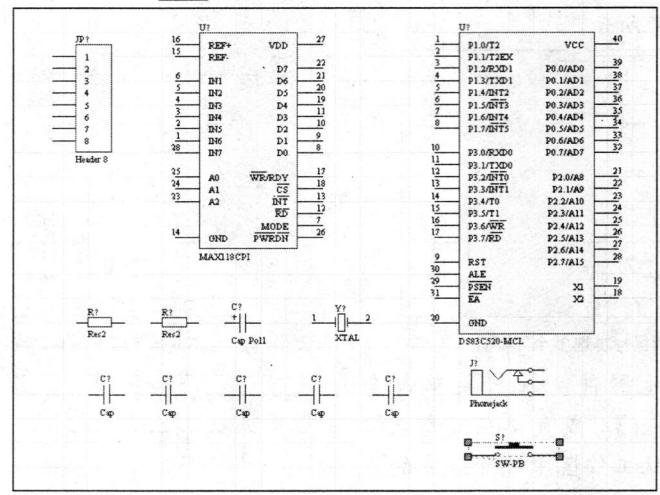

图3-41　移动单个元器件后的结果

移动其他图件，如导线、标注文字等的操作与此相同。

2. 同时移动多个图件

除了移动单个元器件外，还可以一次移动多个元器件或图件。这里我们以同时移动图3-42所示中左下脚的3个电容为例，具体操作如下。

(1) 选中元器件。选中多个元器件的方法有两种。

❖ 同时选中多个元器件。对于规则的选中区域，这种方法非常方便。按住鼠标左键不放，移动鼠标在工作区内拖出一个适当的虚线框将所要选择的所有元器件包含在内，如图 3-42 所示，然后放开鼠标左键即可选中虚线框内的所有元器件或图件，所选中的元器件或其他项目周围会出现绿色的虚线框，如图 3-43 所示。

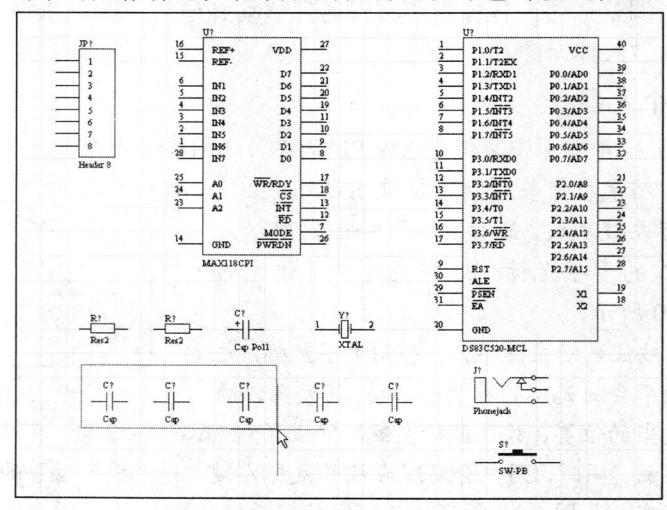

图3-42　同时选择多个元器件

❖ 逐个选中多个元器件。这种方法对于不规则的选择区域比较适合。执行菜单命令【Edit】/【Toggle Selection】，出现十字光标后，依次将光标移到所要选中的元器件上，单击鼠标左键，即可逐个选中多个元器件。所选中的元器件或图件周围会出现绿色的虚线框，如图3-44所示。在该命令状态下，操作可执行多次，直至单击鼠标右键或按 Esc 键取消命令为止。

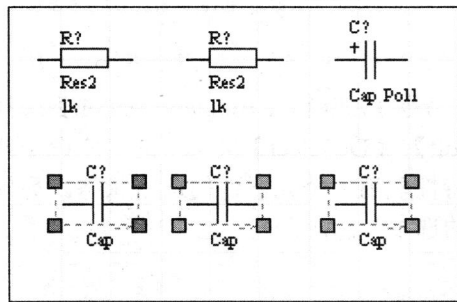

图3-43　处于选中状态的元器件

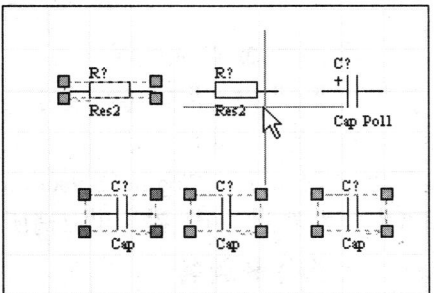

图3-44　逐个选中多个元器件

菜单命令【Edit】/【Toggle Selection】具有开关特性。在命令状态下，对某个元器件重复执行该命令，可以选中或取消选中该元器件。在实际作图过程中，这种选中方法经常是作为第一种方法的补充。

(2) 移动选中的元器件。选中元器件后，单击所选中的元器件组中任意一个元器件并按住鼠标左键不放，出现十字光标后即可移动所选中的元器件组到适当的位置，然后放开鼠标左键，元器件组便被放置在了当前位置。移动后的结果如图3-45所示。

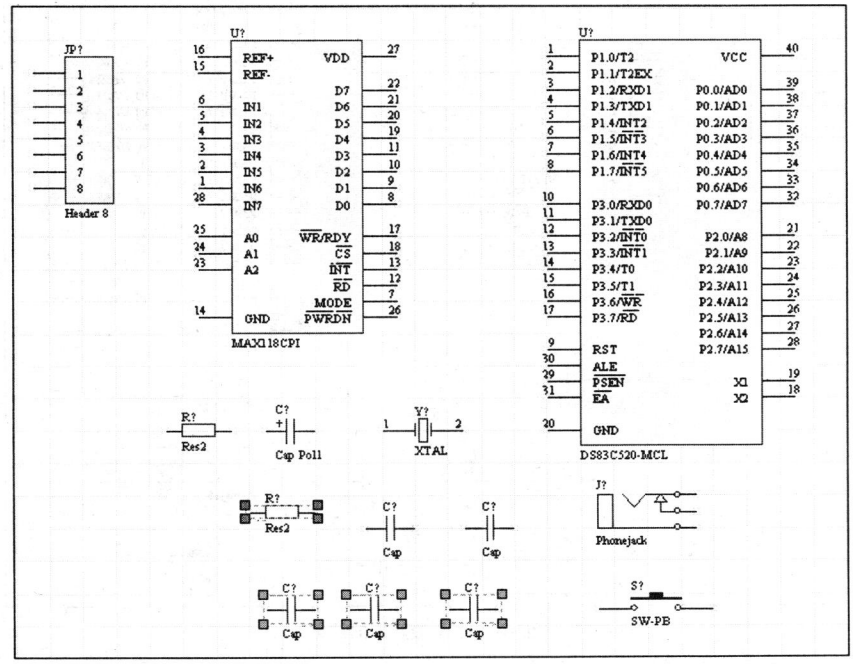

图3-45　移动多个元器件后的结果

Protel DXP 实用教程

> **注意**：移动所选中的元器件还可以执行菜单命令【Edit】/【Move】/【Move Selection】，出现十字光标后，单击所选中的元器件，移动鼠标即可将它们移动到适当的位置，然后再单击鼠标左键确认即可放置在当前位置。此过程中不必按住鼠标左键不放。

3. 元器件选择的取消

执行菜单命令【Edit】/【Select】，或执行菜单命令【Edit】/【Toggle Selection】选择元器件，元器件处于选中状态后，可以通过执行【Edit】/【DeSelect】菜单中的对应命令或利用菜单命令【Edit】/【Toggle Selection】的开关特性取消单个元器件的选中状态。另外，在图纸空白处单击鼠标左键，可取消所有元器件的选中状态。

4. 元器件的旋转

为了方便布线，有时还要对元器件进行旋转。对元器件进行旋转主要利用以下快捷键。

- ❖ Space 键（空格键）：每按一次，被选中的元器件逆时针旋转 90°。
- ❖ X 键：使元器件左右对调。
- ❖ Y 键：使元器件上下对调。

下面我们将图 3-45 所示中的晶振 XTAL 进行旋转，将 Header 8 进行水平翻转。

(1) 单击晶振 XTAL 并按住鼠标左键不放，选中该元器件。
(2) 按 Space 键即可将晶振 XTAL 逆时针旋转 90°，旋转的过程中应按住鼠标左键不放。
(3) 将元器件方向调整到位后放开鼠标左键即可，旋转后的结果如图 3-46 所示。

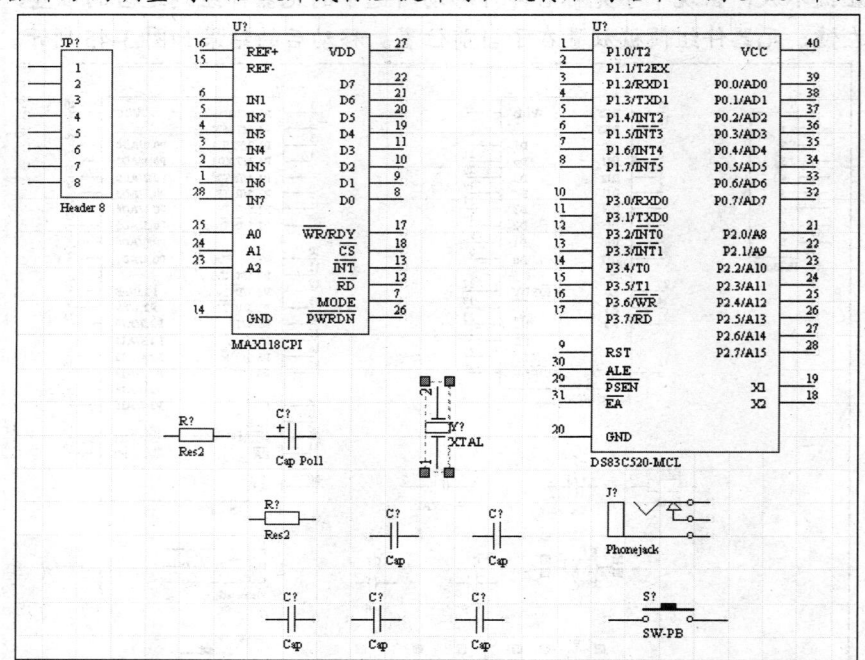

图3-46　晶振旋转后的结果

5. 元器件的左右对调

(1) 单击 Header 8 并按住鼠标左键不放，选中该元器件。

(2) 按 X 键即可将 Header 8 左右对调,翻转的过程中应按住鼠标左键不放。

(3) 将元器件方向调整到位后放开鼠标左键即可,左右对调后的结果如图 3-47 所示。

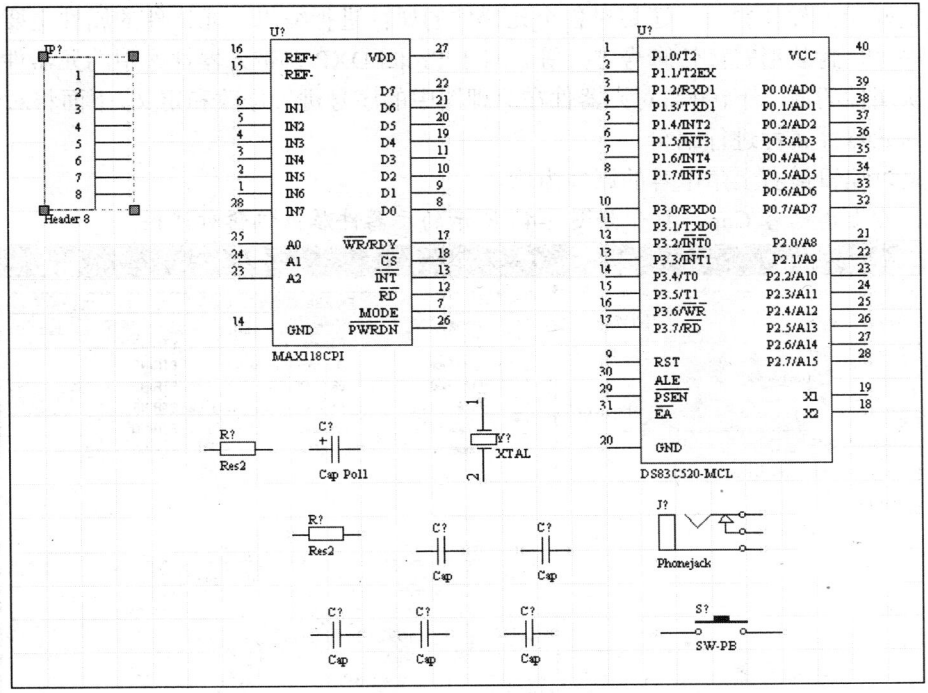

图3-47　Header 8 翻转后的结果

介绍了如何对元器件位置进行调整之后,下面利用上述方法将图 3-34 所示中的元器件位置做适当的调整,结果如图 3-48 所示。

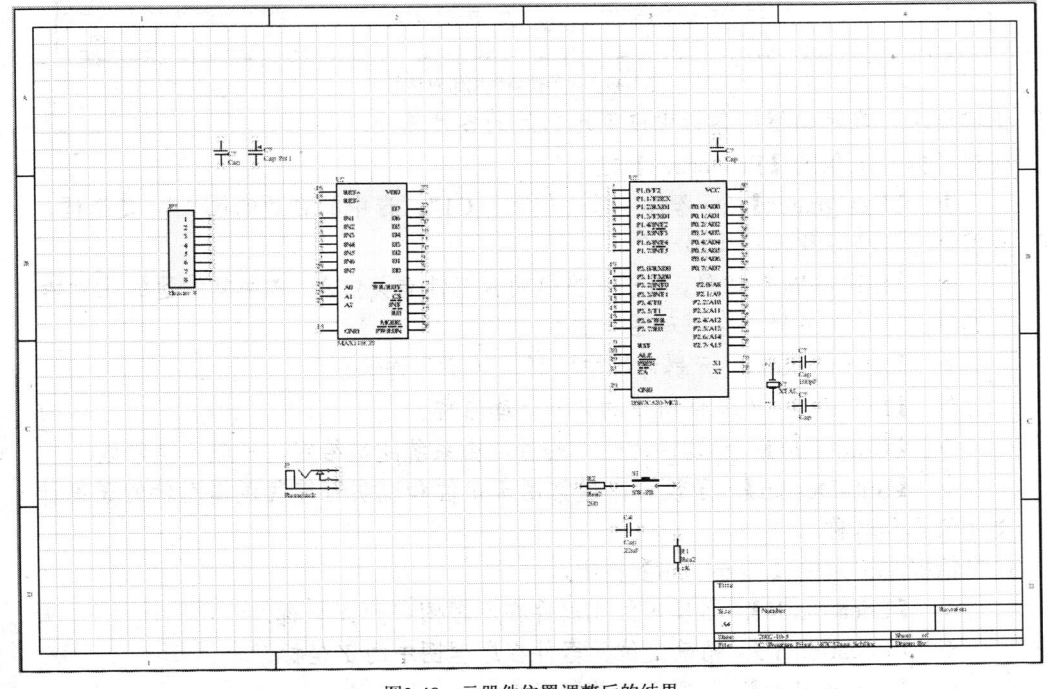

图3-48　元器件位置调整后的结果

3.5.5 编辑元器件属性

调整好元器件位置后,还要对各个元器件的属性进行编辑。元器件的属性主要包括元器件的序号、封装形式、管脚号定义等。对于 Protel DXP 自带元器件库中的元器件,在认可其默认属性的情况下,只需对元器件在原理图中的序号进行修改和定义,下面将对图 3-48 所示中的元器件属性进行编辑。

这里以编辑最右上角电容的属性为例。

(1) 双击右上角电容 Cap,打开如图 3-49 所示的元器件属性编辑对话框。

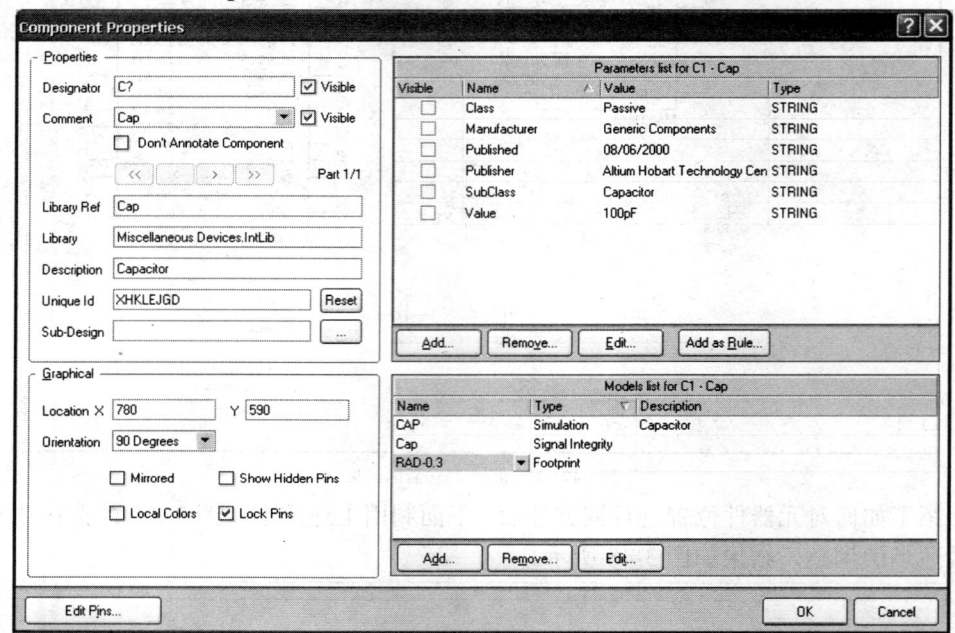

图3-49 元器件属性编辑对话框

(2) 根据要求,在对话框的各栏中设置元器件的各种属性。

在对话框左上角的【Properties】栏中,

❖ 【Designator】:元器件序号,输入"C1"。选中其右边的 ☑ Visible 复选框,元器件序号将在原理图上显示。

❖ 【Comment】:注释,用于补充说明元器件有关信息,选中其右边的 ☑ Visible 复选框,元器件注释将在原理图上显示。

❖ 【Library Ref】:元器件库中的型号(不允许修改)。

❖ 【Library】:元器件所属的元器件库名称。

❖ 【Unique Id】:元器件的唯一编号,由系统随机给定,一般不需修改。

❖ 【Sub-Design】:子设计,通常用于定位和说明可编程逻辑器件的子设计文件位置和名称。

在对话框左下角的【Graphical】栏中,

❖ 【Location X】:精确定位元器件在原理图中的 X 坐标。

❖ 【Location Y】:精确定位元器件在原理图中的 Y 坐标。

❖ 【Orientation】:元器件的旋转角度。

第 3 章 原理图绘制

在对话框右上角的【Parameters list for C1-Cap】栏中，
- ❖ 【Class】：元器件类型，在这里填写 Passive，表示为无源元器件。
- ❖ 【Manufacturer】：元器件生产厂商。
- ❖ 【Published】：元器件模型发行日期。
- ❖ 【Publisher】：元器件模型发行组织。
- ❖ 【SubClass】：元器件子类型。
- ❖ 【Value】：元器件参数大小，在这里填写 100pF，并在【Visible】下面的复选框中打"√"，这样在原理图中将显示该电容的电容值大小。

在对话框右下角的【Models list for C1-Cap】栏中，将显示元器件的仿真、PCB 封装等模型，对于初级用户，最关键的是其中的【Footprint】管脚封装模型，在 Protel DXP 自带的集成元器件库中，元器件都有默认的管脚封装，可以对其进行修改，其修改方法将在绘制 PCB 时（第 6 章）进行介绍，在此先使用 Protel DXP 自带集成元器件库中此电容的默认管脚封装。

(3) 设置结束后，单击 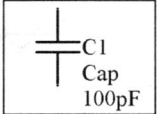 按钮确认，编辑后的元器件如图 3-50 所示。

此后若选中元器件 C1，再双击鼠标，其属性对话框中的内容就变为如图 3-51 所示。

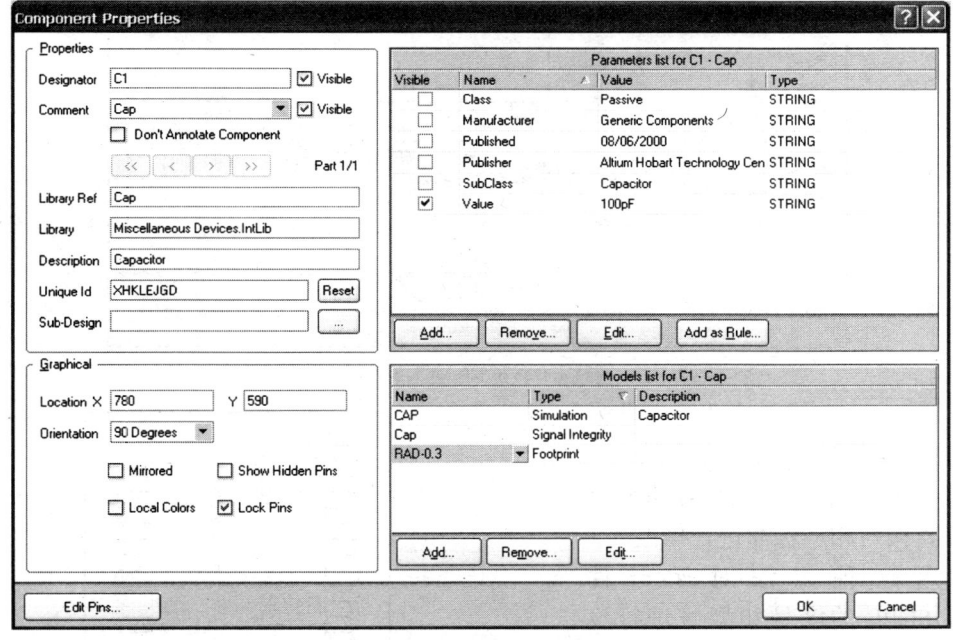

图 3-51 编辑完 C1 属性后的对话框

我们还可以利用菜单命令对元器件属性进行编辑。下面我们利用菜单命令对元器件 DS87C520-MCL 的属性进行编辑，具体操作步骤如下。

(4) 执行菜单命令【Edit】/【Change】，鼠标指针变成十字光标，将十字光标移到元器件 DS87C520-MCL 上单击鼠标，打开如图 3-52 所示的对话框。在对话框中输入元器件的各种属性，设置后的结果如图 3-53 所示。

Protel DXP 实用教程

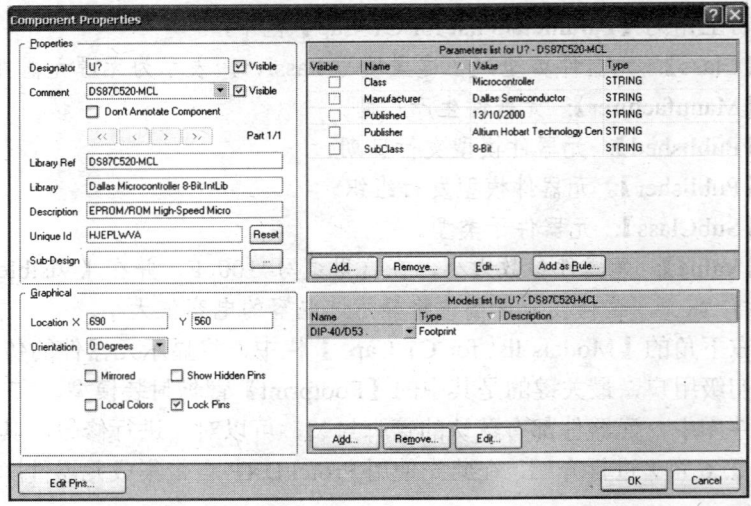

图3-52 元器件属性对话框

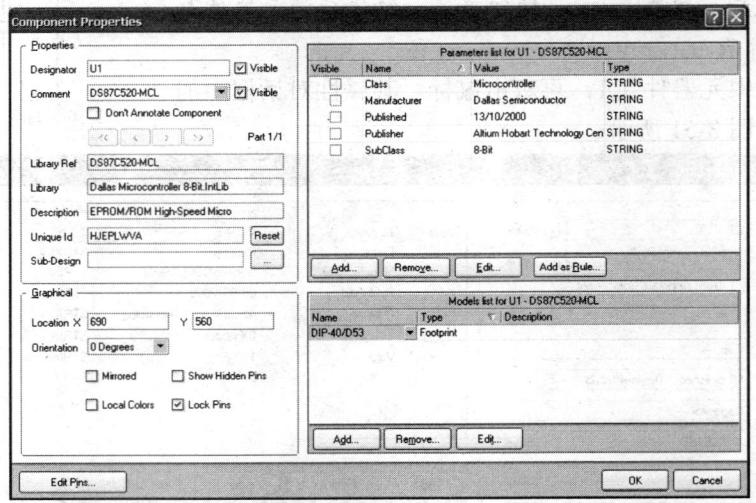

图3-53 编辑完 DS87C520-MCL 属性后的对话框

(5) 单击 OK 按钮确认，结果如图 3-54 所示。

对于元器件序号和型号的设置还可以直接对相应标注进行修改。下面利用这种方法对元器件 MAX118CPI 的序号和型号进行设置，具体操作步骤如下：

(1) 双击元器件 MAX118CPI 的序号标注，如图 3-55 所示，打开设置元器件序号对话框，在该对话框中将元器件的序号设置为"U2"，如图 3-56 所示。

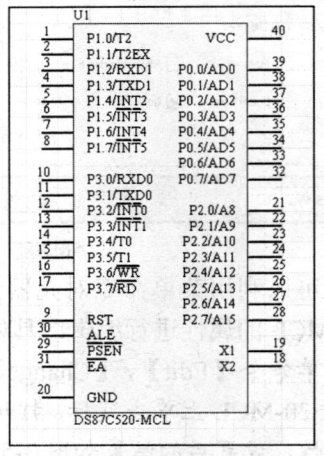

图3-54 编辑属性后的元器件 DS87C520-MCL

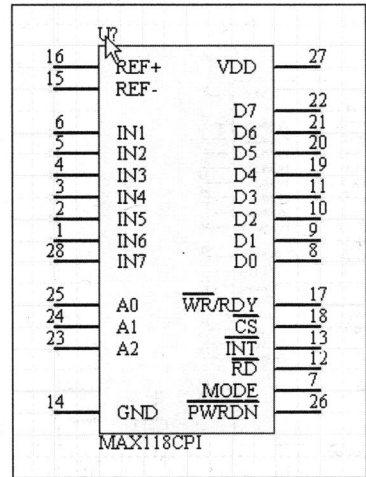
图3-55 用鼠标激活元器件序号对话框

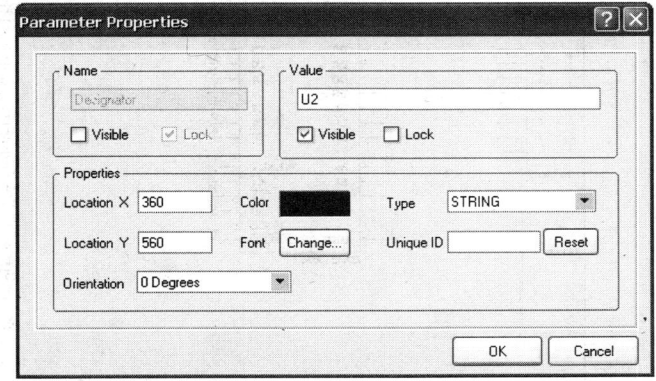
图3-56 设置元器件序号对话框

(2) 设置结束后，单击 OK 按钮确认。
(3) 对元器件型号的设置方法与此相同，将型号设置为"MAX118CPI"。

 这种方法只能对元器件序号和型号进行设置，对元器件其他属性的设置必须在元器件属性编辑对话框中完成。

(4) MAX118CPI 的封装形式采用默认设置"DIP-28/D38.1"。
(5) 通过上述方法，设置其他元器件的属性。这里将各个元器件的序号、注释或参数值、封装形式做如下设定。

- 普通电容 1：C1、100pF、RAD-0.3。
- 普通电容 2：C2、100pF、RAD-0.3。
- 普通电容 3：C3、100pF、RAD-0.3。
- 普通电容 4：C4、22μF、RAD-0.3。
- 普通电容 5：C5、0.1μF、RAD-0.3。
- 电解电容：C6、4.7μF、RB7.6-15。
- 晶振：Y1、30MHz、BCY-W2/D3.1。
- 电阻 1：R1、200Ω、AXIAL-0.4。
- 电阻 2：R2、1kΩ、AXIAL-0.4。
- 复位键：S1、SW-PB、SPST-2。
- 单片机 DS87C520-MCL：U1、DS87C520-MCL、DIP-40/D53。
- A/D 转换芯片 MAX118CPI：U2、MAX118CPI、DIP-28/D38.1。
- 电源插座 Phonejack：J1、PowerIn、PIN3。
- 信号插座 Header 8：JP1、Header 8、HDR1X8。

(6) 对图 3-48 所示界面做进一步的调整，结果如图 3-57 所示。

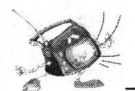

Protel DXP 实用教程

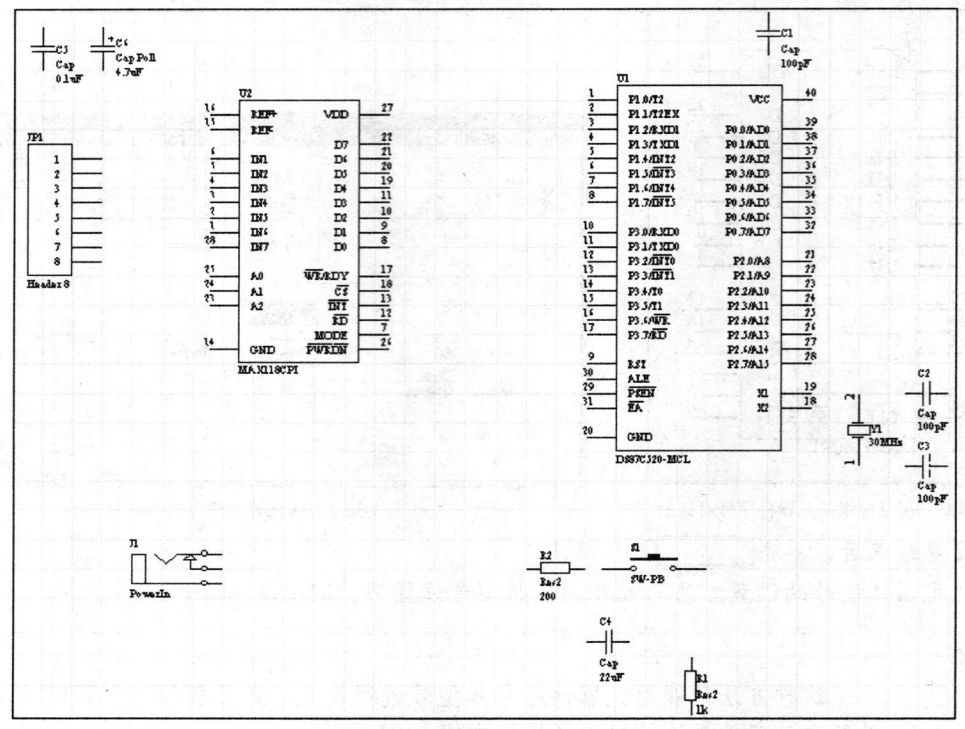

图3-57 设置元器件属性后的原理图

3.6 绘制电路原理图

将元器件放置在图纸上并设置好元器件属性后，就可以正式开始布线工作了。所谓布线，就是在放置好的各个相互独立的元器件之间，按照设计要求建立起电气连接关系。下面就开始进行布线工作，使元器件真正具有"生命活力"。

3.6.1 绘制电路原理图的工具和方法

绘制电路原理图的方法主要有以下3种。

1. 利用布线工具栏（Wiring）

直接单击画原理图布线工具栏上的各个按钮，即可选择相应的工具进行绘制工作，这一操作实际上是选择执行了相应的绘图命令。根据工具栏放置位置的不同，布线工具栏外观有如图3-58所示的（a）、（b）两种。

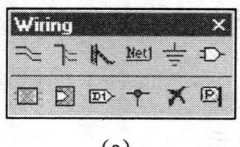

(a)

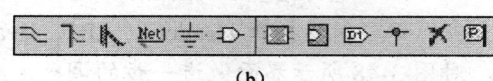

(b)

图3-58 原理图布线工具

原理图布线工具栏中各按钮有如下功能。

- ❖ ～：画导线。
- ❖ ：画总线。
- ❖ ：画总线分支线。
- ❖ Net1：设置网络标号。
- ❖ ：取用电源及接地符号。
- ❖ ：取用元器件。
- ❖ ：制作方块电路盘。
- ❖ ：制作方块电路盘输入/输出端口。
- ❖ ：制作电路输入/输出端口。
- ❖ ：放置电路节点。
- ❖ ：设置忽略电路法则测试。
- ❖ ：设置 PCB 布线规则。

2. 利用菜单命令

执行【Place】菜单下的各个命令选项，如图 3-59 所示。这些选项的功能与画原理图工具栏上按钮的功能相互对应。例如，单击画导线按钮 ～ 与菜单命令【Place】/【Wire】的功能完全相同。

3. 利用快捷键

菜单中的每一个命令名称下都有一个带下划线的字母，直接按带下划线的字母键，这种方法会使下拉菜单出现在光标处，而不是在原来的菜单命令位置，然后在弹出的快捷菜单中单击相应命令，或在键盘上按下相应命令的带下划线的字母键。常用命令对应的快捷键如下。

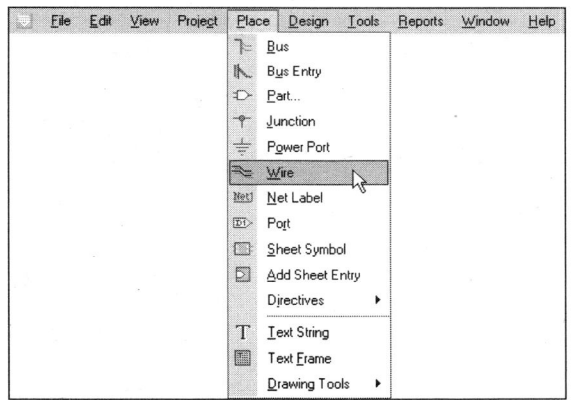

图3-59　执行菜单命令【Place】/【Wire】

- ❖ 画导线：P/W。
- ❖ 画总线：P/B。
- ❖ 画总线分支线：P/U。
- ❖ 设置网络标号：P/N。
- ❖ 取用电源及接地符号：P/O。
- ❖ 取用元器件：P/P。
- ❖ 制作方块电路盘：P/S。
- ❖ 制作方块电路盘输入/输出端口：P/A。
- ❖ 制作电路输入/输出端口：P/R。
- ❖ 放置电路节点：P/J。
- ❖ 设置忽略电路法则测试：P/D/N。
- ❖ 设置 PCB 布线规则：P/I/P。

3.6.2 画导线

下面将在原理图图纸上画一根导线。在图 3-57 所示的基础上进行布线，首先将右下角的复位开关、电阻和电容连接起来以构成一个复位电路。

(1) 执行画导线的命令。正如前面所叙述的，执行画导线命令的方法有 3 种。

- ❖ 单击画原理图布线工具栏中画导线的 ≈ 按钮。
- ❖ 执行菜单命令【Place】/【Wire】，如图 3-59 所示。
- ❖ 使用画导线的快捷键 P/W。

(2) 执行画导线的命令后，出现十字光标。将光标移到电阻 R2 右边的引脚上，单击鼠标左键，确定导线的起始点，如图 3-60 所示。注意，导线的起始点一定要设置在元器件的引脚上，否则导线与元器件并没有电气连接关系，因此，在画图的时候一定注意要设置系统自动寻找电气节点，在图 3-60 所示界面中鼠标指针旁出现的米字形标志，就是当前系统捕获的电气节点，此时开始画的导线将以此为起点。

(3) 确定导线的起始点后，移动鼠标开始画导线。将线头随光标拖动到复位开关 S1 左侧的引脚上，单击鼠标左键确定该段导线的终点，如图 3-61 所示。同样，导线的终点也一定要设置在元器件的引脚上。

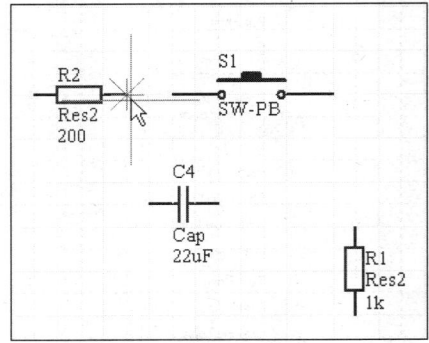 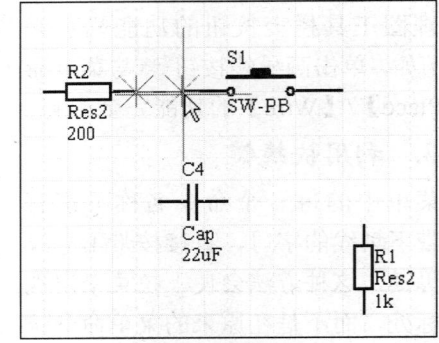

图3-60　确定导线起始点　　　　　　　　　图3-61　确定导线终点

当用户在画导线时，系统将自动随用户的鼠标移动方向绘制出相应的水平和垂直导线，如图 3-62 所示。

当用户需要在导线拐弯处绘制倾斜 45°的过渡线时，可以在画导线的命令状态下，按 Shift+空格键，系统将自动随用户的鼠标移动在导线折弯处绘制出相应的倾斜 45°导线，如图 3-63 所示。

如果在键盘上再次按 Shift+空格键，系统将随用户的鼠标移动在导线起点和当前鼠标指针位置间画出一般倾斜直线，如图 3-64 所示。

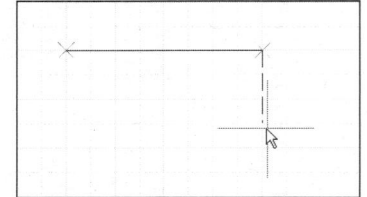 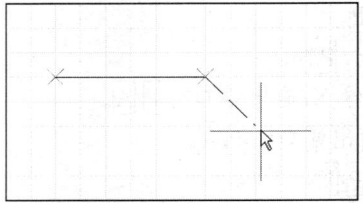 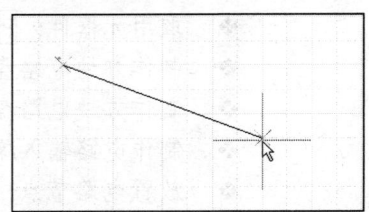

图3-62　水平或垂直画导线状态　　图3-63　拐弯处45°线过渡方式　　图3-64　一般倾斜导线

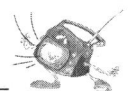

不管当前绘制导线处于何种状态,在导线折弯处,用户都需要单击鼠标左键以确定导线折弯位置。

用户虽然可以将导线绘制成斜线,但是在实际的原理图设计过程中通常都将导线绘制成水平或垂直状态,这主要是为了清晰和美观。直线和斜线在电气意义上是没有分别的。

(4) 单击鼠标右键或按 Esc 键,即可完成一条导线的绘制。

(5) 完成一条导线的绘制工作后,程序仍处于画导线的命令状态。重复上述步骤即可继续绘制其他导线。在绘制过程中,"T"形线路的节点是系统自动放置的,无需用户手工放置。复位电路的初步绘制结果如图3-65所示。

(6) 导线绘制完毕后,单击鼠标右键或按 Esc 键即可退出画导线的命令状态,这时十字光标消失。

(7) 如果设计人员对绘制的某段导线外观不满意,可以双击该段导线,在弹出的如图3-66所示的设置导线属性对话框中设定该段导线的有关参数,如线宽、颜色等。

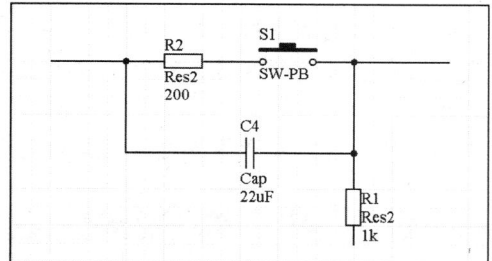

图3-65 复位电路初步绘制结果

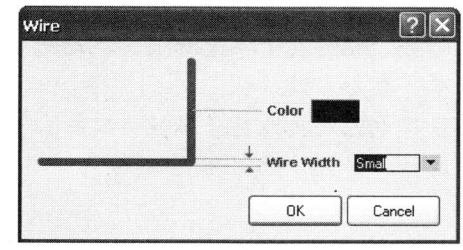

图3-66 设置导线属性对话框

(8) 如果用户想要将某段导线延长或改变导线上某个转折点的位置,可以不必再画导线。只要在该段导线上单击鼠标左键,导线的各个转折点处(包括起点和终点)就会出现绿色小方块。将鼠标指针移到导线上的绿色小方块附近,鼠标指针变成双箭头,如图3-67所示。按住鼠标左键不放,拖动导线转折点,如图3-68所示,拖到合适的地方后,放开鼠标左键即可。拖动后的结果如图3-69所示。

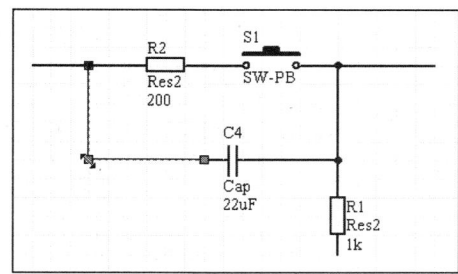

图3-67 选中导线拐点

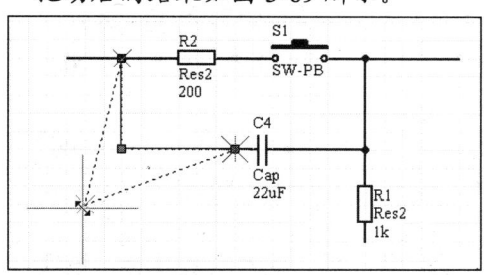

图3-68 拖动导线拐点

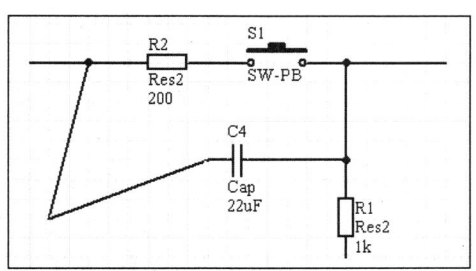

图3-69 拖动导线拐点后的结果

3.6.3 放置电源及接地符号

电源及接地符号有很多种，Protel DXP 提供了专门的电源及接地符号工具（Power Object），如图 3-70 所示。其中有 12 种不同的形状可供用户选择。

下面介绍在图 3-65 所示中加入接地符号的方法，具体操作步骤如下。

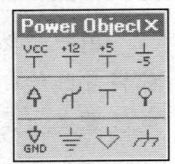

图3-70　电源及接地符号工具（Power Objects）

(1) 执行放置电源及接地符号的命令。完成该步操作有以下几种方法。

♦ 单击画原理图布线工具栏中的 ┴ 按钮，这种方法可连续放置电源及接地符号。

♦ 单击电源及接地符号工具栏（Power Object）中的任意按钮，这种方法单击一次按钮只能放置一个电源及接地符号，这里选用 ┴ 按钮。

♦ 使用快捷键 P/O。

♦ 执行菜单命令【Place】/【Power Port】。

(2) 放置电源或接地符号。执行完上述命令后，鼠标指针变成十字形光标，电源或接地符号会"粘"在十字光标上，拖动光标将电源或接地符号放置在如图 3-71 所示的位置，单击鼠标左键确认。

(3) 设置电源及接地符号属性。双击图 3-71 所示中的接地符号，打开设置电源及接地符号属性对话框，如图 3-72 所示。

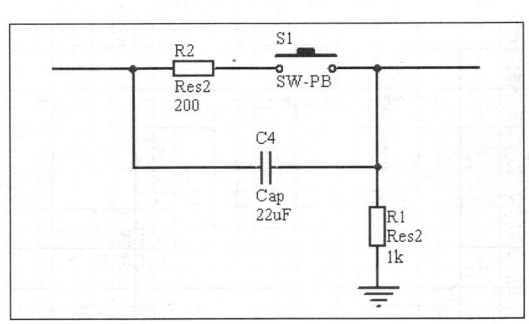

图3-71　放置电源或接地符号

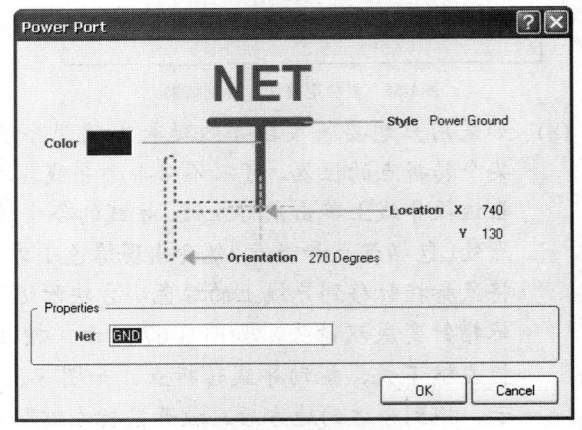

图3-72　设置电源及接地符号属性对话框

在该对话框中对电源及接地符号的属性进行设置，其中各选项的具体功能如下。

♦ 【Net】（网络标号）：设定该符号所具有的电气连接点名称。输入"GND"（此处字母的大小写将具有不同的含义）。

♦ 【Style】（外形）：设定符号的外形。将鼠标指针移至【Style Power Ground】右边附近时，将出现下拉列表指示倒三角，单击 ▼ 按钮，如图 3-73 所示。在下拉列表中选择"Power Ground"外形，如图 3-74 所示。

♦ 【Location X、Y】（符号位置坐标）：确定符号插入点的位置坐标。该项可以不必输入，电源及接地符号的插入点可以直接通过鼠标的拖动来确定或改变。

❖ 【Orientation】(方向):设置电源及接地符号的放置方向。方向下拉列表的弹出方法与前面的【Style】相同,这里在下拉列表中选择"270 Degrees"。

❖ 【Color】(颜色):单击 Color 右边的颜色框,可以重新设置电源及接地符号的颜色。

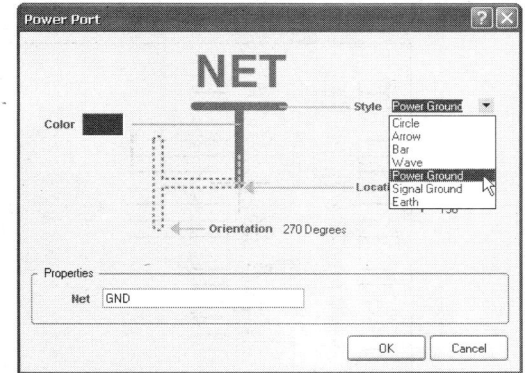

图3-73 单击【Style】下拉列表

图3-74 选择符号外形

(4) 设置完电源及接地符号属性后,单击 OK 按钮确认,即可完成放置电源及接地符号的工作。

(5) 采用相同方法可完成如图 3-75 所示电源符号 V_{CC} 的放置。

用户如果要对电源及接地符号属性进行修改,可以在单击相应电源及接地符号按钮后,按 Tab 键,打开与图 3-72 所示界面相同的对话框,修改相应属性即可。

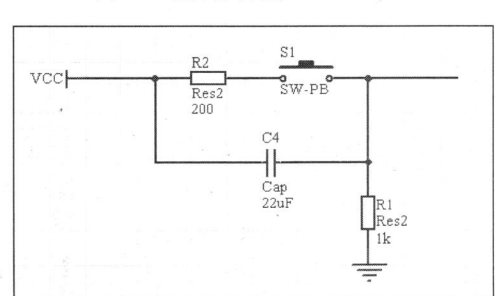

图3-75 放置完电源及接地符号后的复位电路

对于不同的电源及接地符号,如果在电路中对应的电气位置不同,除选择形状外,更重要的是网络标号也必须修改,以避免电源符号与接地符号发生错误的对应。

3.6.4 设置网络标号

除了通过画导线来定义元器件之间具有电气联系外,设计者还可以通过设置网络标号来实现元器件之间的电气连接。在一些复杂的电路图中,直接使用画导线方式,会使图纸显得杂乱无章,而使用网络标号则可以使整张图纸变得清晰易读。所谓网络标号,其实就是一个电气节点,具有相同网络标号的电源及接地符号、元器件引脚、导线等在电气关系上是连接在一起的。网络标号主要用于层次式电路或多重式电路中各个模块电路之间的连接,即定义网络标号的用途是将两个以上没有相互连接的网络,通过命名为同一网络标号的方法使它们在电气意义上属于同一网络。无论是单张式、层次式或是多重式电路,都可以利用网络标号定义某些网络,使它们具有电气连接的关系。这在利用网络表进行印制电路板自动布线时是非常重要的。

下面利用设置网络标号的方法，将图 3-76 所示中单片机 DS87C520 MCL 的低 8 位地址/数据总线（P0.0～P0.7）与 A/D 转换芯片的数据总线（D0～D7）"连接"起来，具体操作步骤如下。

(1) 为了便于放置网络标号，首先在相应的元器件引脚处画上导线。画导线的方法如前面所述，画完导线后的结果如图 3-76 所示。

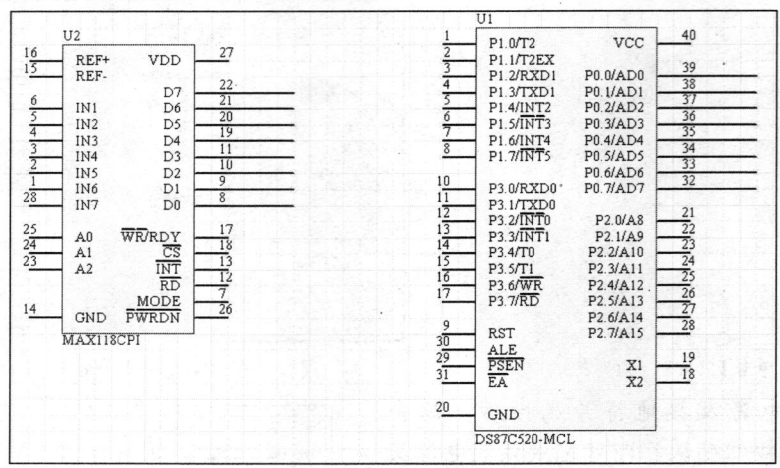

图3-76　添加导线后的结果

(2) 执行放置网络标号的命令。完成该步操作有以下几种方法。
    ❖ 单击画原理图布线工具栏中的 Net 按钮。
    ❖ 使用快捷键 P/N。
    ❖ 执行菜单命令【Place】/【Net Label】。

(3) 放置网络标号。执行放置网络标号命令后，光标变为十字形状，并出现一个随光标移动而移动的带虚线方框的网络标号，此时网络标号的默认值为"NetLabel1"，如图 3-77 所示。将鼠标指针移动至单片机 DS87C520 的 P0.0 脚上方，当红色米字形电气捕捉标志出现在 P0.0 脚上时，单击鼠标左键确认，即可将网络标号"粘贴"上去，然后单击鼠标右键或按 Esc 键退出放置网络标号的命令状态。放置好网络标号后的结果如图 3-78 所示，此时网络标号的名称为默认值"NetLabel1"。

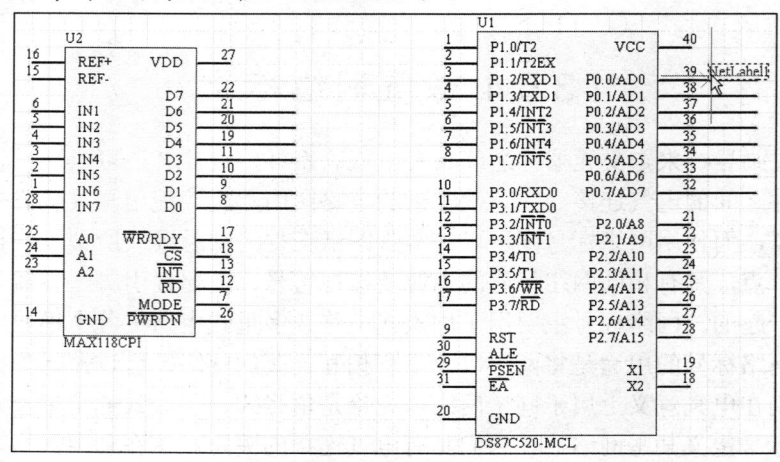

图3-77　执行放置网络标号命令后的状态

第 3 章 原理图绘制

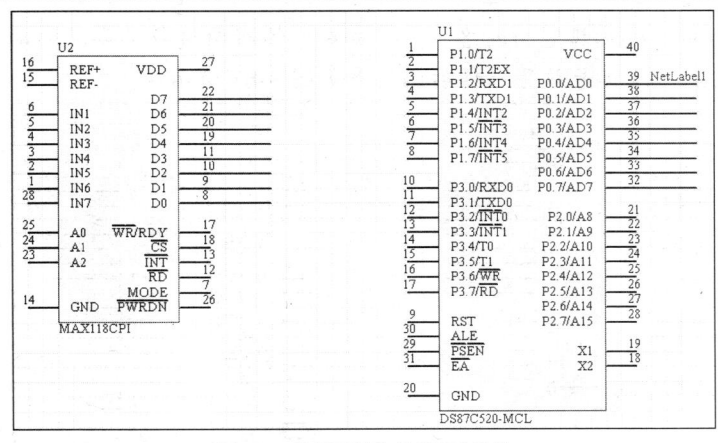

图3-78 放置好网络标号后的结果

(4) 设置网络标号的属性。双击图 3-78 所示中的网络标号，打开如图 3-79 所示的设置网络标号属性对话框。

该对话框中各选项的具体功能如下。

- 【Net】（网络标号）：网络标号定义。输入"D0"（此处字母的大小写将具有不同的含义）。
- 【Location X、Y】（位置坐标）：确定网络标号的位置坐标。对于该项可以不修改。
- 【Orientation】（方向）：设置网络标号的放置方向。将鼠标指向【0 Degrees】右边附近，出现下拉列表，此处在下拉列表中选择"0 Degrees"。
- 【Color】（颜色）：设置网络标号的颜色，

在【Color】右边的颜色框中单击，可以修改网络标号的颜色。

- 【Font】（字体）：设置网络标号的字体。这里使用系统的默认设置。

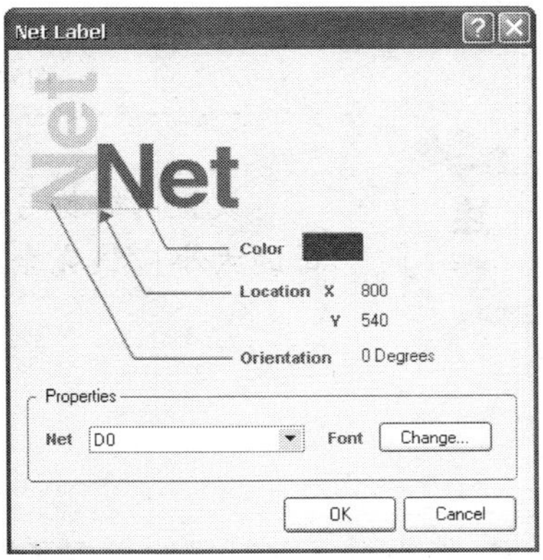

图3-79 设置网络标号属性对话框

(5) 设置好网络标号属性后，单击对话框中的 OK 按钮，即可完成设置网络标号的工作，最后的结果如图 3-80 所示。

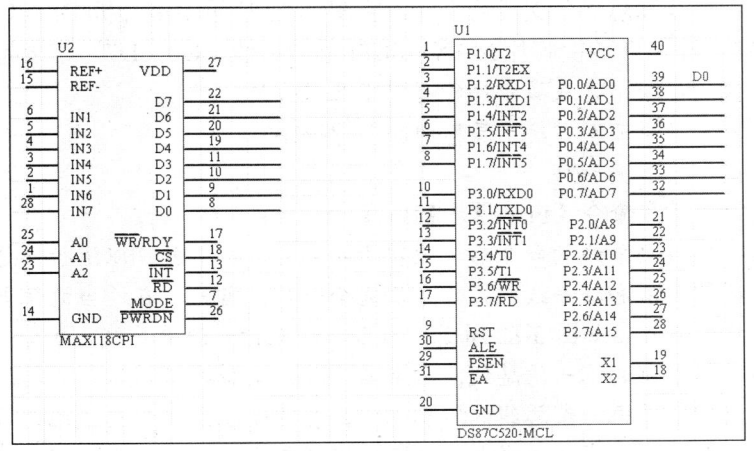

图3-80 设置好网络标号属性后的结果

(6) 使用同样的方法放置其他的网络标号，并对网络标号进行必要的移动或旋转，调整好其位置。完成网络标号放置工作后的结果如图 3-81 所示。

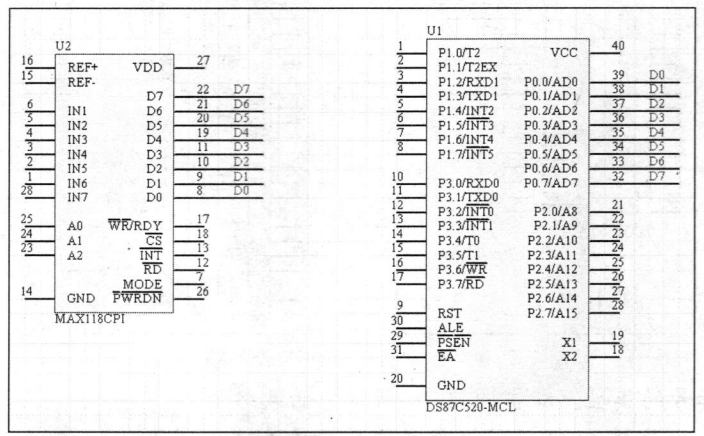

图3-81　完成数据线网络标号放置工作后的结果

　　设置网络标号的名称时，如果设置成同一网络的网络标号，其名称及字母的大小应该完全相同；否则，将被视为不同的电气节点。

3.6.5　画总线

当为数条并行导线设置了网络标号后，相同网络标号的导线之间已经具备了实际的电气连接关系，但是为了便于读图，引导读者看清不同元器件间的电气连接关系，可以绘制总线。所谓总线，就是代表数条并行导线的一条线。总线常常用在元器件数据总线或地址总线的连接上，其本身并没有任何电气连接意义，电气连接关系还是要靠网络标号来定义。利用总线和网络标号进行元器件之间的电气连接不仅可以减少图中的导线、简化原理图，而且清晰直观，可谓一举两得。使用总线代替一组导线时，通常需要与总线分支线相配合。

下面利用画总线和总线分支线的方法，将图 3-81 所示中单片机 DS87C520-MCL 的数据线（D0～D7）与 A/D 转换芯片 MAX118CPI 的数据线（D0～D7）连接起来。

(1) 执行画总线的命令。完成该步操作有以下几种方法。

❖ 单击画原理图布线工具栏中的 按钮。
❖ 使用快捷键 P/B。
❖ 执行菜单命令【Place】/【Bus】。

(2) 绘制总线。执行画总线的命令后，出现十字光标，接着就可以进行画总线的工作了。画总线的操作方法和画导线的操作方法完全一样。首先，在适当的位置单击鼠标左键以确定总线的起点，如图 3-82 所示；然后移动光标开始画总线；在每一个转折点单击鼠标左键确认绘制的这一段总线；在末尾处单击鼠标左键确认总线的终点；最后，单击鼠标右键即可结束一条总线的绘制工作。在绘制总线时，总线的折弯有直角、45°斜线过渡以及一般斜线 3 种形式，切换时可以在画总线状态下按 Shift + 空格键，绘制好的总线如图 3-83 所示。

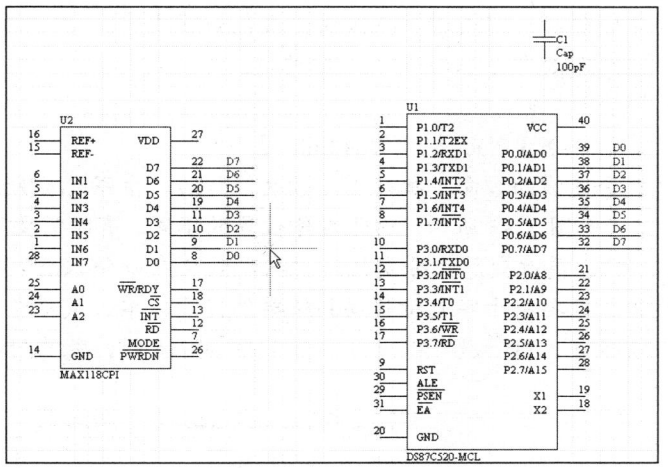

图3-82 确定总线的起点

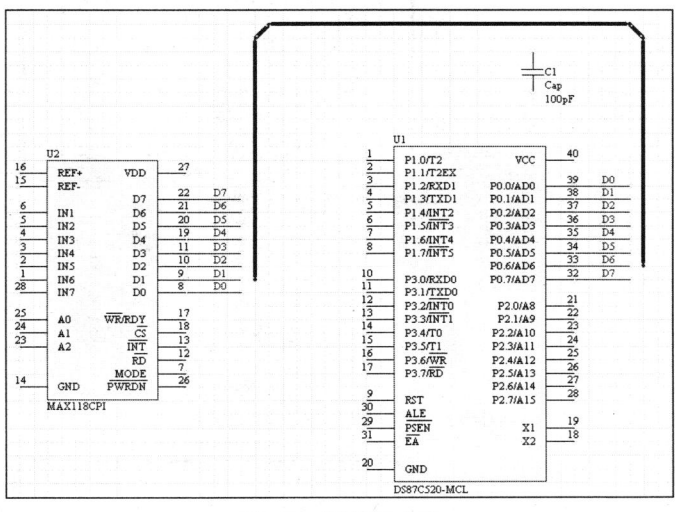

图3-83 绘制好的总线

(3) 绘制完一条总线后，程序仍处于绘制总线的命令状态。可以按照上述方法继续绘制其他的总线，也可以单击鼠标右键或按 Esc 键退出绘制总线的命令状态。

(4) 如果用户对绘制的总线不满意，可以用鼠标左键双击总线，在弹出的总线属性对话框中对总线的宽度、颜色进行设置，如图 3-84 所示。

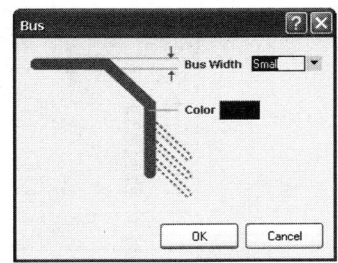

图3-84 总线属性对话框

3.6.6 绘制总线分支线

用户在绘制好总线后，还要对导线与总线进行连接。总线与导线相连必须使用总线分支线。下面介绍画总线分支线的方法，并将图 3-83 所示中已经画好的总线与单片机 DS87C520-MCL 及 A/D 转换芯片 MAX118CPI 上的导线连接起来。

(1) 执行画总线分支线命令。完成该步操作的方法有如下几种。
  ❖ 单击画原理图布线工具栏中的 按钮。
  ❖ 使用快捷键 P/U 。
  ❖ 执行菜单命令【Place】/【Bus Entry】。

(2) 放置并调整总线分支线的方向。执行上一步的操作后,十字光标会出现并带着总线分支线 "/" 或 "\",如图 3-85 所示。由于具体位置的不同,有时需要用总线分支线 "/",有时又需要用 "\"。要改变总线分支线的方向,只要在命令状态下按空格键即可。放置总线分支线时,只要将十字光标移动到所要的位置,单击鼠标左键,即可将分支线放置在光标当前位置,然后就可以继续放置其他的分支线。放置好总线分支线的结果如图 3-86 所示。

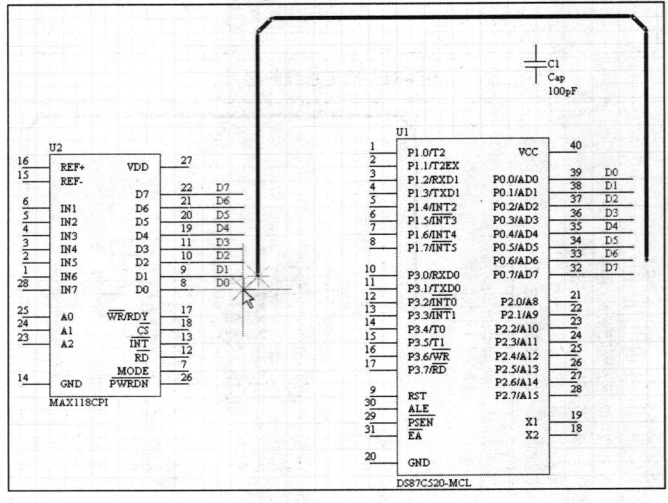

图3-85 执行画总线分支线命令的状态

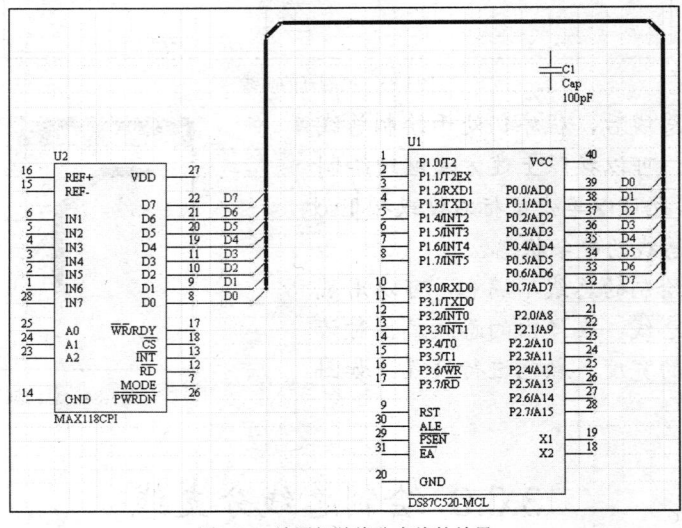

图3-86 放置好总线分支线的结果

(3) 放置完所有的总线分支线后,单击鼠标右键或按 Esc 键即可退出命令状态。如果用户对绘制的总线分支线不满意,双击总线分支线,在弹出的总线分支线属性对话框中对总线分支线的位置坐标、宽度和颜色等进行设置,如图 3-87 所示。

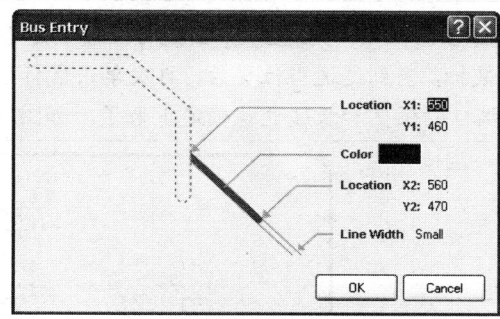

图3-87　总线分支线属性对话框

3.6.7 制作电路的输入/输出端口

前面已经介绍了两种将一个电路与另一个电路连接起来的基本方法。一种是用实际的导线进行连接，另一种是通过设置网络标号（Net Label）的方法，使具有相同网络标号的电路在电气关系上是相连的。

下面将介绍另外一种连接方法，即通过制作输入/输出端口的方法，使某些电路具有相同的输入/输出端口名称。具有相同输入/输出端口名称的电路将被视为属于同一网络，即在电气关系上认为它们是连接在一起的。制作电路的输入/输出端口常用于绘制层次电路原理图。

电路的输入/输出端口常称为电路的 I/O 端口。

下面将在图 3-86 所示基础上，在单片机 DS87C520-MCL 的串行接口（第 3、4 引脚）上制作 I/O 端口。

(1) 执行制作电路的 I/O 端口的命令。完成该步操作的方法有如下几种。

- 单击画原理图布线工具栏中的 按钮。
- 使用快捷键 P R。
- 执行菜单命令【Place】/【Port】。

(2) 放置 I/O 端口。执行完上一步的操作后，十字光标会出现在工作区内并带着一个 I/O 端口，如图 3-88 所示。

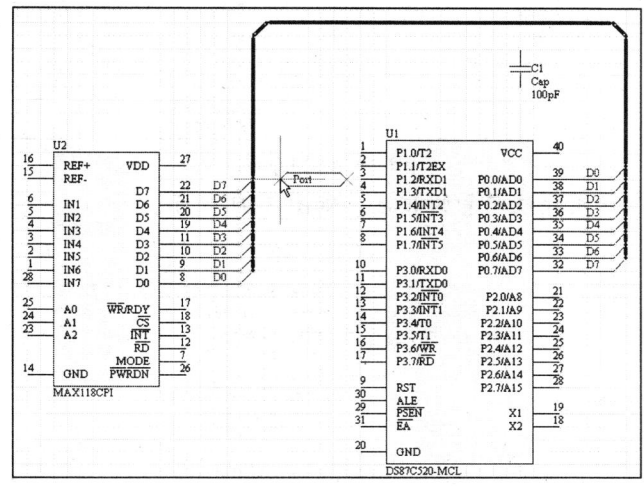

图3-88　执行制作电路 I/O 端口命令后的状态

(3) 将 I/O 端口移动到如图 3-89 所示的位置，单击鼠标左键确定 I/O 端口一端的位置，如图 3-89 所示。然后拖动鼠标，当到达适当位置后，再次单击鼠标左键即可确定 I/O 端口另一端的位置。这时 I/O 端口的位置和长度也就确定下来了，如图 3-90 所示。

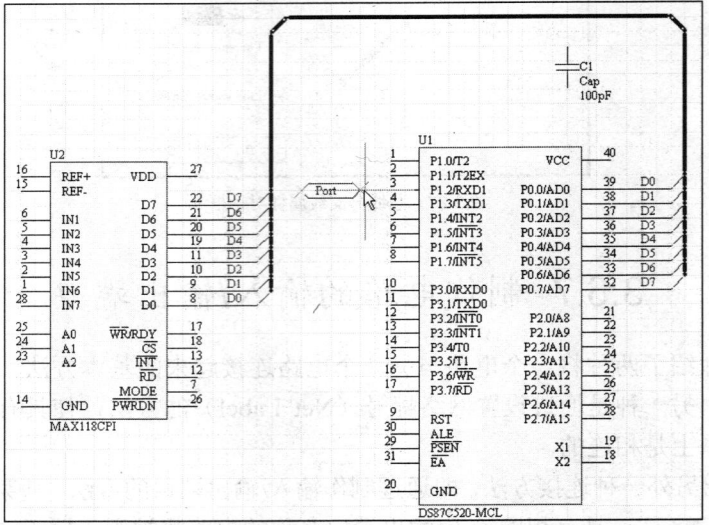

图3-89　确定 I/O 端口一端的位置

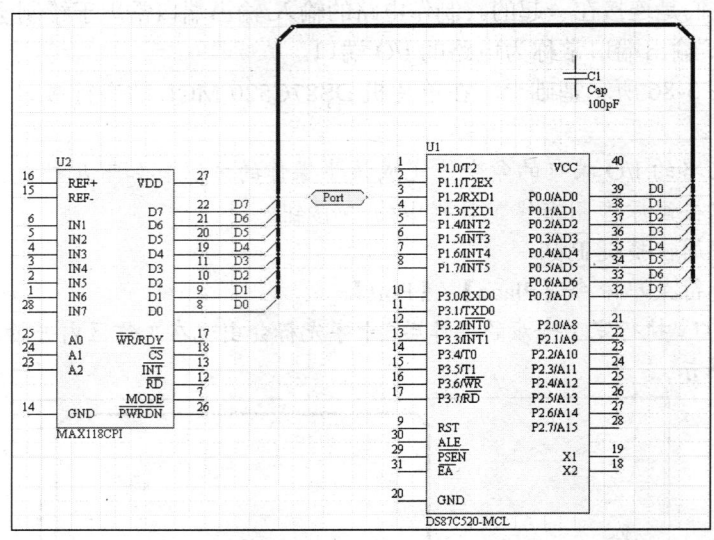

图3-90　确定 I/O 端口

(4) 将 I/O 端口的一端用导线与管脚相连，如图 3-91 所示。

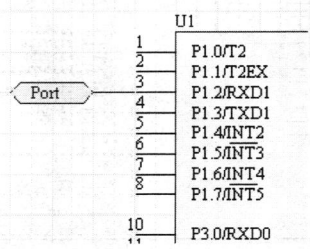

图3-91　连接端口和芯片管脚

(5) 设置电路 I/O 端口的属性。用鼠标左键双击已经放置好的电路 I/O 端口,打开端口属性对话框,如图 3-92 所示。

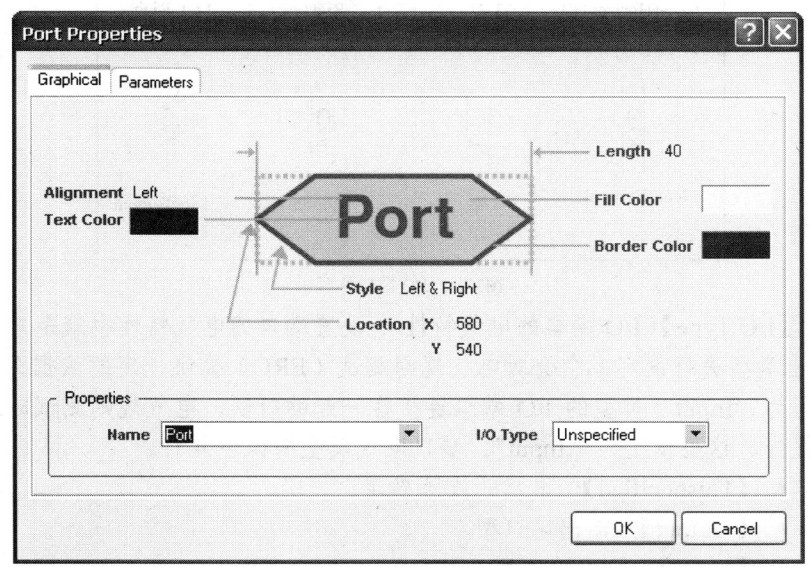

图3-92　端口属性对话框

在该对话框中对端口的属性进行设置,其中各项属性的具体介绍如下。

❖ 【Name】(I/O 端口名称):设置 I/O 端口的名称。具有相同 I/O 端口名称的电路在电气关系上是连接在一起的。这里,我们将 I/O 端口的名称设置为"RXD"。

❖ 【Style】(I/O 端口外形):设置 I/O 端口的外形。I/O 端口外形实际上就是 I/O 端口的箭头方向。Protel DXP 中提供了 8 种选择,如图 3-93 所示。它们的外形如图 3-94 所示,这里,将外形设置为"Right"。

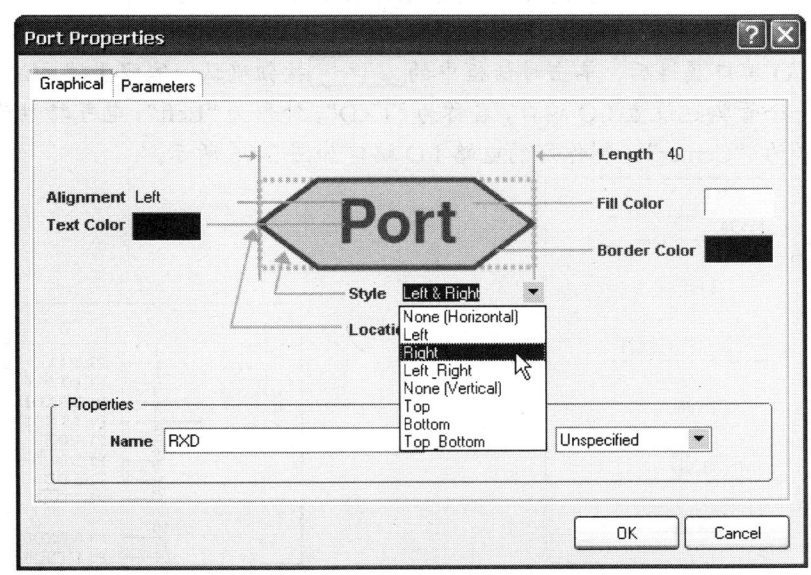

图3-93　I/O 端口的外形种类

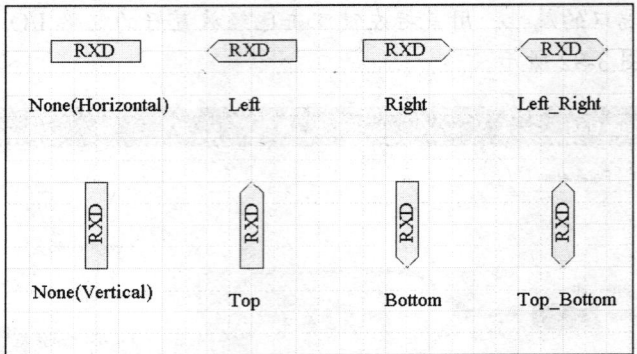

图3-94 I/O端口外形

- ❖ 【I/O Type】(I/O端口的电气特性):设置端口的电气特性也就是对端口的输入/输出类型进行设定,它会对电气规则测试(ERC)提供一定的依据。例如,当两个同为"Input"类型的I/O端口连接在一起的时候,电气规则测试时就会产生错误报告,这里设定为"Input"。端口电气类型有以下4种。
  - 【Unspecified】:未指明或不确定。
  - 【Output】:输出端口型。
  - 【Input】:输入端口型。
  - 【Bidirectional】:双向型。
- ❖ 【Alignment】(I/O端口的形式):设置端口形式。用来确定I/O端口的名称在端口符号中的位置,不具有电气特性。端口形式有以下3种。
  - 【Center】:居中。
  - 【Left】:左对齐。
  - 【Right】:右对齐。

实际的形式如图3-95所示,这里选择"Center"居中设置。其他属性的设置包括I/O端口的宽度、位置坐标、边线颜色、填充颜色、文字标注的颜色和选中状态等,可以根据需要进行设定。

(6) 设置完I/O端口属性后,单击对话框中的 OK 按钮确认。依照上述方法对单片机串口的另一个管脚也设置I/O端口,名称为"TXD",外形为"Left",电气特性为"Output",端口形式为"Center"。制作好的电路I/O端口如图3-96所示。

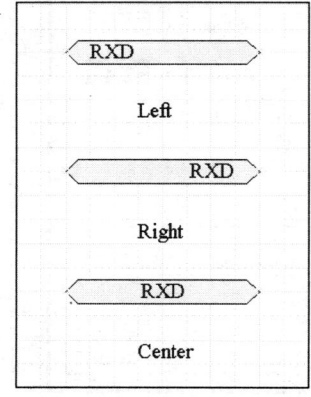

图3-95 3种端口形式

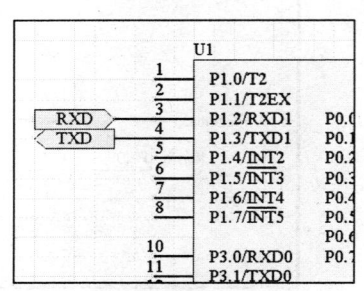

图3-96 制作好的电路I/O端口

> 放置 I/O 端口的命令状态时，按 Tab 键同样会弹出如图 3-92 所示的端口属性对话框，这样我们就可以先设置端口属性再放置 I/O 端口。

3.6.8 放置电路节点

当两条导线在原理图中相交叉时，这两条导线在电气上是否相连，是靠交叉点处有无电路节点来决定的。如果在交叉点有电路节点，则认为两条导线在电气上是相连的，否则认为它们在电气上是不相连的。放置电路节点就是为了使相互交叉的导线具有电气上的连接关系。

(1) 执行放置电路节点的命令。完成该步操作的方法有以下几种。

- 单击画原理图布线工具栏上的 按钮。
- 使用快捷键 P/J。
- 执行菜单命令【Place】/【Junction】。

(2) 执行完上述命令后，鼠标指针会在工作区变成带着电路节点的十字光标，如图 3-97 所示。用鼠标将节点移动到两条导线的交叉点处，单击鼠标左键，即可将节点放置在交叉点处，放置电路节点后的结果如图 3-98 所示，此时两导线真正具有了电气上的导通关系。

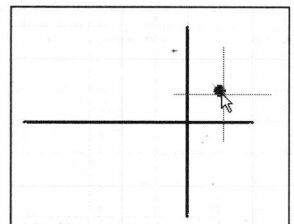
图3-97 执行放置电气节点命令后的状态

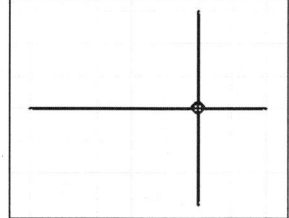
图3-98 放置电气节点后的状态

(3) 放置完节点后，单击鼠标右键或按 Esc 键，即可退出放置电路节点的命令状态。

如果用户对放置的节点不满意，可以双击该节点，在弹出的电路节点属性对话框中对节点的位置、大小、颜色和锁定属性等进行设置，如图 3-99 所示。

(4) 执行菜单命令【Tools】/【Preferences】，如图 3-100 所示。

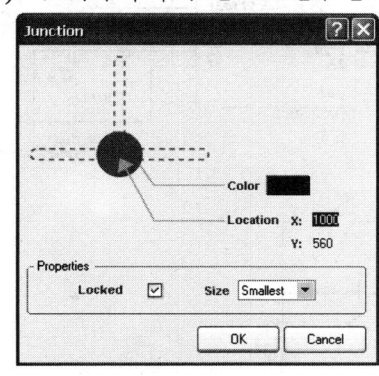
图3-99 电路节点属性对话框

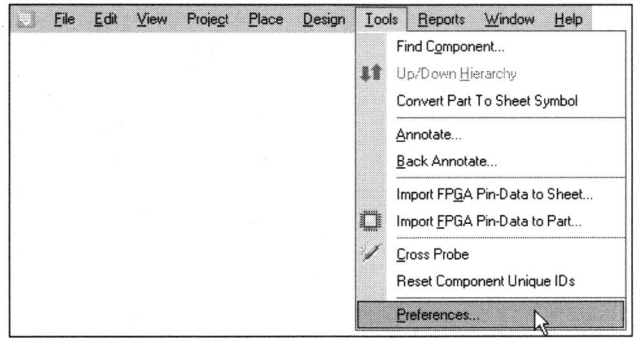
图3-100 执行菜单命令【Tools】/【Preferences】

(5) 在弹出的【Preferences】对话框中选中"Auto-Junction"复选框，如图 3-101 所示。这样，绘制导线时，当连接完导线后，程序会在"T"形导线交叉点处自动放置一个节点。

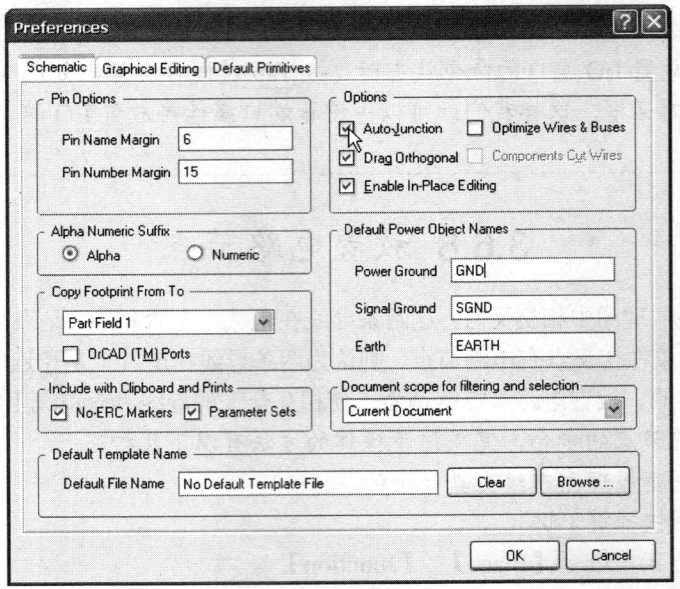

图3-101 【Preferences】对话框

根据前面的介绍,读者就可以逐步完成本例中"单片机最小系统"的原理图设计工作了。绘制好的单片机最小系统原理图如图3-102所示。

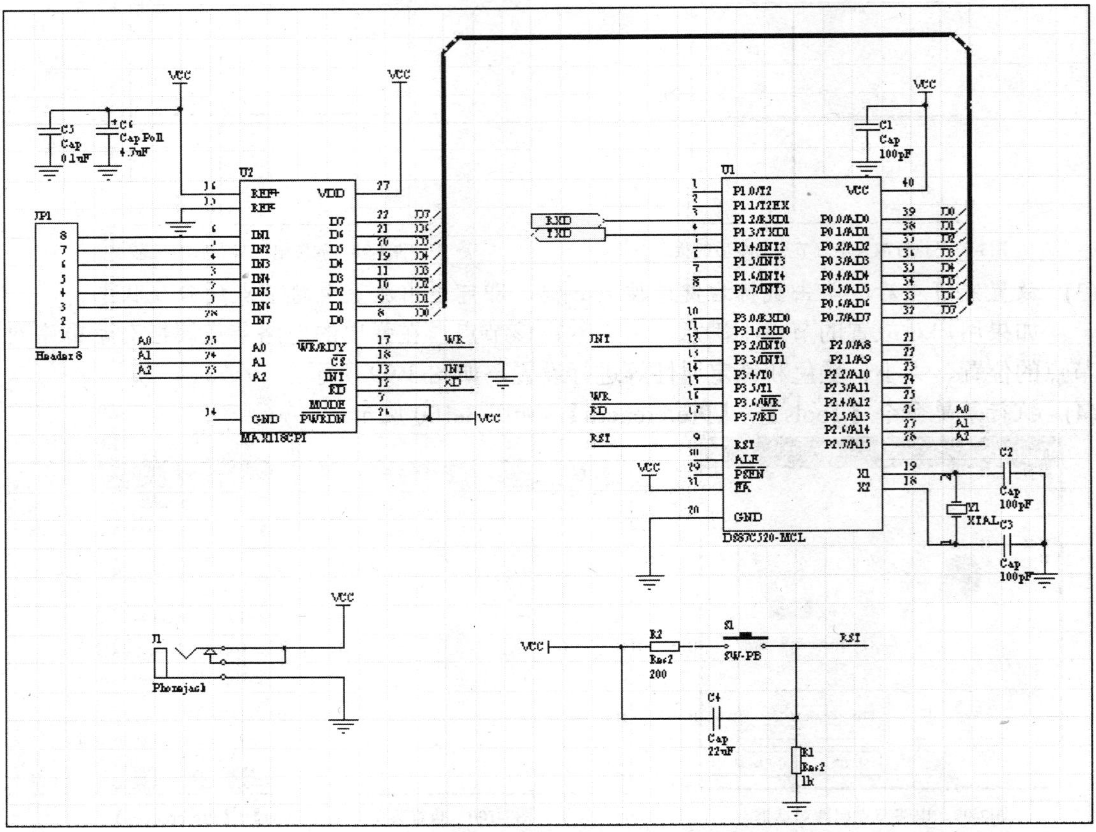

图3-102 绘制好的单片机最小系统原理图

第3章 原理图绘制

小 结

本章介绍了一个单片机数据采集系统原理图的绘制过程，其中顺序介绍了绘制一般电路原理图各种工具的使用、各种命令的执行方法、各种设置的功能，以及相关操作的具体步骤等。

❖ 原理图的设计步骤：原理图的设计步骤包括放置电路图纸、放置元器件、布线、编辑调整和打印输出等步骤。设计原理图时一般按上述步骤进行。

❖ 设置电路图纸选项：可以根据个人的绘图习惯、公司单位的标准化要求，以及图纸可能的大小设置原理图图纸大小、方向、标题栏的外观参数，另外还能设置原理图的设计信息，诸如公司名称、设计人姓名、设计及修改日期等项目。这样便于原理图的绘制和日后的文件管理。

❖ 载入元器件库：载入所需元器件库就是将用户设计中需要用到的元器件库载入当前系统，以便从元器件库面板中找到所要放置的元器件。

❖ 放置元器件：绘制一张原理图首先是要把有关的元器件放置到工作平面上。本章介绍了如何在工作平面上放置元器件以及如何对元器件进行删除、编辑、移动和旋转等具体操作步骤。

❖ 原理图布线：通过绘制具有电气意义的导线、添加网络标号的方法，将各个单独的元器件产生电气连接关系。在本章中详细介绍了导线、网络标号的使用方法，以及总线的具体应用。

习 题

一、操作题

1. 按照下列要求设置一张电路图纸：图纸尺寸宽 1 000mil，高 800mil，水平放置，图纸标题栏采用标准型。
2. 可见栅格、跳跃栅格和电气捕获栅格分别有什么作用？试设定不同值，观看效果。
3. 绘制 3 条导线，如图 3-103 所示。
4. 根据所介绍的原理图绘制方法，绘制一个小电路，如图 3-104 所示，其中所有元器件都位于 Miscellaneous Devices.IntLib 库中。

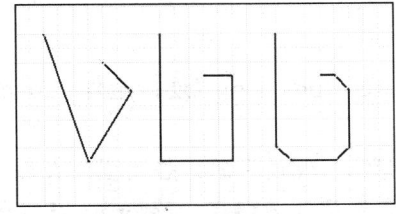

图3-103 导线绘制练习

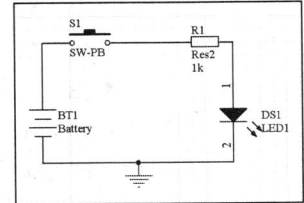

图3-104 小电路练习

二、问答题

电路中绘制总线的意义是什么？采用什么工具绘制？

第 4 章 原理图编辑报表

前面已经介绍了使用 Protel DXP 原理图设计系统绘制一般电路原理图的方法，本章将逐步介绍在 Protel DXP 中，如何使用一些方便的工具来提高绘制原理图的速度，并使其正确美观的方法。

- ◎ 掌握设计工程编译和查错的方法。
- ◎ 了解常用报表文件的生成方法。

4.1 编译工程及查错

在使用 Protel DXP 进行设计的过程中，对工程进行编译是非常重要的一环。编译工程中，系统将会根据用户的设置，对整个工程进行检查，对于层次原理图来说，编译的过程也是将若干个子原理图联系起来的过程。在编译结束后，系统会提供有关网络构成、原理图层次、设计错误类型及分布等报告信息。

4.1.1 设置工程选项

在编译工程之前，用户需要对工程选项进行设置，以确定在编译时系统所需做的工作和编译后系统的各种报告类型。

(1) 执行菜单命令【Project】/【Project Options】，随后系统将弹出设置工程选项对话框，如图 4-1 所示。

在工程选项中，设计者需对错误报告类型（Error Reporting）、电气连接矩阵（Connection Matrix）、差别比较器（Comparator）进行设置。

(2) 单击【Error Reporting】选项卡，可以设置所有可能出现错误的报告类型。在图 4-1 所示界面中，将原理图中元器件序号重复的报告类型设置为错误（Error），当然也可以将其设置为警告（Warning）、严重错误（Fatal Error）或不报告（No Report）。

(3) 单击【Connection Matrix】选项卡后，会出现设置电气连接矩阵的对话框，如图 4-2 所示。

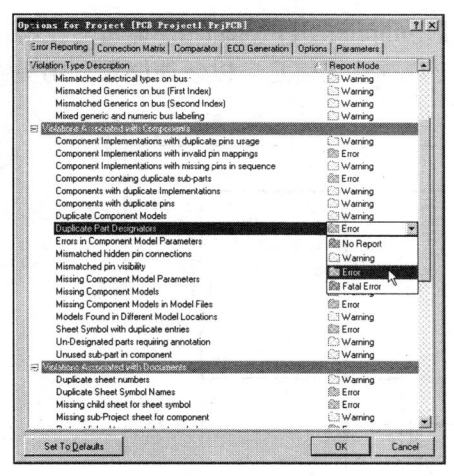

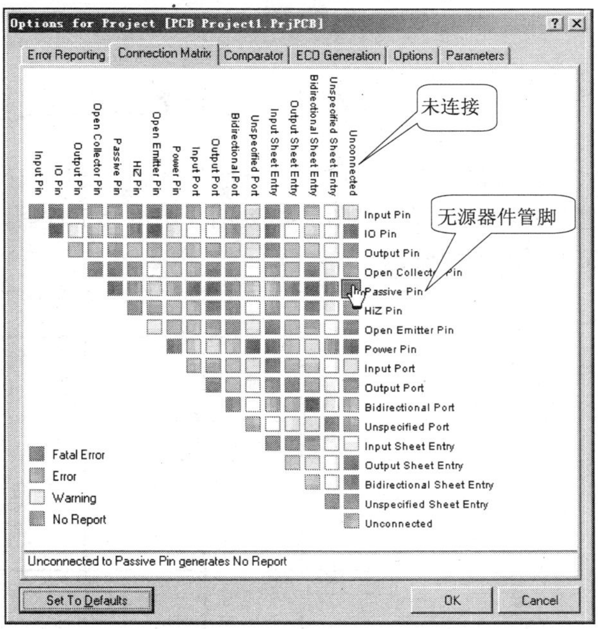

图4-1 工程选项设置对话框

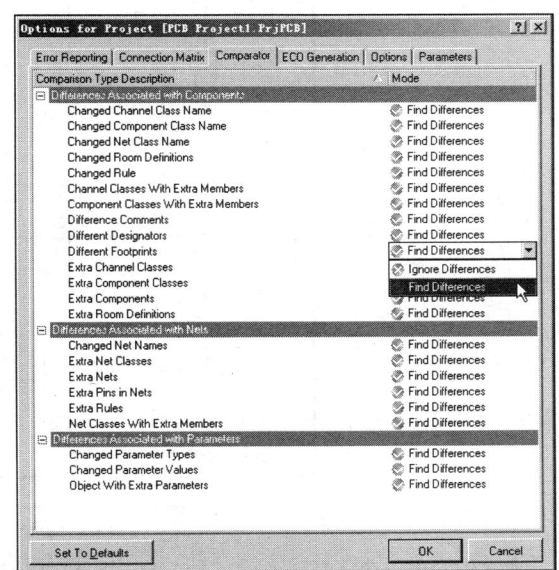

图4-2 电气连接矩阵

如果用户要设置当无源器件的管脚没连接时系统产生警告信息，可以在矩阵右侧找到无源器件管脚（Passive Pin）这一行，然后再在矩阵上部找到未连接（Unconnected）这一列，改变由这两行列决定的矩阵中点的颜色，便可以改变电气连接检查后的报告类型。其中，绿色代表不报告，黄色代表警告，橙色代表错误，红色代表严重错误。

如图4-2所示，当鼠标指针移到矩阵上时，鼠标指针将变成小手形状，连续单击鼠标左键，该点处的颜色就会由绿——黄——橙——红——绿循环变化。

在此处，设置当无源器件的管脚没连接时系统产生警告信息，即在图4-2所示界面中小手所指处设定为黄色。

(4) 单击【Comparator】选项卡后，会出现比较器设置对话框，如图4-3所示，在对话框中可以设置比较器的作用范围。

如果希望当改变元器件封装后，系统在编译时给予一定的信息，可以在如图4-3所示的对话框中，找到元器件封装变化（Different Footprint）这一栏，单击其右侧，在随后出现的下拉列表中选择"Find Differences"（找出不同）。如果用户对这类改变并不关心，可以选择忽略改变（Ignore Differences）。

(5) 单击 OK 按钮，完成常用工程选项的设置。

图4-3 比较器设置

4.1.2 编译工程及查看系统信息

在设置完工程选项后，执行菜单命令【Project】/【Compile All Projects】，即可对工程进行编译了。下面以图 4-4 为例介绍编译工程后，如何查看系统信息，以便能够绘制出更加正确的原理图。

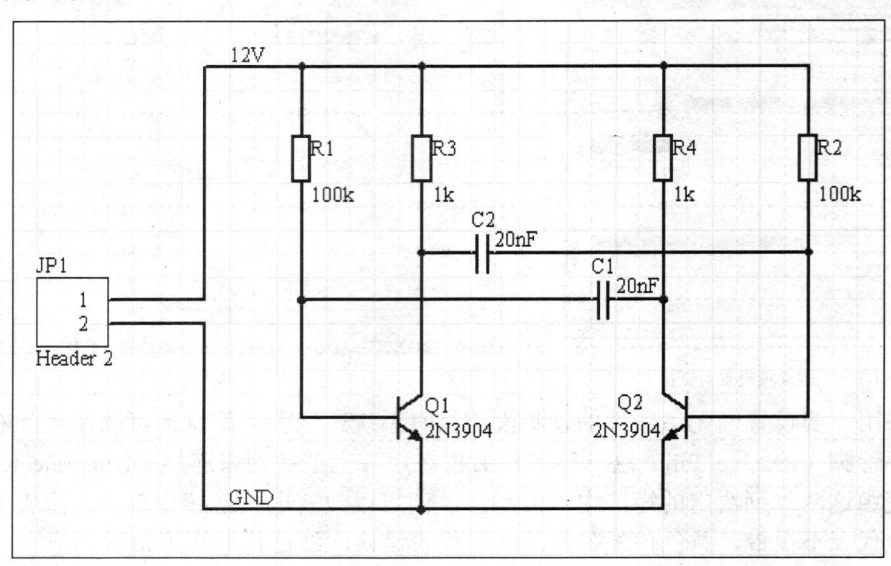

图4-4 工程编译实例

在此我们故意设置一个错误，即把电容 C2 右边的管脚连线断开，如图 4-5 所示。

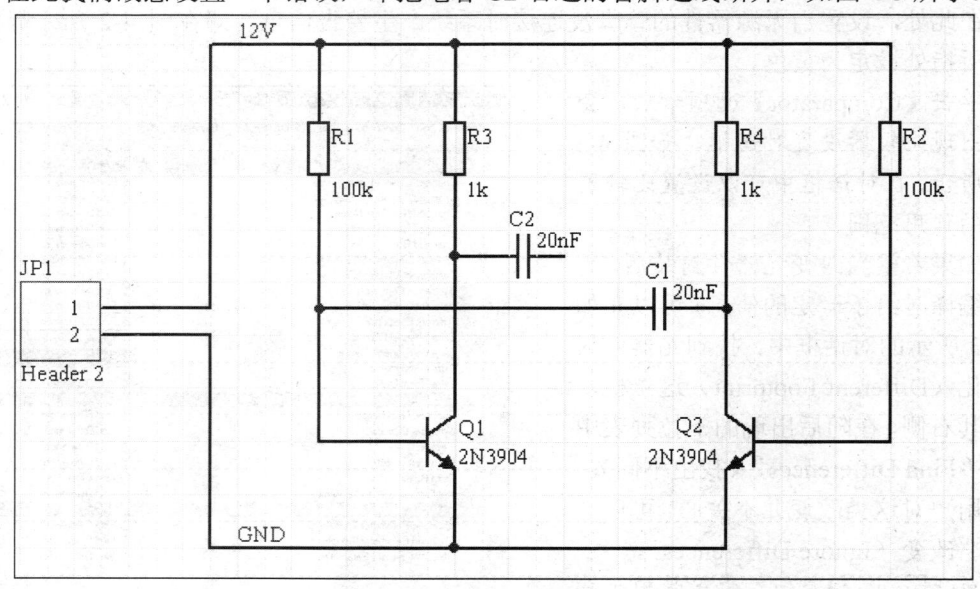

图4-5 设置一个错误

执行菜单命令【Project】/【Compile All Projects】，系统生成信息报告，可以在如图 4-6 所示的位置查看系统编译信息。

第 4 章　原理图编辑报表

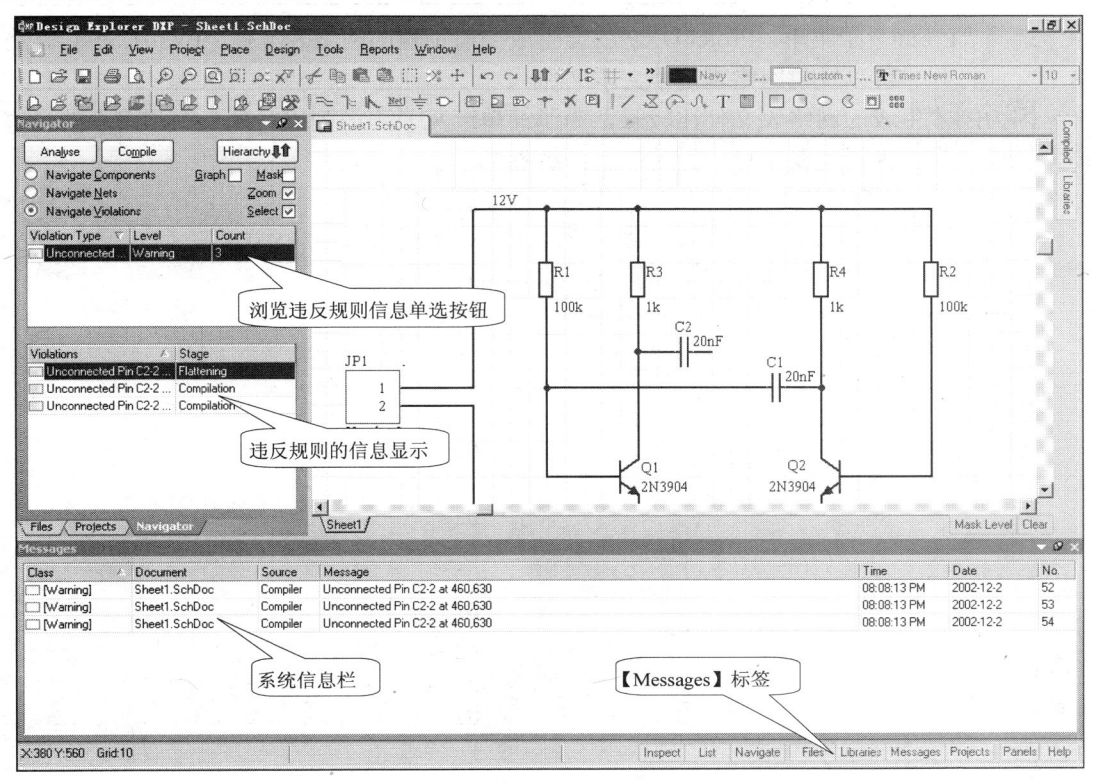

图4-6　查看系统信息

如果系统信息栏没有出现，用户单击位于屏幕右下角的【Messages】标签即可。

在使用 Protel DXP 看原理图一部分中，也曾经介绍过使用浏览器面板查看错误信息的方法，用户可以参考。

在【Messages】栏中，可以看到 C2 未连接的警告信息，这正是在图 4-5 所示中设置后的结果。可以根据其所处的原理图文件名、坐标位置等信息，找到该错误，并加以改正。

4.2　网络表的生成和检查

网络表是原理图的精髓，是原理图和 PCB 连接的桥梁。离开了网络表就不可能有自动布线。毫不夸张地说，现代 PCB 设计离开了网络表根本无法进行。在 Protel DXP 中，不需要显示生成网络表，但是在软件内部，仍然生成了所需的内部网络表。

网络表包含两部分信息：元器件信息和连线信息。这也就是网络的两大内容：节点和连接关系。所以，这个表被叫做网络表。

在 Protel DXP 中，生成网络表很方便，下面的例子将演示如何为绘制的原理图生成网络表。

(1) 打开"实例 1.SchDoc"原理图文件。

(2) 选择菜单命令【Design】/【Netlist】，可以发现该菜单中有几个子菜单，如图 4-7 所示。

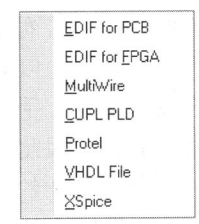

图4-7　网络表格式选择菜单

选择"Protel"子菜单，Protel DXP 就会生成当前工程的网络表文件"Ex301.NET"，将这个文件打开，可以发现网络表是个文本文件。

因为刚才生成的网络表文件比较长，为了简单起见，下面列出另外一个网络表的内容作为例子（为了说明主要意思，无关信息已经省掉）。

```
[                                      R1-1
R1                                     )
AXIAL0.4                               (
10K                                    NetR2_1
]                                      R2-1
[                                      )
R2                                     (
AXIAL0.4                               NetU1_5
10K                                    R1-2
]                                      U1-5
[                                      )
R3                                     (
AXIAL0.4                               NetU1_6
100K                                   R2-2
]                                      R3-1
[                                      U1-6
U1                                     )
DIP8                                   (
TL082                                  NetU1_7
]                                      R3-2
(                                      U1-7
NetR1_1                                )
```

从这个网络表文件可以看出，网络表是由一行一行的文本组成的。整个网络表文件分成两大部分：第 1 部分是元器件信息，每个元器件的信息为一小段，用方括号分隔。第 2 部分是连接信息，用圆括号分隔，每对圆括号中都是连接在一起的引脚。

每个元器件信息段的格式都是相同的，依次是元器件标识、封装和类型。例如从第 1 段可以看出，此元器件标识为"R1"，封装为"AXIAL0.4"，类型为"10k"，由这些信息判断，这个元器件是个电阻。

用圆括号括起来的是网络信息。第 1 行为网络名，其后各行是此网络中的引脚。同一个网络中的引脚在电气上是连接在一起的，相当于导线连接。如从这个网络表的最后一段（第 5 个圆括号括起来的段）可以看出，这个网络名为"NetU1_7"，由 R3 的第 2 脚和 U1 的第 7 脚相互连接而成。

从网络表中可以看出元器件重名、封装信息缺失等问题，但它并不是发现和查找这些问题的最佳途径。手工检查网络表主要用来发现隐含引脚的问题。由于隐含引脚常常是电源和地线引脚，因此，查找这些问题的主要方法是查看电源和地线网络。

在一个较复杂的电路中，电源网络可能有多个：+5V、+12V、-12V、+3.3V、模拟电路的电源和数字电路的电源等。地线网络也有多个：模拟地、数字地等。前面已经说过，隐含的并且具有【Power】属性的引脚（有时候普通电气属性的引脚也可能）会被连接到与其同名的网络中。如果有多个这样的引脚，并且名称相同，就会连接在一起。如果有多个这样的引脚，但是名称不相同，就会连接到不同的网络中。由于隐含引脚是不显示的，因此无法看到引脚名称，常常会出现名称错了而没有发现的情况。引起这种错误的原因很多，可能是拼写错误，在多子件的元器件中更改电源和地线名称的时候忘了在每个子件中更改，做了设计上的修改但是部分引脚被遗漏了等。

查找这种问题有两个办法。一个是在原理图中，将所有的隐含引脚显示出来，逐个检查。另一个办法是在网络表中检查相应的网络，看应该连接的引脚有没有连接。这两个办法各有优缺点，读者可以自由选用。

(1) 打开需要检查的原理图。
(2) 双击任何一个元器件，打开如图 4-8 所示的属性对话框。
(3) 将属性对话框中左下角的【Show Hidden Pins】复选框选中。
(4) 单击 OK 按钮确认，就可以将这个元器件的隐含引脚全部显示出来，再逐一检查名称是否正确。
(5) 检查完毕后，再次双击该元器件，并在如图 4-8 所示的对话框中将【Show Hidden Pins】复选框去掉，单击 OK 按钮确认。

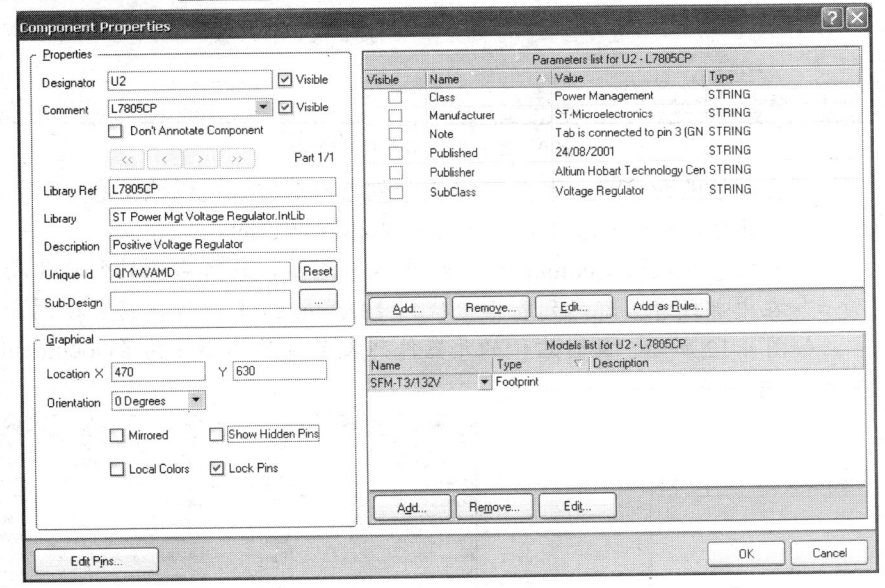

图4-8　元器件属性对话框

如果使用网络表检查，重点是电源和地线网络。使用字符串查找功能可以快速定位到相应的网络中，注意检查。

4.3　元器件采购报表

元器件采购报表主要是用于采购元器件的一份清单，也可以作为检查封装信息有无遗漏的一种方法，下面介绍如何生成元器件清单。
(1) 打开实例 1 的原理图文件。
(2) 执行菜单命令【Report】/【Bill of Material】，弹出元器件清单对话框，如图 4-9 所示。

Protel DXP 实用教程

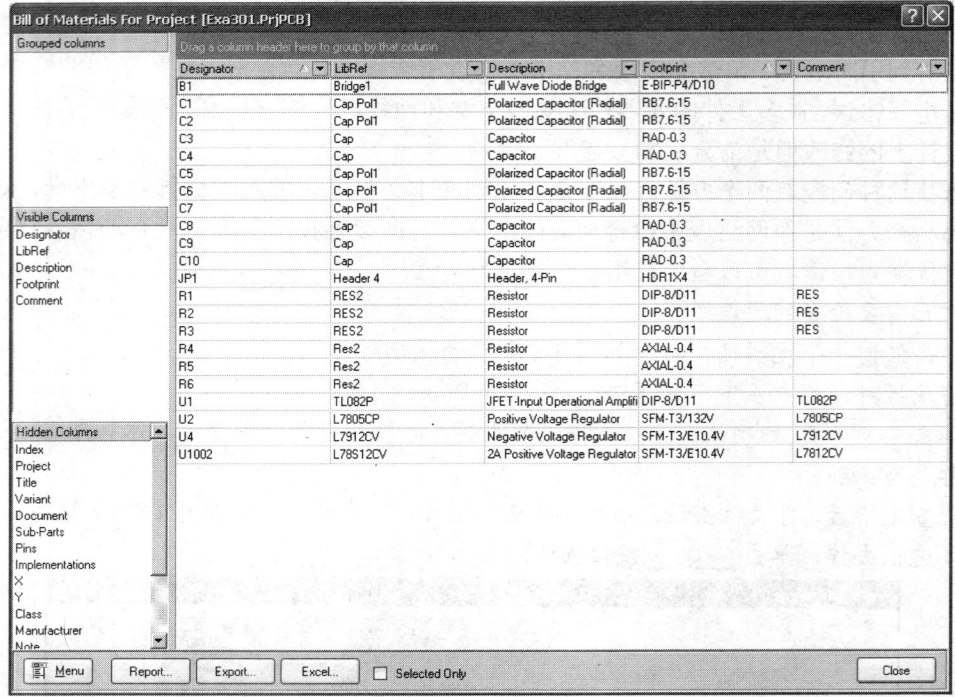

图4-9 元器件清单向导第（1）步

这是一个复合功能的对话框，改变左边 3 个列表框的内容可以改变右边列表的显示内容和显示方式。左边 3 个列表框里面的子项是可以相互拖放的。

(3) 分组控制列表框（Grouped columns），如图 4-10 所示，此时右侧的列表（局部）如图 4-11 所示。在中部或者下部的列表框中找到【Document】子项，将它拖到分组控制列表框中，如图 4-12 所示。此时右侧的元器件列表会按照元器件的【Document】属性分组，如图 4-13 所示。

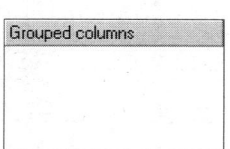

图4-10 分组控制列表框

图4-11 基本的元器件列表

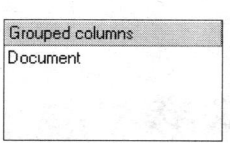

图4-12 拖入了【Document】子项的分组控制列表

图4-13 元器件列表按照元器件的【Document】属性分组

元器件分组之后，可以有选择地查看某些分组。单击组左边的 + 按钮可以展开这个分组，单击 − 按钮可以收起这个分组。

❖ 显示的列（Visible Columns）：如图 4-14 所示，可以控制在右侧的元器件列表中显示哪些属性列。

❖ 隐藏了的列（Hidden Columns）：如图 4-15 所示，这个列表中显示的是未在元器件列表中显示出来的元器件属性列。

将子项在这两个列表中拖放，可以控制该属性列的显示和隐藏。

图 4-9 所示对话框的左下角还有几个按钮，其功能如下。

❖ Excel... 按钮：将元器件列表的内容导入到 Microsoft Excel 中，如图 4-16 所示。

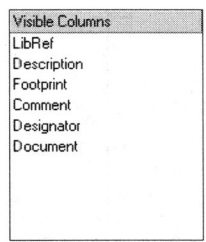
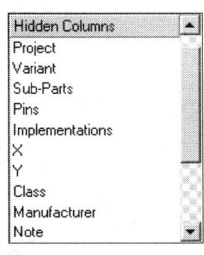
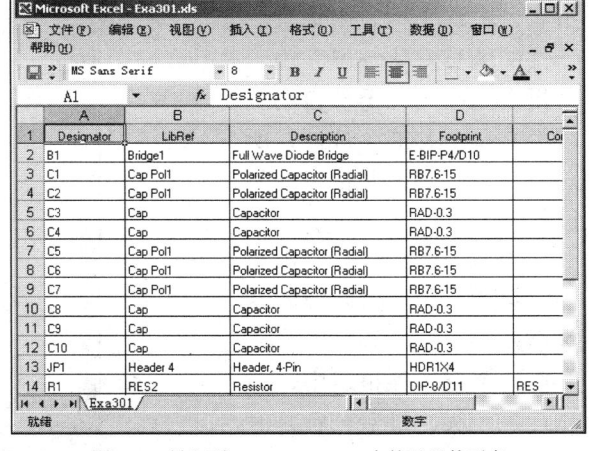

图4-14　显示的列　　　图4-15　隐藏了的列　　　图4-16　导入到 Microsoft Excel 中的元器件列表

❖ Export... 按钮：选择导出的格式并执行导出。
❖ Report... 按钮：打印报表，如图 4-17 所示。

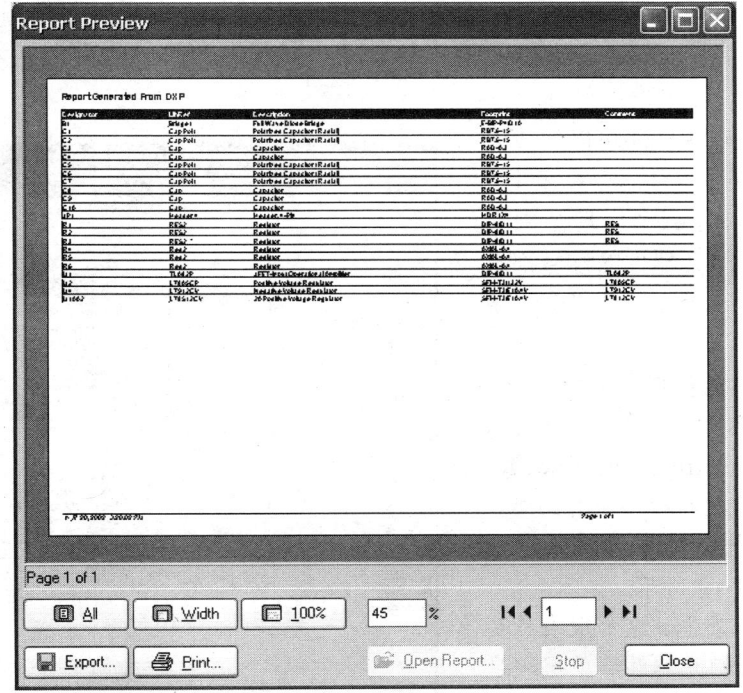

图4-17　打印报表

❖  按钮：打开执行其他功能的菜单。

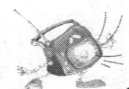

Protel DXP 实用教程

4.4 元器件自动编号报表

在为元器件自动编号的时候，Protel DXP 也会生成相应的报表。在这个报表中记录着元器件的编号变化情况。由于这个报表是在为元器件自动编号时由 Protel DXP 生成的，所以这里就不举例说明报表的生成过程了。

这个报表的默认格式是 Excel 表格，报表的内容如图 4-18 所示。

在这个元器件报表中，前面几行是表头，最后一行是时间，中间各行分别记录着各个元器件被重命名的情况。

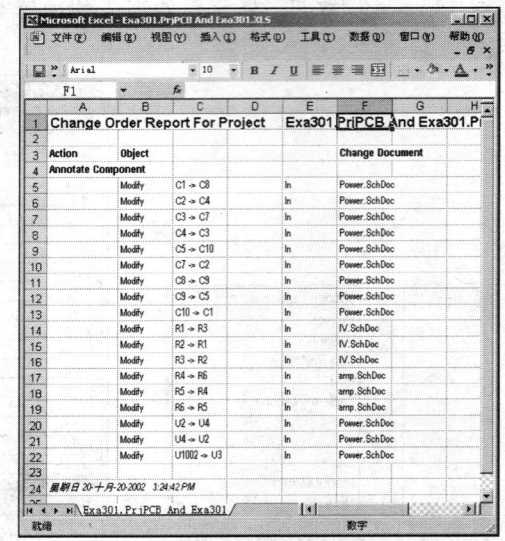

图4-18 元器件自动编号报表

4.5 元器件引用参考报表

在 Protel DXP 中，还可以生成元器件引用参考报表。从这个报表中，可以看到元器件在哪个原理图中出现。由于任何两个元器件的标号都不一样，所以任何一个元器件只会出现在一张图纸中。

(1) 打开实例 1 的原理图文件。
(2) 执行菜单命令【Report】/【Component Cross Reference】，Protel DXP 就会扫描所有图纸，生成元器件引用参考报表对话框，如图 4-19 所示。

从图中可以看出，这个报表其实和图 4-16 所示的元器件清单报表是一回事，只是这个报表是将所有元器件按照文档分组而已，其后续的操作和元器件清单报表是一样的。

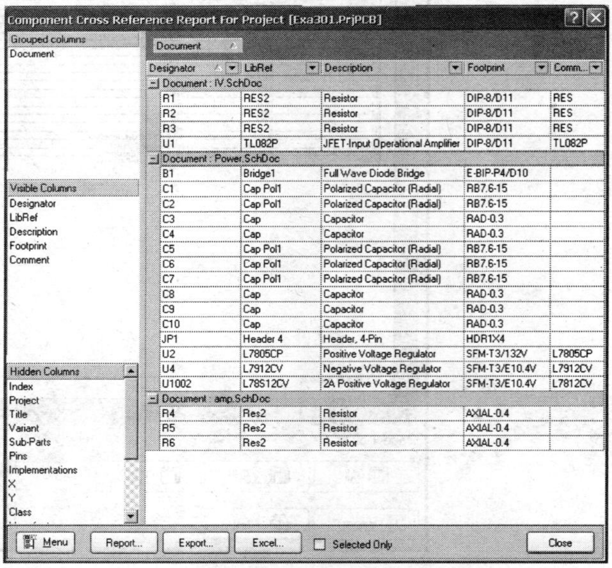

图4-19 元器件引用报表

4.6 端口引用参考

在 Protel DXP 中,还可以为端口添加引用参考。端口引用参考有两种,一种是层次式的,一种是扁平式的。层次式的引用参考指出本端口在上一级图纸的何处被引用,扁平式的引用参考指出本端口在同级图纸的何处被引用。
(1) 打开"实例 1"的原理图文件。
(2) 选择【Report】/【Port Cross Reference】菜单命令,可以看到,这个菜单下有 4 个子菜单,如图 4-20 所示。

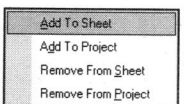

图4-20 【Report】/【Port Cross Reference】的子菜单

在这 4 个菜单项中,【Add to Sheet】表示向图纸中添加端口的引用参考,【Add to Project】表示添加到工程中,后面的两项分别表示从图纸和工程中去掉前面添加的端口引用参考。
(3) 执行菜单命令【Report】/【Port Cross Reference】/【Add To Sheet】,Protel DXP 就会在所有图纸的端口旁边添加引用参考,如图 4-21 所示。

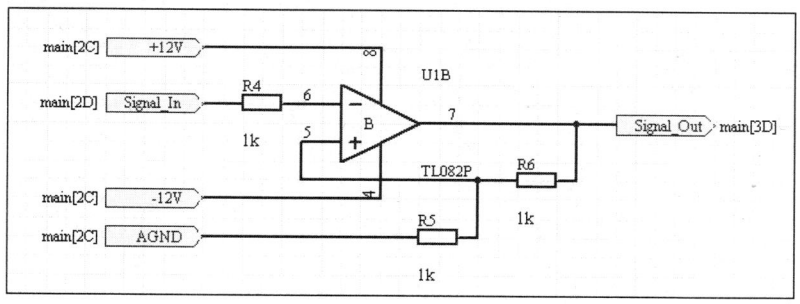

图4-21 添加引用参考

其中"main[3D]"是指此端口在"main.sch"中被引用,位置是"3D"区。

如果执行菜单命令【Report】/【Port Cross Reference】/【Remove from Sheet】,就会去掉所有的引用参考。但是,图纸上的引用参考可能要等到刷新图纸时才会消失,比如在图纸间切换的时候。

小 结

在设计的过程中,出于存档、对照、校对以及交流等目的,总希望能够随时输出整个设计工程的相关信息。Protel DXP 对此给予了充分的考虑,它除了可以生成一般的电路网络表以外,还将设计过程中的修改、整个工程中的元器件类别和总数以多种格式输出、保存及打印。

在本章所介绍的各种报表中,有的很重要,如网络表;有的不那么重要,如元器件引用参考。总的来讲,Protel DXP 对于各种报表的依赖性已经比以前的各个版本大大降低。Protel DXP 所提供的各种工具已经使得大部分报表失去了辅助工程设计的作用,而退化为仅仅起到参考作用。

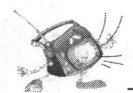
Protel DXP 实用教程

习 题

一、操作题

1. 参照本章中的例子，生成一个可以使用 Microsoft Excel 打开的元器件报表。
2. 参照本章中的例子，生成网络表。

二、问答题

1. 如何设计工程选项。
2. 比较引用参考报表和采购报表的异同。

第 5 章 印制电路板设计系统

印制电路板的设计主要包括原理图的设计和 PCB 的设计两部分。前面的章节已经对原理图的设计做了详细介绍,从本章开始,将介绍 PCB 设计和制作的知识。

学习目标
- ◎ 掌握创建 PCB 文件的方法。
- ◎ 掌握 PCB 编辑器的界面管理方法。
- ◎ 熟悉 PCB 放置工具栏。
- ◎ 了解 Protel DXP PCB 的编辑功能。
- ◎ 熟悉其他操作命令。

5.1 创建 PCB 文件

原理图设计完成后,马上就要进入印制电路板的设计了,在将设计从原理图编辑器切换到 PCB 编辑器之前,需要创建一个空白的 PCB 文件。在 Protel DXP 中,创建一个新的 PCB 文件最简单的方法是利用 PCB 文件生成向导。在利用 Protel DXP 向导生成 PCB 文件的过程中,可以选择标准的模板,也可以自定义 PCB 的参数。如果对已经设置的参数不满意,可以返回前一级对话框进行修改。

(1) 单击【Files】面板下部 "New from Template" 标题栏中的 "PCB Board Wizard" 选项,即可进入 PCB 文件生成向导对话框,如图 5-1 所示。单击 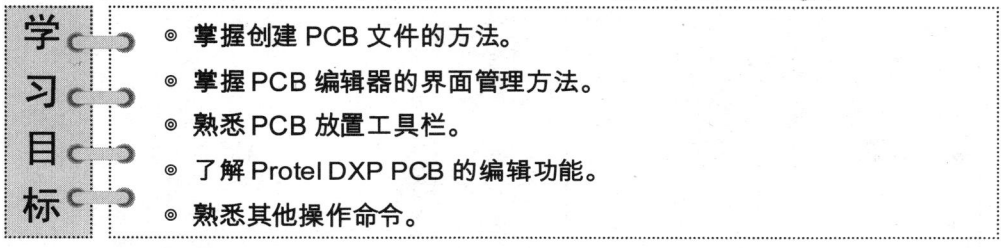 按钮继续下一步操作。

图5-1 PCB 文件生成向导对话框

 如果"New from Template"标题栏没有显示在【Files】面板下部,可以单击向上的双箭号 按钮,关闭部分标题栏,如图 5-2 所示。

(2) 在弹出的对话框里可以设置 PCB 的尺寸单位,如图 5-3 所示。单击"Imperial"前的单选按钮,系统尺寸单位为英制"mil";单击"Metric"前的单选按钮,系统尺寸单位为毫米。在这里选择英制单位(1 000mil=1 英寸),单击 Next> 按钮继续下一步操作。

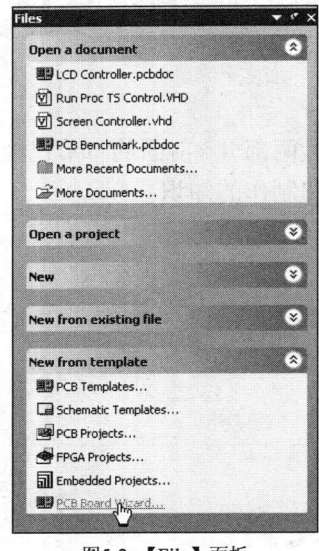

图5-2 【File】面板

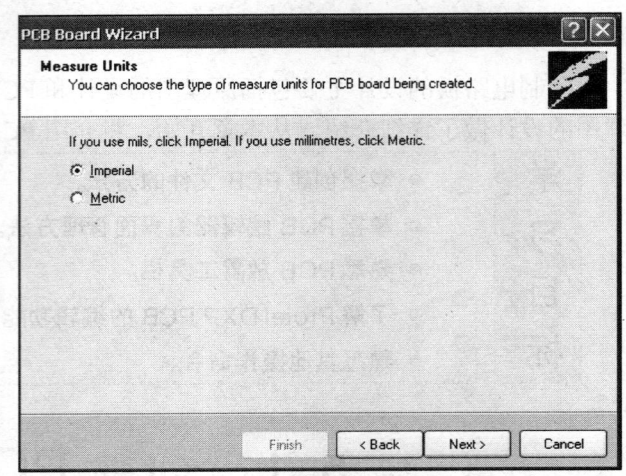

图5-3 设置尺寸单位

(3) 在如图 5-4 所示的对话框中,可以从 Protel DXP 提供的 PCB 模板库中为正在创建的 PCB 选择一种标准模板,也可以选择"Custom"选项,根据用户的需要输入自定义尺寸。在本例中,选择"Custom"选项,单击 Next> 按钮继续下一步操作。

(4) 在弹出的对话框中,用户可以设定 PCB 的外形尺寸参数,如图 5-5 所示。

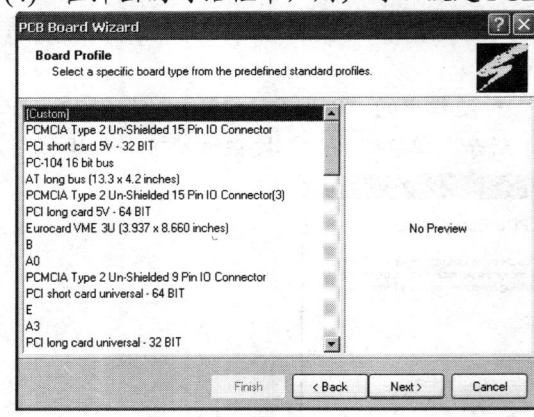

图5-4 PCB 模板

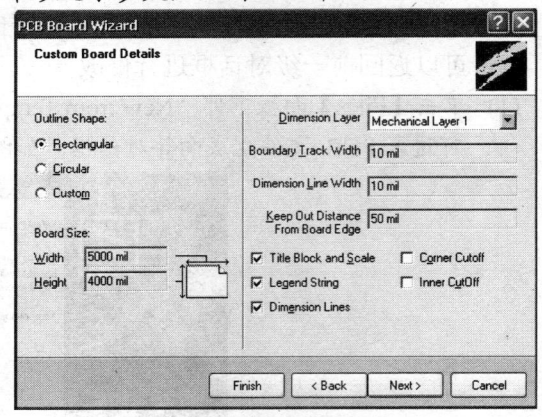

图5-5 设定 PCB 外形尺寸

在该对话框中,各选项有如下功能。

❖ 【Outline Shape】:设置此项,可以定义 PCB 的外形。在该项中提供矩形、圆形和自定义 3 种方式,通常将 PCB 的外形设为"矩形"。

❖ 【Board Size】：设置此项，可以定义 PCB 的尺寸，如果板外形为矩形，则用户需输入 PCB 的宽度（Width）和高度（Height）。

❖ 【Dimension layer】：设置此项，将确定尺寸标注层。

❖ 【Boundary Track Width】：设置边界线的宽度。

❖ 【Dimension Line Width】：设置尺寸标注线的宽度。

❖ 【Keep Out Distance From Board Edge】：设置 PCB 的电气边界与物理边界间的距离。

❖ 【Title Block and Scale】：选中该复选框，将在图纸中加入标题栏和图纸比例。

在本例当中，将 PCB 的外形设为"矩形"，其他均为默认参数。

(5) 单击 Next> 按钮即可进入信号层和内电层设置对话框，如图 5-6 所示。在该对话框中，用户可以根据设计的需要设定信号层（Signal Layers）和内电层（Power Planes）的数目。通常用户的设计为双面板，因此应将信号层的数目设为"2"，将内电层的数目设为"0"，然后单击 Next> 按钮继续下一步操作。

(6) 在弹出的如图 5-7 所示的对话框中，可以设置过孔的样式。根据设计的需要，可以将过孔定义成通孔

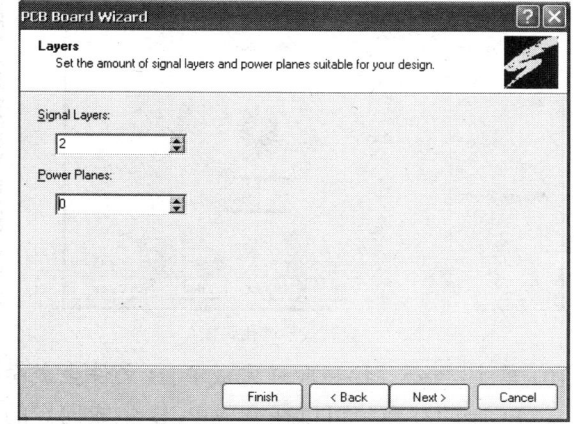

图5-6　电层设置

（Thruhole Vias only）、盲孔和深埋过孔（Blind and Buried Vias only）。

(7) 单击 Next> 按钮弹出如图 5-8 所示的元器件选型和放置对话框。设置完毕后，单击 Next> 按钮继续下一步操作。

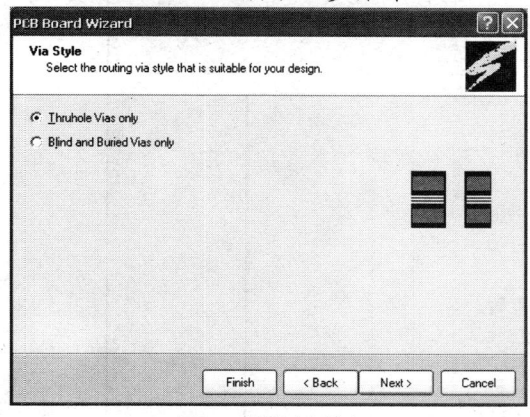

图5-7　设置过孔样式

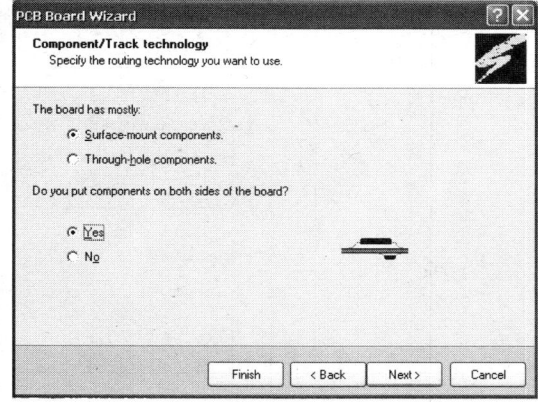

图5-8　元器件选型和放置

通常，在设计 PCB 时，用户应当首先考虑元器件的选型，选择直插元器件（Through-hole components）或者表贴元器件（Surface-mount components）；其次，还应当考虑元器件的安装方式等。在图 5-8 所示的对话框中，可以在直插元器件和表贴元器件两种类型中选择一种。此外，还可以选择元器件的安装方式：单面安装或双面安装。在本例中，选择双面安装表贴元器件。

(8) 在弹出的如图 5-9 所示的对话框中，可以设置导线和过孔的尺寸，以及最小线间距等参数。

注意 通常，考虑到印制电路板的制作和正常工作，信号线的线宽不能小于 8mil。

(9) 单击 Next> 按钮，进入如图 5-10 所示的对话框。

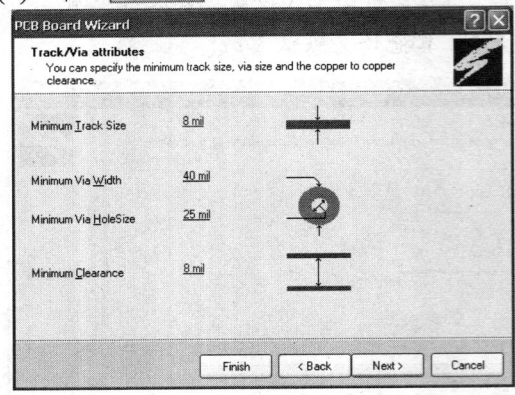
图5-9 设置线和过孔属性

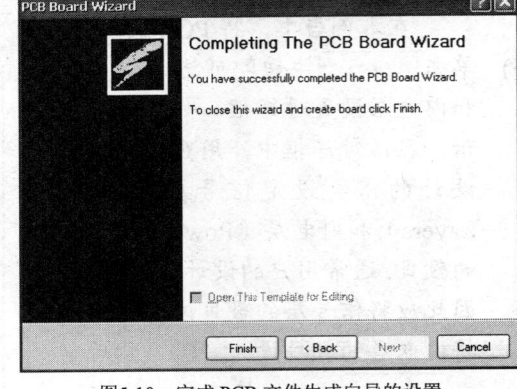
图5-10 完成 PCB 文件生成向导的设置

(10) 单击 Finish 按钮即可完成 PCB 文件生成向导的设置。

PCB 的参数，可以在完成 PCB 生成向导的过程中设置，也可以在进入 PCB 编辑器之后，执行菜单命令【Design】/【Rules】，在弹出的对话框中进行设置。因此，在完成 PCB 文件生成向导的过程中，可以提前退出 PCB 文件生成向导。例如，在图 5-5 所示界面中，单击 Finish 按钮，进入如图 5-11 所示的印制电路板编辑器。

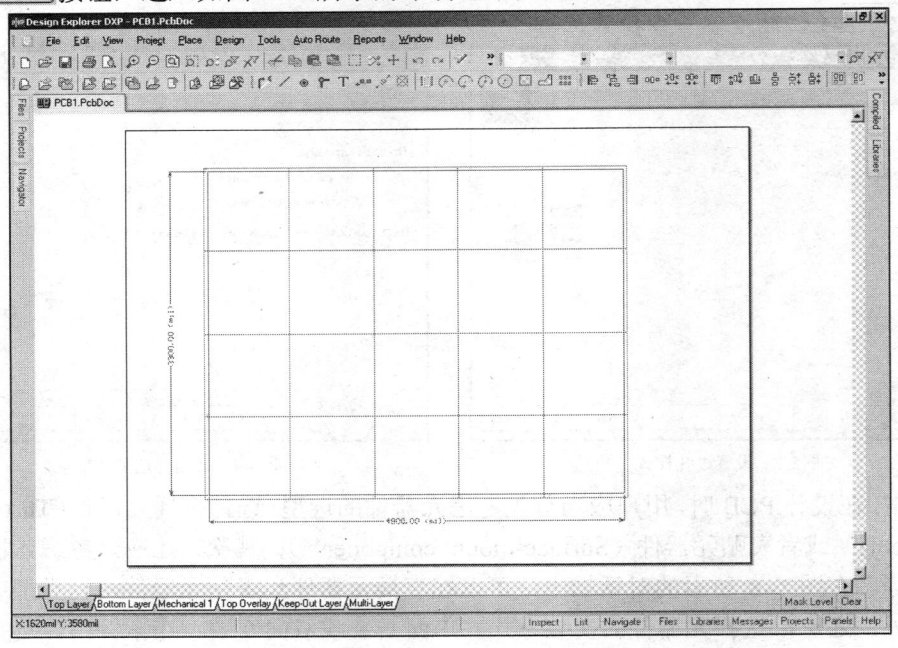
图5-11 印制电路板编辑器

(11) 利用 PCB 文件生成向导创建 PCB 文件后，自动将文件保存为"*.pcbdoc"文件，其默认的名字为"PCB1"。生成的 PCB 文件会自动地加入到当前激活的工程文件中，并且列在该工程文件的列表下。

(12) 用户可以更改 PCB 文件的名字（其扩展名为".pcbdoc"），执行菜单命令【File】/【Save As】，将文件的保存路径定位到指定的文件夹，然后在文件名一栏键入文件名，单击 保存(S) 按钮即可，如图 5-12 所示。

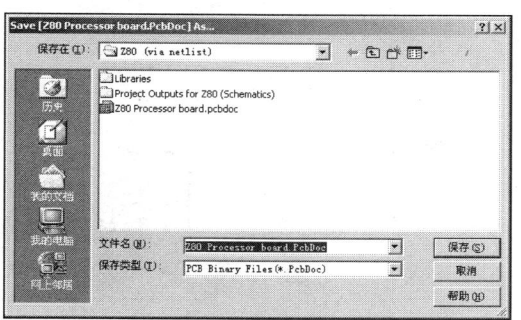

图5-12　PCB 文件的存储

 创建 PCB 文件还有其他的方法：可以执行菜单命令【File】/【New】/【PCB】，进入如图 5-13 所示的印制电路板编辑器的工作画面；或者单击【Files】面板下部的"New"标题栏中的"PCB Document"选项，也可以进入 PCB 编辑器。

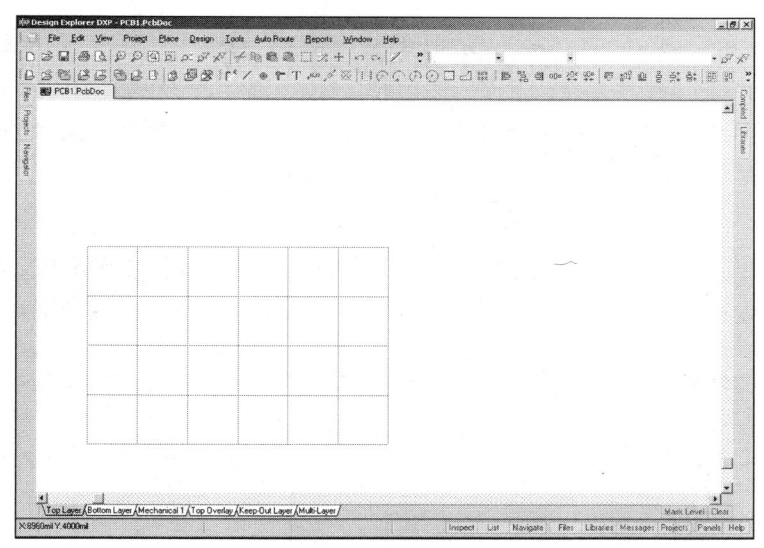

图5-13　印制电路板编辑器

5.2　PCB 编辑器的界面管理

所谓界面管理就是指工作平面的移动、放大、缩小和刷新等操作。PCB 编辑器的界面管理与前面已经介绍过的原理图编辑器的界面管理基本相似。在本节中，考虑到初学 Protel DXP 的读者，对 PCB 的设计不是特别熟悉，因此选择 Protel DXP 下的一个实例给读者讲解界面管理的基本操作。首先，打开印制电路板文件"Altium\Examples\Z80(Via Netlist)\Z80 Processor board.pcbdoc"，如图 5-14 所示，下面将以这个 PCB 图为例进行介绍。

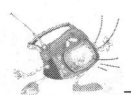

Protel DXP 实用教程

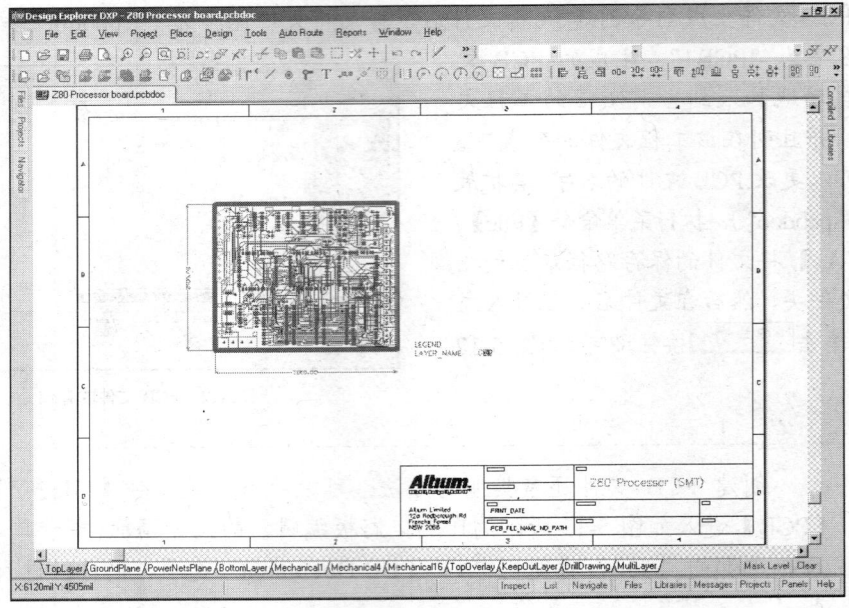

图5-14 界面管理图例

5.2.1 界面的移动

在设计 PCB 的过程中，常常需要移动工作窗口中的界面以便观察图纸的其他部分，常用移动界面的方法有以下两种。

1. 利用工作窗口的滚动条

将鼠标指针放在水平或垂直滚动条的箭头按钮上，按住鼠标左键不放，这时工作窗口中的界面就会随着滚动条左右或上下移动，如图 5-15 所示。放开鼠标左键，工作窗口中的界面就会停止移动。

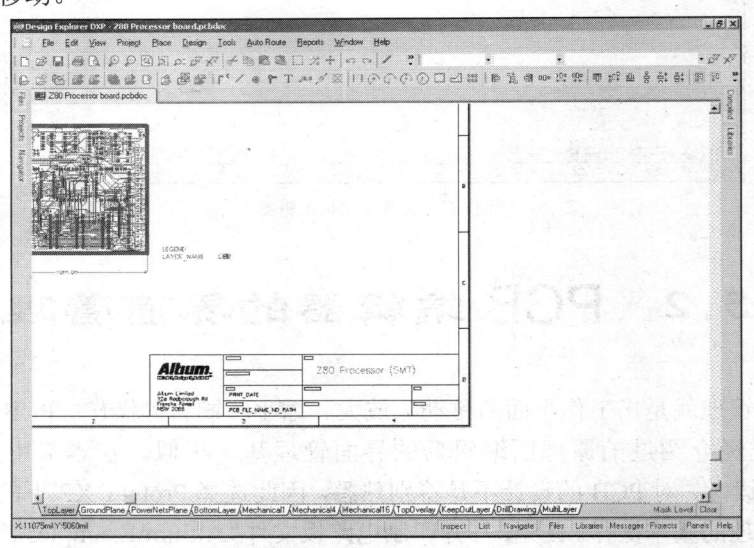

图5-15 利用工作窗口的滚动条移动界面

2. 利用导航器【Navigator】

导航器【Navigator】选项卡下部的小窗口显示的是整张图纸，如图5-16所示。图中的双线框就是当前工作窗口界面在整张图纸中所处的位置，可能有的用户会发现，当利用滚动条移动界面时，线框也会随着一起移动。因此，可以通过移动这个线框来移动工作窗口中的界面。

如果在编辑器的工作窗口中没有显示导航器，可以将鼠标放到工作窗口左边框的【Navigator】选项上，即可弹出导航器面板。

将鼠标指针放到虚线框内，按住鼠标左键不放，这时导航器窗口中双线框区域变成白色，拖动鼠标，移动白色区域即可移动工作窗口的界面。此时工作窗口中的界面将会随着小窗口中鼠标指针的移动而移动，如图5-17所示。

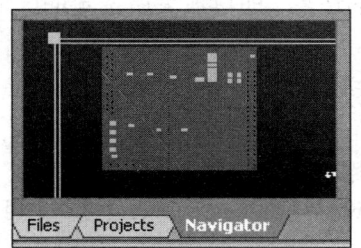

图5-16 导航器中的观察窗口

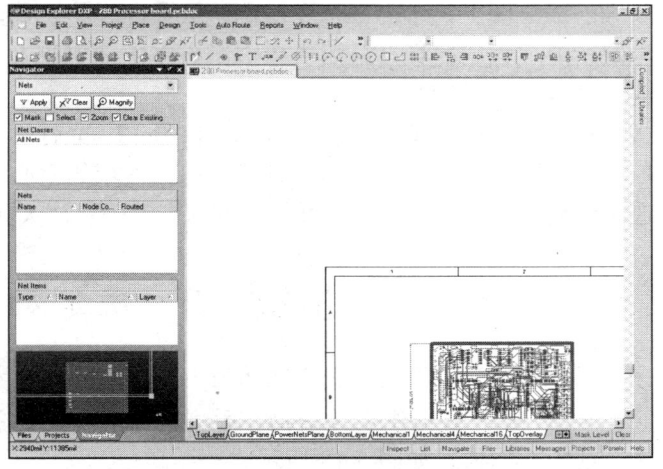

图5-17 利用导航器中的观察窗口来移动界面

由于导航器中的小窗口显示的是整张图纸，因此移动工作界面是相当快捷的。

5.2.2 界面的放大

当需要观察图纸局部线路图的具体情况，对线路图做出进一步调整、修改时，往往要对这部分线路图做局部放大。在 Protel DXP 中，可以通过以下的方法放大界面。

- ❖ 执行菜单命令【View】/【Zoom In】，即可将当前界面放大1次。
- ❖ 单击主工具栏中的 🔍 按钮，则当前界面会放大1次。
- ❖ 按 PageUp 键1次可以将界面放大1次。

5.2.3 界面的缩小

当图纸较大，无法浏览全图时，经常需要缩小工作界面。Protel DXP 中对界面的缩小可以通过以下方法。

Protel DXP 实用教程

- ❖ 执行菜单命令【View】/【Zoom Out】,即可将当前界面缩小 1 次。
- ❖ 单击主工具栏中的 🔍 按钮,则当前界面会缩小 1 次。
- ❖ 按 PageDown 键 1 次可以将界面缩小 1 次。

在利用键盘快捷键对界面进行放大或缩小时,最好将鼠标指针置于工作平面上的适当位置,这样界面的缩放将以鼠标指针为中心进行。另外,利用快捷键对界面缩放既可以在空闲状态下进行,也可以在命令状态下进行,这一点是非常方便的,有时候甚至是无可替代的,因此用户必须熟练掌握。

5.2.4 用户选定区域放大

跟原理图设计系统的操作方法一样,用户可以对选定的区域进行放大,包括角对角放大和中心放大。

执行菜单命令【View】/【Area】,光标会变成十字形状。将光标移到工作窗口内想要放大的线路图上,单击鼠标左键确定放大区域的一角,然后用光标拖出一个适当的虚线框选定所要放大的区域,最后再单击鼠标左键确定放大区域的另一角;这时候所选中的区域就会被放大,显示在工作窗口中。

执行菜单命令【View】/【Around Point】,光标会变成十字形状。将光标移到用户所要放大的线路图上,单击鼠标左键确定放大区域的中心,然后用光标拖出一个适当的虚线框选定所要放大的区域,最后再单击鼠标左键确定放大区域的边界,即可放大所选定的区域。

5.2.5 用户选定对象放大

选定对象放大方式有选定物体放大和过滤物体放大两种。

(1) 在 PCB 图纸上选中物体后,执行菜单命令【View】/【Selected Objects】,即可放大所选中的物体,如图 5-18 所示。

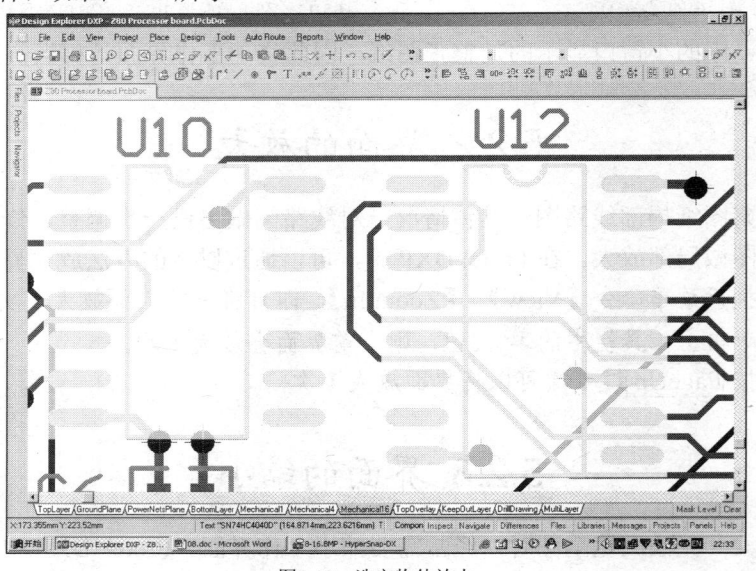

图5-18 选定物体放大

第 5 章 印制电路板设计系统

执行选定物体放大命令还可以用鼠标左键单击主工具栏中的按钮。

（2）选定过滤物体后（在导航器下拉列表中选中需放大的物体即可），执行菜单命令【View】/【Filtered Objects】，即可显示过滤后的物体，如图 5-19 所示。

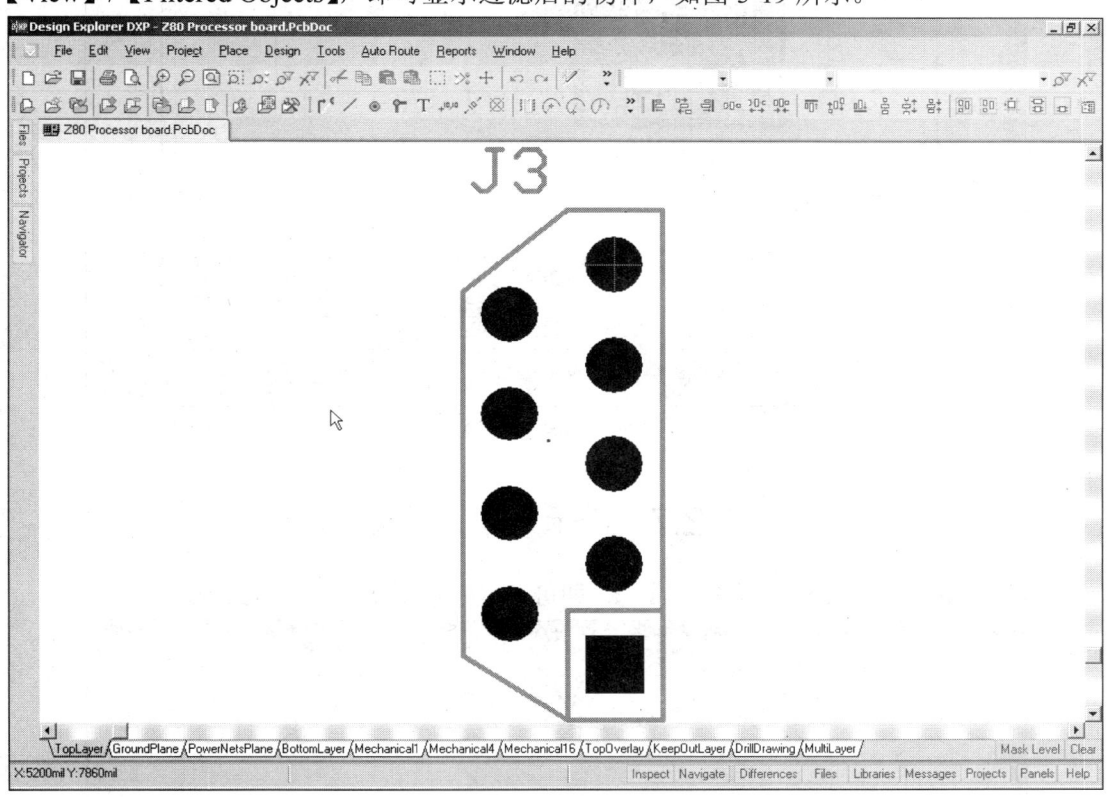

图5-19 过滤物体放大

执行过滤物体放大命令还可以用鼠标左键单击主工具栏中的按钮。

5.2.6 显示整个图形文件

执行菜单命令【View】/【Fit Document】，即可显示整个图形文件，如图 5-20 所示。

Protel DXP 实用教程

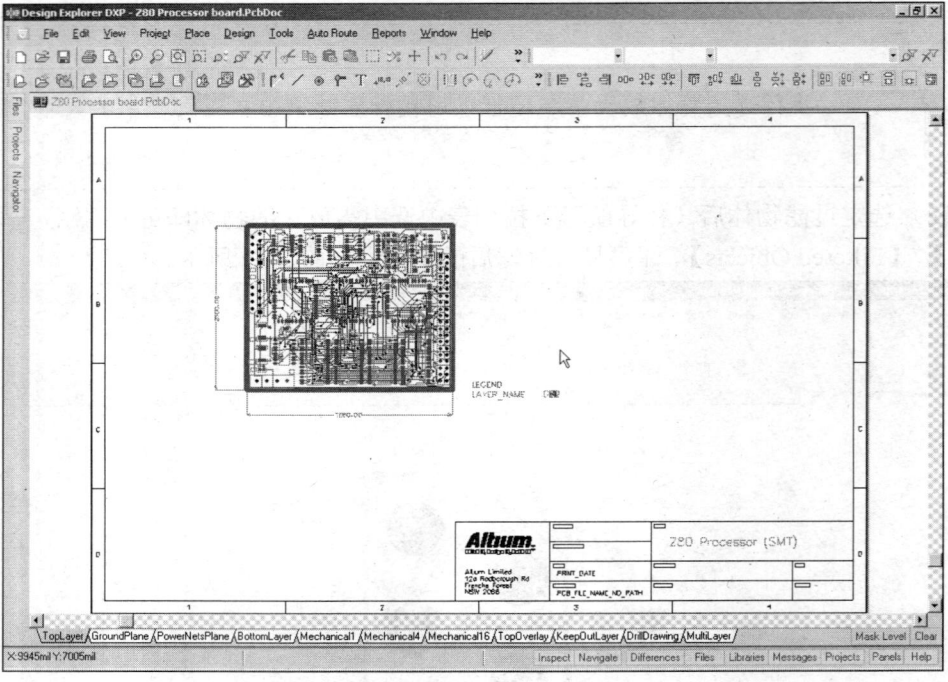

图5-20　显示整个图形文件

5.2.7　显示整张图纸

执行菜单命令【View】/【Fit Sheet】，即可显示整张图纸，如图 5-21 所示。

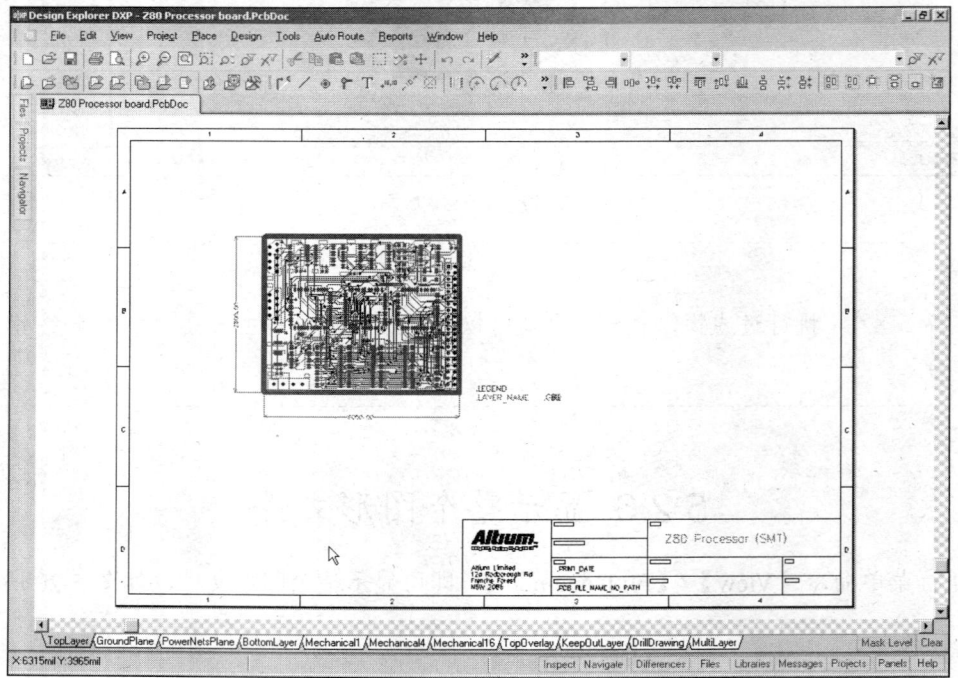

图5-21　显示整张图纸

5.2.8 显示整个电路板

Protel DXP 不仅可以显示整个图形文件和整张图纸，而且可以在工作窗口中显示整个 PCB。执行菜单命令【View】/【Fit Board】，即可在工作窗口中显示整个 PCB，如图 5-22 所示。

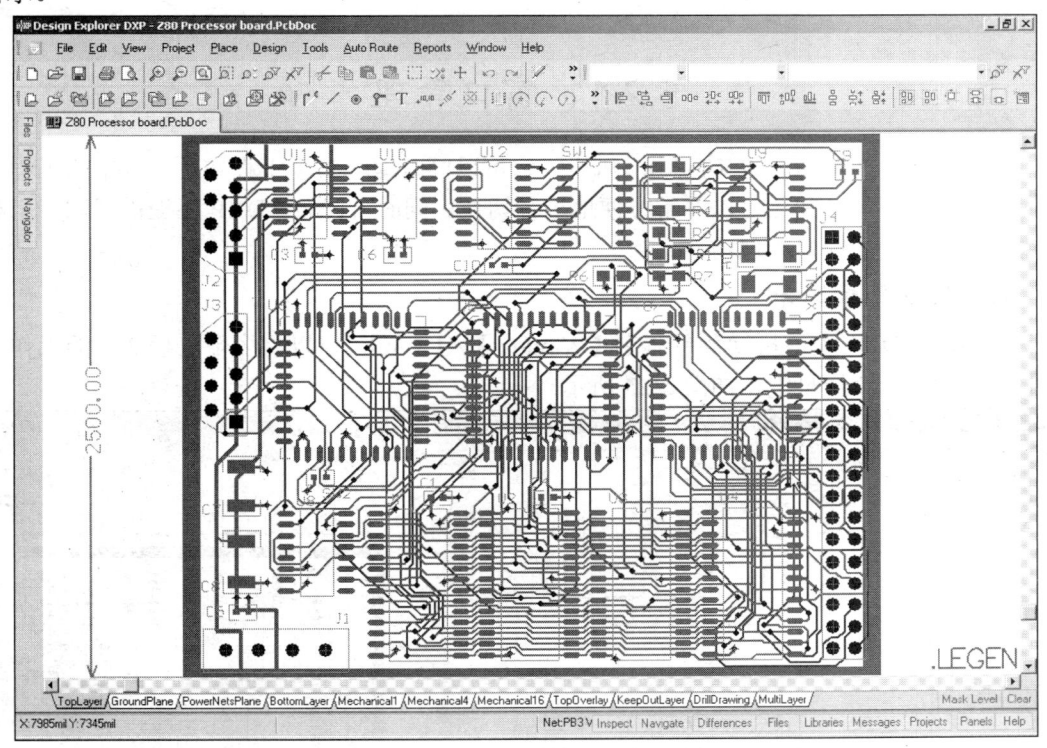

图5-22　显示整个 PCB

5.2.9 利用上一次显示比例显示

在对界面缩放和移动的过程中，有时需要恢复上一次界面的显示，这时可以执行菜单命令【View】/【Zoom Last】。

如果图纸的尺寸较大，移动界面还可以采用这种方法：利用快捷键 PageDown 或执行菜单命令【View】/【Fit Board】将整个 PCB 显示在工作窗口中，然后将鼠标指针放在用户需要观察的图纸局部线路图上，按 PageUp 快捷键，将界面放大，直到可以清楚观看线路图为止。这种方法是非常方便快捷的，在 PCB 的设计中经常用到，用户必须熟练掌握。

5.2.10 刷新界面

设计时用户可能会发现，在滚动界面、移动元器件等操作后，有时会出现界面上显示残留斑点、线段或图形变形等问题，为了保证界面不影响设计工作的进行，可以通过执行菜单命令【View】/【Refresh】来刷新界面。

Protel DXP 实用教程

> 刷新界面还可以使用快捷键 End，快捷键的使用既可以在空闲状态下进行，也可以在命令状态下进行。

5.2.11 窗口管理

Protel DXP 具有真正的 Windows 风格，它可以同时编辑多个工程文件，在不同工程文件下多个文件窗口之间还可以非常方便地进行切换。同时，Protel DXP 还提供了同一工程文件下不同文件的窗口管理功能。

1. 窗口平铺显示

在 Protel DXP 中，执行菜单命令【Window】/【Tile】，可以将多个工程文件的工作窗口平铺显示在一个屏幕中，如图 5-23 所示。

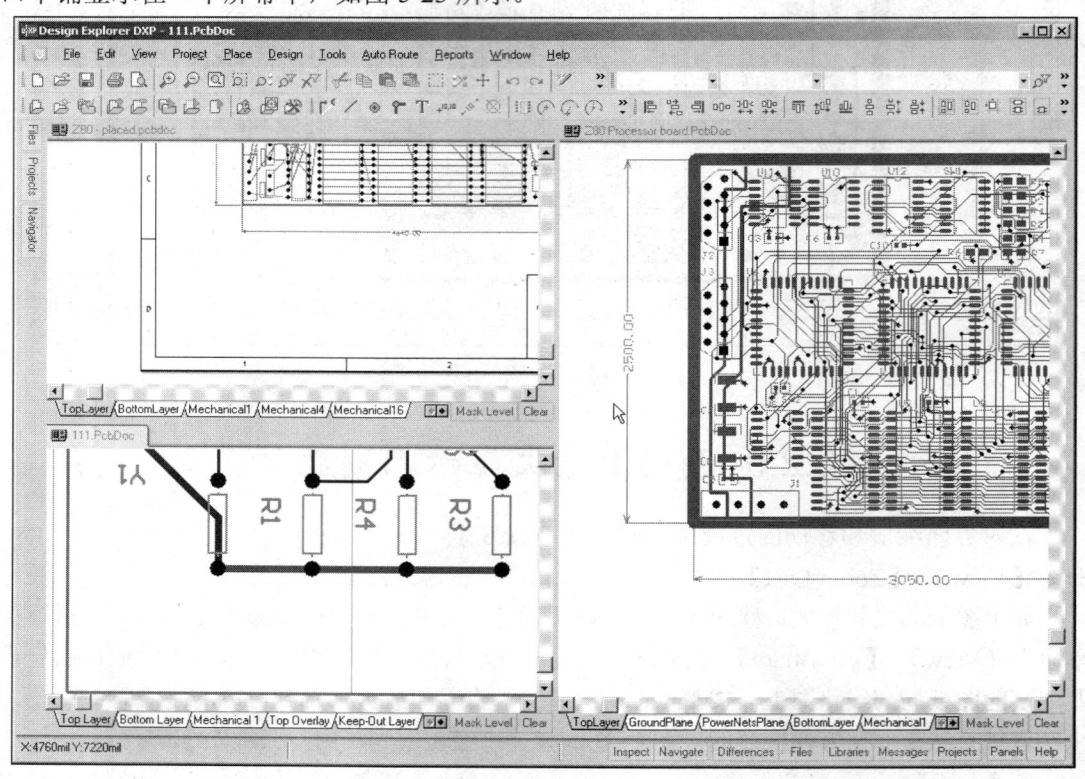

图5-23 窗口平铺显示

2. 窗口水平层叠显示

在 Protel DXP 中，执行菜单命令【Window】/【Tile Horizontally】，可以将多个工程文件的工作窗口水平层叠显示在一个屏幕中，如图 5-24 所示。

第 5 章 印制电路板设计系统

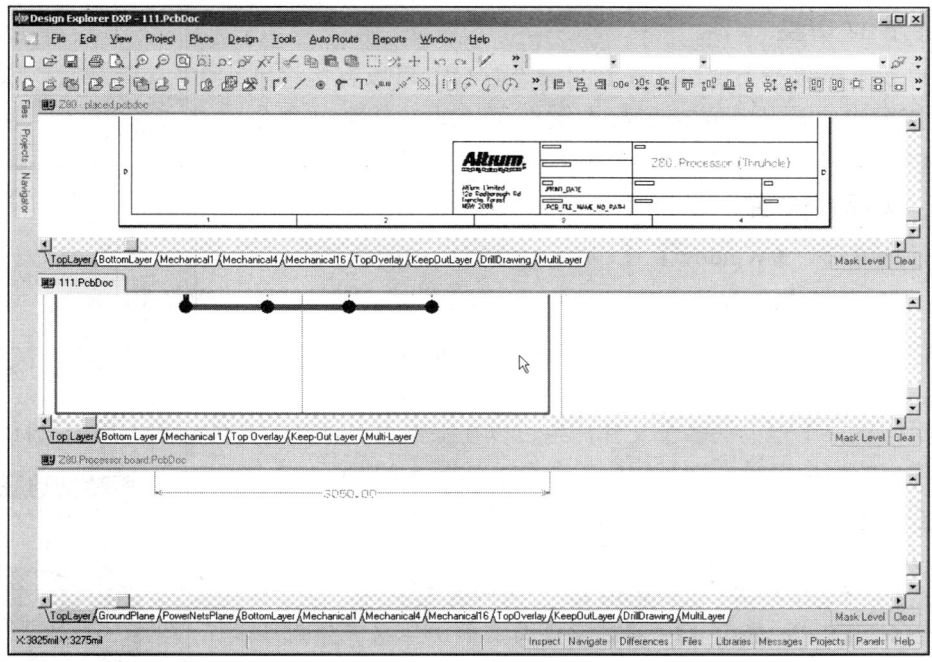

图5-24 窗口水平层叠显示

3. 窗口垂直层叠显示

在 Protel DXP 中，执行菜单命令【Window】/【Tile Vertically】，可以将多个工程文件的工作窗口垂直层叠显示在一个屏幕中，如图 5-25 所示。

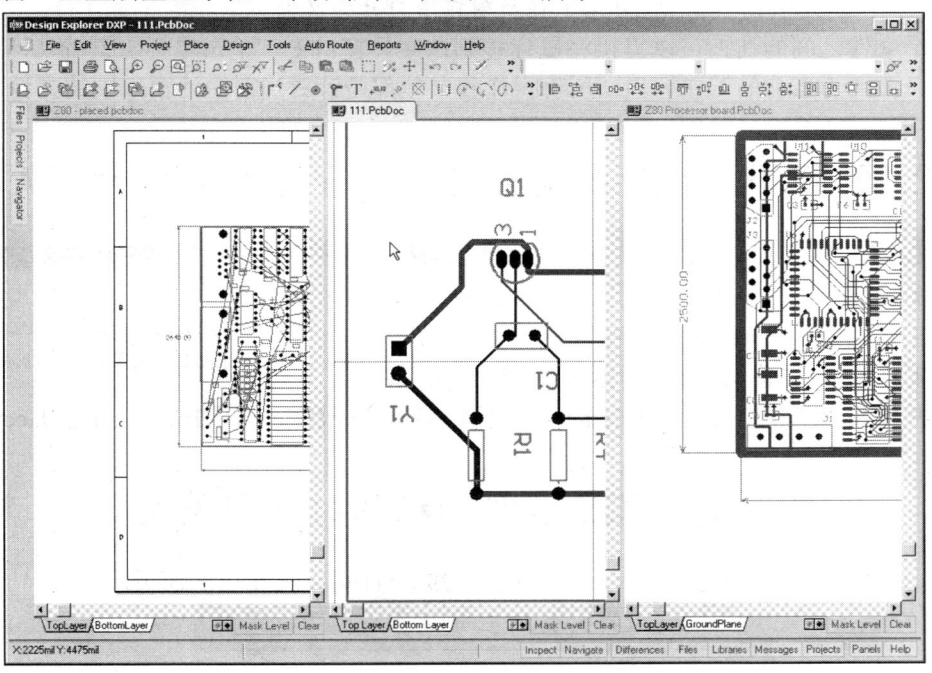

图5-25 窗口垂直层叠显示

无论处于哪一种显示方式，Protel DXP 所有命令菜单均是针对当前激活窗口的。

4. 窗口切换

用户如果想从一个窗口切换到另一个窗口，可以直接将鼠标移到该窗口内，然后单击鼠标左键即可，或者从菜单命令【Window】中用鼠标选中所要的窗口，如图 5-26 所示。

5. 关闭所有窗口

执行菜单命令【Window】/【Close All】可以关闭所有窗口。

6. 关闭所有文件

执行菜单命令【Window】/【Close Documents】可以关闭所有文件。

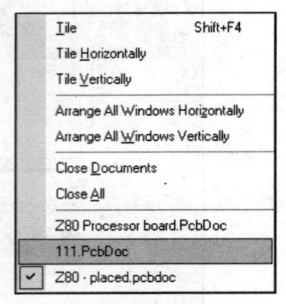

图5-26 窗口切换

对不同设计工程内的多个文件，也可以在工作窗口顶部的文件标签上单击鼠标右键，然后在弹出的快捷菜单中选择相应的命令，如图 5-27 所示。

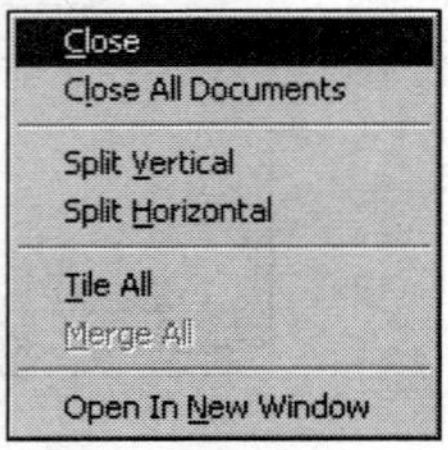

图 5-27 所示的菜单中各个命令功能如下。

- ❖ 【Close】：关闭该文件。
- ❖ 【Close All Documents】：关闭所有文件。
- ❖ 【Split Vertical】：将该文件与其他文件垂直分割显示。
- ❖ 【Split Horizontal】：将该文件与其他文件水平分割显示。
- ❖ 【Tile All】：显示所有打开的文件。
- ❖ 【Merge All】：隐藏所有文件。平时该命令选项处于禁止状态，当工作窗口处于分割显示或显示所有文件时，该命令选项变为允许状态。
- ❖ 【Open In New Window】：在新窗口中打开该文件。

图5-27 窗口管理菜单

各个文件之间的切换可以直接将鼠标移到该文件窗口中，单击鼠标左键确认即可将该文件窗口激活为当前的工作窗口。所有操作和菜单都是针对当前激活窗口中的文件。

5.2.12 PCB 各工具栏、状态栏、命令行的打开与关闭

PCB 设计系统的工具栏、状态栏、命令行的打开与关闭和原理图设计系统完全相同，这里只对 PCB 设计系统所用到的放置工具栏（Placement）的打开与关闭做一下简单的介绍。

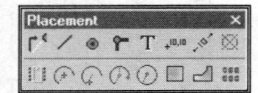

图5-28 放置工具栏（Placement）

放置工具栏（Placement）如图 5-28 所示。

打开或关闭放置工具栏（Placement）可执行菜单命令【View】/【Toolbars】/【Placement】。

5.2.13 PCB 各种面板的打开与关闭

单击工作窗口右下角的面板按钮（见图 5-29），即可弹出相应的面板。

图5-29 面板按钮

用户还可以在工作窗口任何位置单击鼠标右键，在弹出的面板内选择相应的命令，可以弹出常用的面板，如图 5-30 所示。

第 5 章 印制电路板设计系统

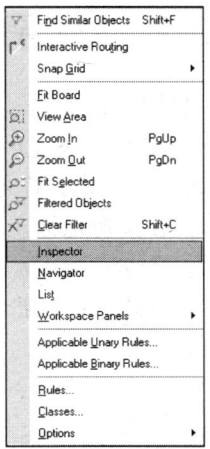

图5-30 命令标签

此外,还可以执行菜单命令【View】/【Workspace Panels】,也可弹出相应的命令标签。

5.3 PCB 放置工具栏的介绍

Protel DXP PCB 的绘图工具都包括在放置工具栏(Placement)中。

放置工具栏中各个按钮的功能都可以通过执行相应的菜单命令来实现。菜单【Place】和【EDIT】中的各菜单命令分别与放置工具栏中各个按钮的功能一一对应,如图 5-31 所示。

放置工具栏中各按钮功能和相应的菜单命令如下。

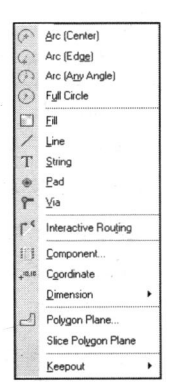

图5-31 【Place】菜单

- ❖ : 绘制导线。对应的菜单命令为【Place】/【Interactive Routing】。
- ❖ : 画线。对应的菜单命令为【Place】/【Line】。
- ❖ : 放置焊盘。对应的菜单命令为【Place】/【Pad】。
- ❖ : 放置过孔。对应的菜单命令为【Place】/【Via】。
- ❖ : 放置字符串。对应的菜单命令为【Place】/【String】。
- ❖ : 放置位置坐标。对应的菜单命令为【Place】/【Coordinate】。
- ❖ : 放置尺寸标注。对应的菜单命令为【Place】/【Dimension】。
- ❖ : 设置坐标原点。对应的菜单命令为【Edit】/【Origin】/【Set】。
- ❖ : 放置元器件。对应的菜单命令为【Place】/【Component】。
- ❖ : 中心法画圆弧。对应的菜单命令为【Place】/【Arc (Center)】。
- ❖ : 边缘法画圆弧。对应的菜单命令为【Place】/【Arc (Edge)】。
- ❖ : 边缘法画圆弧。对应的菜单命令为【Place】/【Arc (Any Angle)】。
- ❖ : 圆。对应的菜单命令为【Place】/【Full Circle】。
- ❖ : 放置矩形填充。对应的菜单命令为【Place】/【Fill】。
- ❖ : 放置多边形填充。对应的菜单命令为【Place】/【Polygon Plane】。
- ❖ : 阵列粘贴。对应的菜单命令为【Edit】/【Paste Special】。

下面我们具体介绍常用按钮的使用方法。

5.3.1 绘制导线

Protel DXP 中绘制导线的方法和具体步骤如下。

(1) 单击放置工具栏中的 按钮或执行菜单命令【Place】/【Interactive Routing】，光标变成十字形状，即可进入绘制导线的命令状态。将光标移动到所需绘制导线的起始位置，单击鼠标左键确定导线的起点，然后移动光标，在导线的终点处单击鼠标左键，再次单击鼠标右键，即可绘制出一段直导线。

(2) 如果绘制的导线为折线，则需在导线的每个转折点处单击确认，重复上述步骤，即可完成导线的绘制，如图 5-32 所示。

(3) 绘制完一条导线后，系统仍处于绘制导线的命令状态，可以按上述方法继续绘制其他导线，最后单击鼠标右键或按 Esc 键，即可退出绘制导线命令状态。导线绘制完成后，当用户对导线不是十分满意的时候，可以做适当的调整。调整方法为用鼠标左键单击待修改的导线，然后将光标放到导线上，如图 5-33 所示，出现十字箭头光标后可以拉动导线，与之相连的导线随着移动；这时如果将光标放到导线的一端，出现双箭头光标后，可以拉长和缩短导线，与之相连的导线不发生变化，如图 5-34 所示。

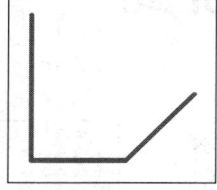
图5-32 绘制导线

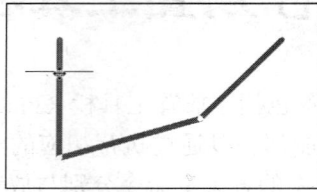
图5-33 移动导线

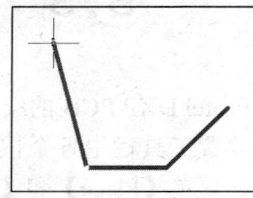
图5-34 拉伸导线

(4) 系统处于绘制导线的命令状态时，按 Tab 键，则会出现导线属性对话框，如图 5-35 所示。在该对话框中可以对导线的宽度（Trace Width）、过孔尺寸（Via Hole Size 和 Via Diameter）和导线所处的层（Layer）等进行设定。在本例中设计规则规定最大线宽和最小线宽均为 "8mil"，如果设定值超出规则的范围，本次设定将不会生效，并且系统会提醒用户该设定值不符合设计规则，如图 5-36 所示。可以单击 Yes 按钮退出本次导线的线宽设定，也可以单击 No 按钮继续设定其他选项。

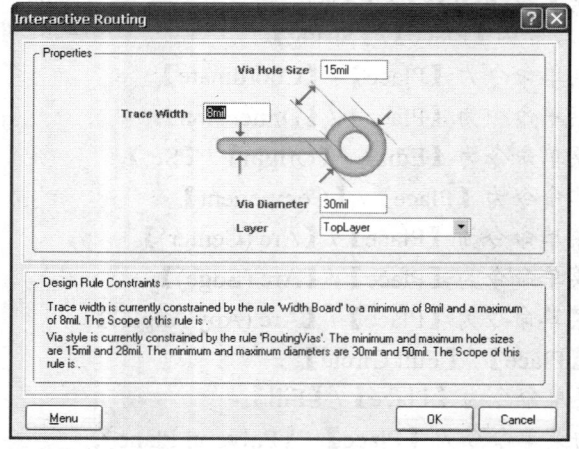
图5-35 导线属性对话框

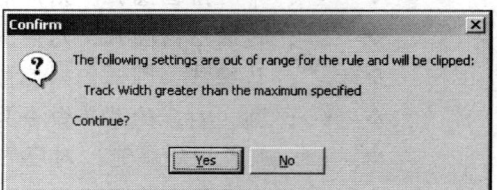
图5-36 线宽超出规则范围提示框

5.3.2 放置焊盘

放置焊盘的操作步骤如下。

(1) 单击放置工具栏中的  按钮或执行菜单命令【Place】/【Pad】。光标变成十字形状，并带着一个焊盘，如图5-37所示。移动光标到需要放置焊盘的位置，单击鼠标确认，即可将一个焊盘放置在光标所在位置。

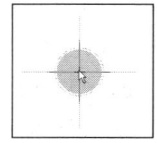

图5-37 执行完放置焊盘命令后的光标状态

(2) 按 Tab 键，系统弹出焊盘属性对话框，如图5-38所示。在该对话框中用户可以对焊盘的孔径大小（Hole Size）、旋转角度（Rotation）、位置坐标（Location）、焊盘标号（Designator）、工作层面（Layer）、网络标号（Net）、电气类型（Electrical Type）、测试点（Testpoint）、镀锡（Plated）、锁定（Locked）、焊盘形状（Shape）、外形尺寸（Size）、锡膏防护层（Paste Mask Expansion）、阻焊层尺寸（Solder Mask Expansions）和焊盘凸起等属性参数进行设定和选择。需要注意的是，设定的线宽和过孔尺寸必须满足设计规则的要求。

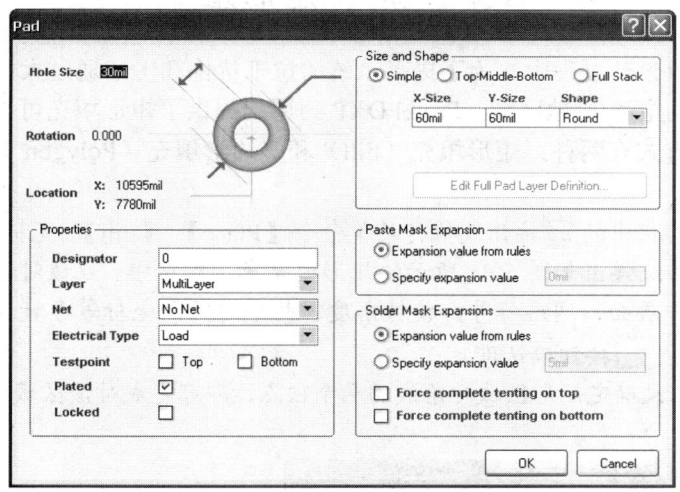

图5-38 焊盘属性对话框

(3) 重复上面的操作，即可在工作平面上放置其他焊盘，直到用户单击鼠标右键退出放置焊盘的命令状态。

5.3.3 放置过孔

放置过孔的方法如下。

(1) 单击放置工具栏中的 按钮或执行菜单命令【Place】/【Via】。光标变成十字形状，并带着一个过孔出现在工作区，如图5-39所示。将光标移动到需要放置过孔的位置，单击鼠标确认，即可将一个过孔放置在光标当前所在的位置。

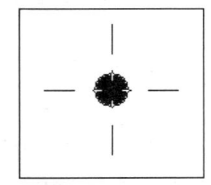

图5-39 执行完放置过孔命令后的光标状态

(2) 按 Tab 键，系统弹出过孔属性对话框，如图 5-40 所示。在该对话框中可以对过孔的直径（Diameter）、孔径大小、位置坐标、起始工作层面（Start Layer）和结束工作层面（End Layer）、网络标号、测试点、锁定、阻焊层尺寸和过孔凸起等属性参数进行设定和选择。

(3) 放置完一个过孔后，系统仍处于命令状态。重复上面的操作，即可在工作窗口中放置更多的过孔，直到用户单击鼠标右键退出放置过孔的命令状态。

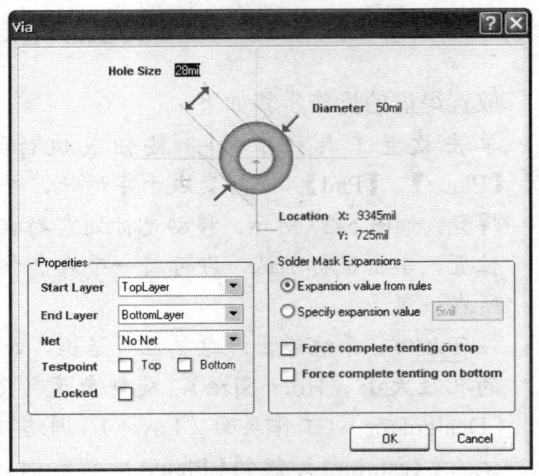

图5-40 过孔属性对话框

5.3.4 放置矩形填充

在印制电路板设计过程中，为了提高系统的抗干扰性和考虑通过大电流等因素，通常需要放置大面积的电源/接地区域。Protel DXP 为用户提供了矩形填充可以用来实现这一功能。通常的填充方式有两种：矩形填充（Fill）和多边形填充（Polygon Plane）。下面介绍矩形填充功能。

(1) 单击放置工具栏中的 按钮或执行菜单命令【Place】/【Fill】，光标变成十字形状。

(2) 按 Tab 键，系统弹出如图 5-41 所示的矩形填充属性对话框。在该对话框中可以对矩形填充所处工作层面、网络标号、旋转角度、两个对角的坐标等参数进行设定。设定完毕后单击 OK 按钮确认即可。

(3) 移动光标，依次确定矩形区域对角线的两个顶点，即可完成对该区域的填充，如图 5-42 所示。

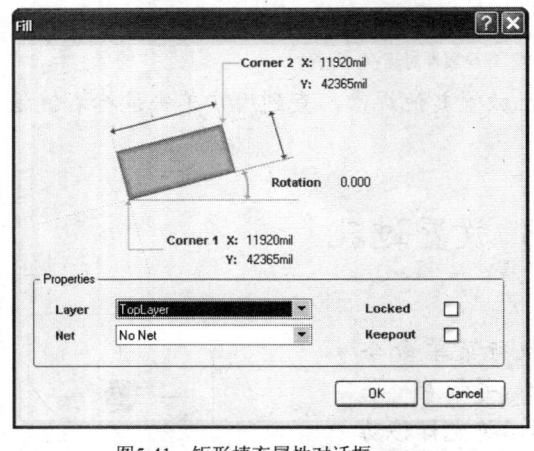

图5-41 矩形填充属性对话框

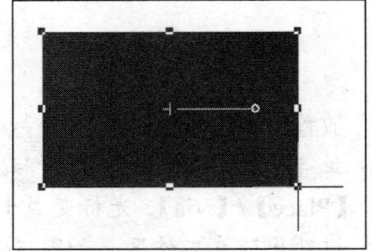

图5-42 放置矩形填充

(4) 继续进行其他的矩形填充，直到单击鼠标右键或按 Esc 键退出命令状态。

5.3.5 放置多边形填充

Protel DXP 提供的另一种填充方式是多边形填充（Polygon Plane），放置多边形填充的具体操作步骤如下。

(1) 单击放置工具栏中的 按钮或执行菜单命令【Place】/【Polygon Plane】，系统弹出如图 5-43 所示的多边形填充属性对话框。

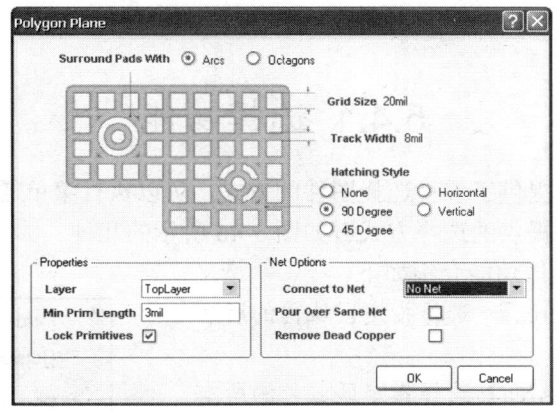

图5-43　多边形填充属性对话框

在该对话框中可以选择与填充连接的网络（Net Options）、填充平面的栅格尺寸（Grid Size）、线宽（Track Width）、所处工作平面、填充方式（Hatching Style）、环绕焊盘方式（Surround Pads With）等参数进行设定。设定好多边形填充参数后，单击 OK 按钮加以确定，此时光标变为十字形状。

(2) 移动光标到适当位置，单击鼠标左键确定多边形的起点，然后移动光标到其他位置，单击鼠标左键，依次确定多边形的其他顶点。

(3) 在多边形终点处单击鼠标右键，程序会自动将起点和终点连接起来形成一个多边形区域，同时在该区域内完成填充。

Protel DXP 提供的多边形填充有以下几种方式，如图 5-44 所示。

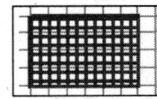 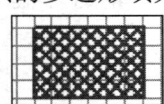 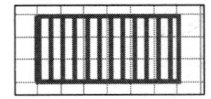 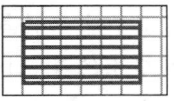 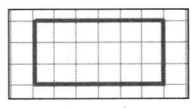

(a) 90 Degree Hatch　　(b) 45 Degree Hatch　　(c) Vertical Hatch　　(d) Horizontal Hatch　　(e) No Hatch

图5-44　多边形填充的几种方式

多边形填充环绕焊盘的两种方式如图 5-45 所示。

另外，在图 5-43 所示的多边形填充属性对话框中有两个复选框，其意义如下。

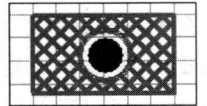 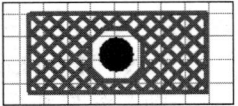

(a) 圆弧 Arcs　　(b) 八边形 Octagons

图5-45　多边形填充环绕焊盘的两种方式

❖ 【Pour Over Same Net】: 在相同网络上覆铜。

❖ 【Remove Dead Copper】: 去除死铜。

一般在用多边形填充时，勾选这两个复选框，一方面可加大相同网络布线的宽度提高过电流和抗干扰能力，另一方面，将死铜去除可以使 PCB 更加美观。

5.4 Protel DXP PCB 的编辑功能

Protel DXP 的印制板设计系统为用户提供了丰富而强大的编辑功能，包括对图件进行选择、取消选择、删除、更改属性和移动等操作，利用这些编辑功能可以非常方便地对 PCB 图进行修改和调整。

5.4.1 选择功能

Protel DXP 为用户提供了多种选择图件的方式，可以执行菜单【Edit】/【Select】下的相应命令。Protel DXP 提供的选择方式有如图 5-46 所示的几种。

各种选择方式的具体功能介绍如下。

- ❖ 【Inside Area】：选择指定区域内的所有图件。
- ❖ 【Outside Area】：选择指定区域外的所有图件。【Inside Area】和【Outside Area】命令的执行过程完全一样，不同之处在于【Inside Area】选中的是区域内的所有图件，【Outside Area】选中的是区域外的所有图件。
- ❖ 【Board】：选中整板。
- ❖ 【All】：选择所有的图件。
- ❖ 【Net】：选择指定的网络。
- ❖ 【Connected Copper】：选择信号层（Signal Layer）上的指定网络。
- ❖ 【Physical Connection】：选择指定的物理连接。网络是指具有电气连接关系的所有导线，而连接只是指网络中的某一段导线。

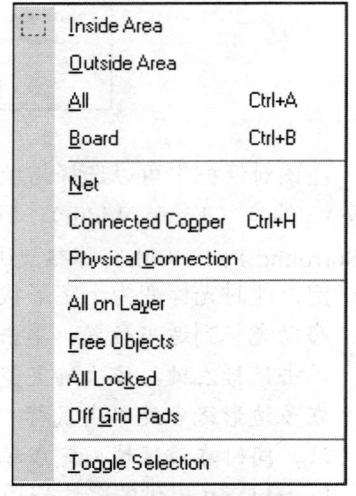

图5-46 Protel DXP 提供的选择方式

- ❖ 【All on Layer】：选择当前工作层面上的所有图件。命令【All】的作用范围是所有的工作层面，而【All on Layer】的作用范围仅限于当前的工作层面。
- ❖ 【Free Objects】：选择除了元器件之外的所有图件，包括独立的焊盘、过孔、线段、圆弧、字符串及各种填充等。
- ❖ 【All Locked】：选择所有处于锁定状态的图件。在图件的属性中，有一个选项是锁定状态（Locked），它可以被选中或不被选中。当执行【All Locked】命令时，所有设定了【Locked】选项的图件将被选中。
- ❖ 【Off Grid Pads】：选择所有不在栅格点上的焊盘。
- ❖ 【Toggle Selection】：逐次选择图件。在该命令状态下，可以用光标逐个选中用户需要的多个图件。该命令具有开关特性，即对某个图件重复执行该命令，可以切换图件的选中状态。

5.4.2 取消选择功能

Protel DXP 为用户提供了多种取消选中图件的方式。执行菜单【Edit】/【DeSelect】下的相应命令,即可弹出如图 5-47 所示的几种取消选择方式。

取消选中图件的各种方式基本上是与前面介绍的选择功能中的方式相对应的。

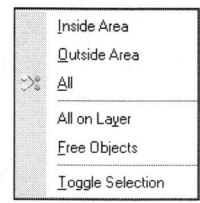

图5-47　Protel DXP 提供的取消选择方式

> 取消所有选择(【Edit】/【DeSelect】/【All】)也可以直接单击主工具栏中的 按钮。此外,将鼠标指针移到图纸空白处单击左键也能取消选中的图件。

5.4.3 删除功能

在印制电路板的设计过程中,经常会在工作窗口内产生某些不必要的图件,这时用户就可以利用 Protel DXP 提供的删除功能。执行菜单命令【Edit】/【Delete】,光标变成十字形状,将光标移到想要删除的图件上,单击鼠标左键,该图件就会被删除。

> 删除单个图件可以用鼠标左键单击选中该图件,按 Delete 键即可,也可按 Ctrl+Delete 快捷键。

5.4.4 更改图件属性

前面在介绍各个放置工具时已经谈到了如何更改图件的属性,但是在设计过程中,经常会对 PCB 图中某个图件的属性进行重新设定,这时则可以执行菜单命令【Edit】/【Change】来实现。

(1) 执行菜单命令【Edit】/【Change】,光标变成十字形状。
(2) 将光标移动到想要更改属性的图件上,单击鼠标左键,则会出现该图件的【Component】属性对话框,如图 5-48 所示。在该对话框中可以对图件的各种属性进行重新设定,如元器件属性、序号属性和文本标注属性等。
(3) 重新设定属性后,单击 OK 按钮,即可完成对该图件属性的更改。
(4) 此时程序仍处于该命令状态,用户可以继续对其他图件的属性进行更改。单击鼠标右键或按 Esc 键即可退出命令状态,回到闲置状态。
(5) 使用同样的方法也可以重新定义某段导线的属性,将光标移动到想要更改属性的导线上,单击鼠标左键则会出现如图 5-49 所示的【Track】属性对话框。

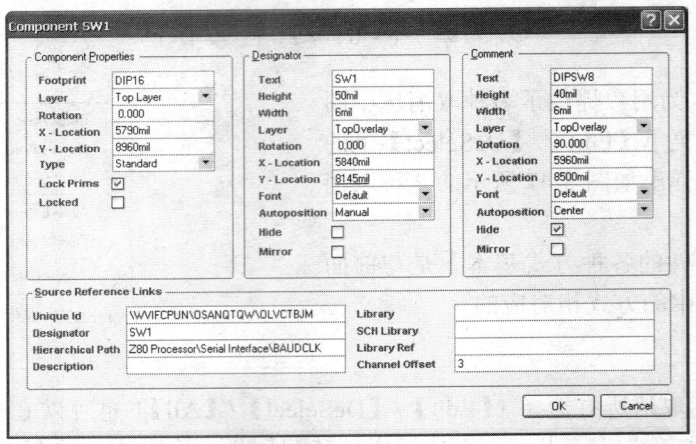

图5-48 【Component】属性对话框

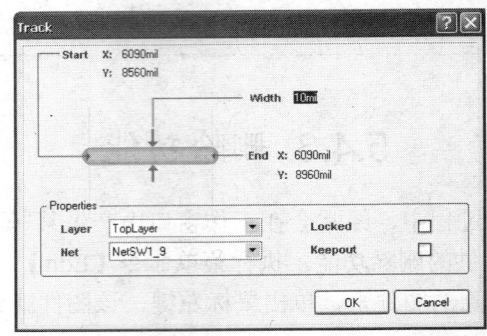

图5-49 【Track】属性对话框

注意　更改图件属性也可以直接双击该图件，然后在相应的属性对话框中进行更改。

5.4.5 移动图件

对 PCB 图进行手工布局和手工调整时不可避免地要移动一些图件，这是用户在设计过程中常用的操作。Protel DXP 为用户提供了多种移动方式，执行菜单命令【Edit】/【Move】，系统弹出如图 5-50 所示的多种移动方式。

各种移动方式的具体功能介绍如下。

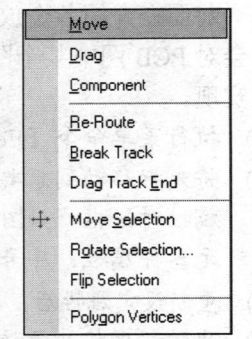

❖ 【Move】：只移动一个图件。该命令只移动单一的图件，而与该图件相连的其他图件不会随着移动，仍留在原来的位置。例如，用该命令移动一个元器件，则与该元器件相连的导线不会随元器件一起移动。请注意，这样可能会使原来的连接关系发生改变。

图5-50 【Move】功能的多种方式

❖ 【Drag】：拖动一个图件，与【Move】的功能基本相同。
❖ 【Component】：移动元器件。

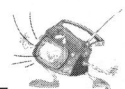

- ❖ 【Re-Route】：重新布线。在该命令状态下，用光标选中某条线段后，拖动鼠标，线段的两个端点固定不动，而其他部分随着光标移动。拖动线段到适当的位置，单击鼠标左键，可以放置线段的一边，另一边仍处于拖动状态。单击鼠标右键可以退出拖动状态，再次单击鼠标右键则退出该命令状态。
- ❖ 【Break Track】：拖动线段。执行该命令时，线段的两个端点固定不动，其他部分随着光标移动，这与【Re-Route】命令类似。不同之处在于当拖动线段到达新位置，单击鼠标左键确定线段的新位置后，线段均处于放置状态。
- ❖ 【Drag Track End】：拖动线段。该命令是使线段的一个或两个端点固定不动，其他部分随光标的移动而移动，单击鼠标左键确定线段的新位置后，线段均处于放置状态。
- ❖ 【Move Selection】：移动已选中的图件。
- ❖ 【Rotate Selection】：旋转已选中的图件。
- ❖ 【Flip Selection】：颠倒已选择的图件。
- ❖ 【Polygon Vertices】：移动多边形填充。

在移动元器件的过程中，与其相连的导线是否随着一起移动，这取决于【Preferences】对话框的【Options】选项卡中【Comp Drag】选项是否设置成为【Connected Tracks】，如图 5-51 所示。

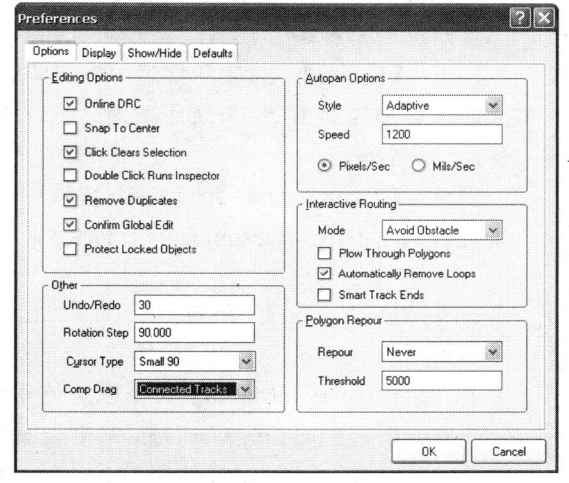

图5-51 设置【Comp Drag】选项

5.4.6 跳转功能

在设计过程中，往往需要快速定位某个特定位置和查找某个图件，这时可以利用 Protel DXP 提供的跳转功能来实现。执行菜单命令【Edit】/【Jump】即可弹出如图 5-52 所示的多种跳转方式。

各种跳转方式的具体功能介绍如下。

- ❖ 【Absolute Origin】：跳转到绝对原点。绝对原点即系统坐标系的原点。
- ❖ 【Current Origin】：跳转到当前原点。当前原点即用户自定义坐标系的原点。

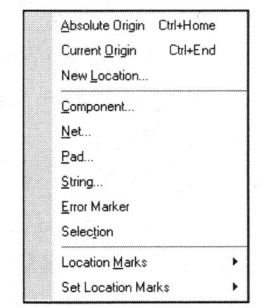

图5-52 Protel DXP 提供的多种跳转功能

- ❖ 【New Location】：跳转到指定的坐标位置。执行该菜单命令后，会出现如图 5-53 所示的对话框，要求输入所要跳转到的坐标值。
- ❖ 【Component】：跳转到指定的元器件。执行该菜单命令后，会出现如图 5-54 所示的对话框，要求输入所要跳转到的元器件序号。

❖ 【Net】：跳转到指定的网络。执行该菜单命令后，会出现如图 5-55 所示的对话框，要求输入所要跳转到的网络名称。

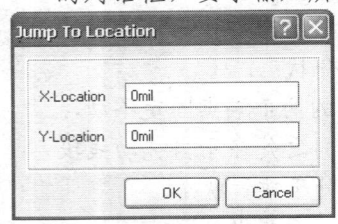

图5-53 输入坐标位置对话框

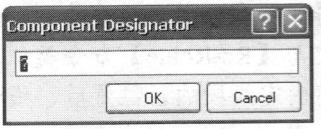

图5-54 输入元器件序号对话框

图5-55 输入网络名称对话框

❖ 【Pad】：跳转到指定的焊盘。执行该菜单命令后，会出现如图 5-56 所示的对话框，要求输入所要跳转到的焊盘对应的引脚编号。

❖ 【String】：跳转到指定的字符串。执行该菜单命令后，会出现如图 5-57 所示的对话框，要求输入所要跳转到的字符串。

图5-56 输入引脚编号对话框

❖ 【Error Marker】：跳转到错误标志处。该功能可以跳转到由 DRC（Design Rule Check）而产生错误的标志处。

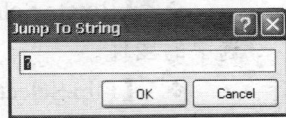

图5-57 输入字符串对话框

❖ 【Selection】：跳转到所选择的图件。

❖ 【Location Marks】：跳转到位置标志处。该命令须与【Set Location Marks】命令配合使用。

❖ 【Set Location Marks】：放置位置标志。

在 Protel DXP 中，利用导航器（Navigator）可以更加快捷准确地跳转到相应的图件处，如图 5-58 所示。

单击导航器上部（Components）右边的下拉按钮，可弹出如图 5-59 所示的导航器菜单。

❖ 【Nets】：工作窗口中处于激活状态下的 PCB 文件的所有网络标号。

❖ 【Components】：工作窗口中处于激活状态下的 PCB 文件的所有元器件。

❖ 【Rules】：工作窗口中处于激活状态下的 PCB 文件的设计规则。

❖ 【From-To Editor】：工作窗口中处于激活状态下的 PCB 文件的通孔编辑器。

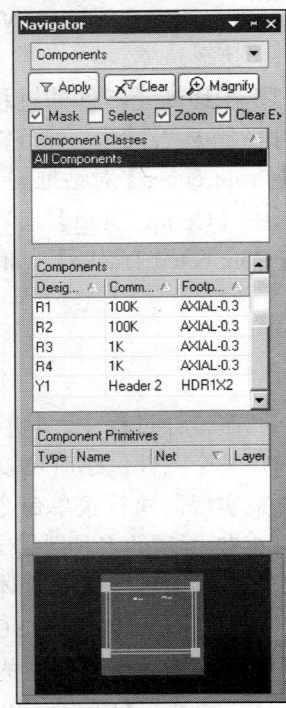

❖ 【Split Plane Editor】：分割内电层编辑器。

图5-58 导航器

如图 5-59 所示，在导航器菜单选项中选择【Components】命令，则导航器下部区域将会显示该 PCB 文件的所有元器件。将鼠标移到（Components）标题栏内相应的元器件序号上，单击鼠标左键，工作窗口中即可显示相应的元器件，如图 5-60 所示。

图5-59 导航器菜单选项

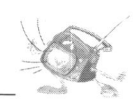

第 5 章 印制电路板设计系统

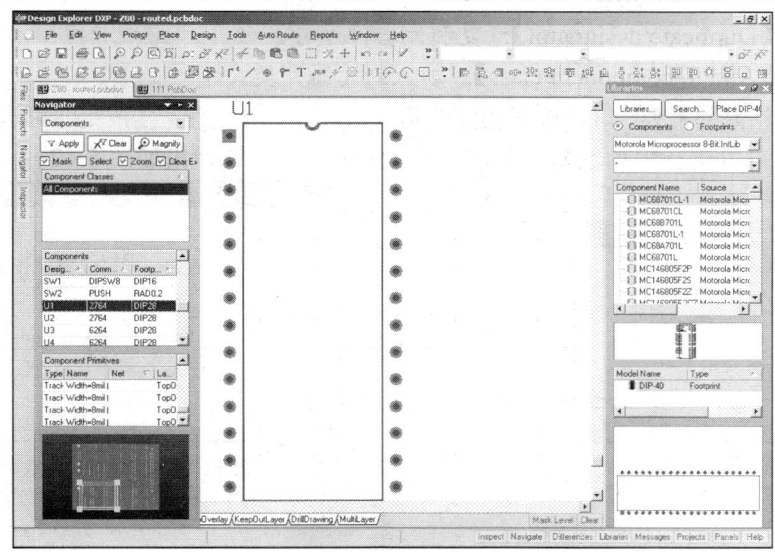

图5-60 利用导航器实现跳转

采用同样的操作方法可以实现指定网络的跳转。

5.5 其他操作命令

在编辑菜单【Edit】中还有其他一些操作命令，下面我们做简单介绍。

- ❖ 撤销操作：执行菜单命令【Edit】/【Undo】可以撤销上一次的操作。
- ❖ 重做操作：执行菜单命令【Edit】/【Redo】可以重做上一次撤销的操作。

单击主工具栏中的按钮 也可以实现撤销功能，单击按钮 则可以实现重做功能。

撤销或重做操作对选择（Select）或取消选择（DeSelect）命令无效。

- ❖ 剪切：菜单命令【Edit】/【Cut】用于对所选择的图件进行剪切操作。剪切下来的图件将被放置在剪切板中，可以使用菜单命令【Edit】/【Paste】将剪切下来的内容粘贴到其他地方。这与 Windows 中的剪切功能相同。
- ❖ 复制：菜单命令【Edit】/【Copy】用于复制所选择的图件，这与 Windows 中的复制功能相同。
- ❖ 粘贴：菜单命令【Edit】/【Paste】用于将剪贴板中的内容复制到指定位置，这与 Windows 中的粘贴功能相同。
- ❖ 特殊粘贴：菜单命令【Edit】/【Paste Special】用于将剪贴板中的内容根据特殊的要求复制到指定位置。

执行菜单命令【Edit】/【Paste Special】，可弹出如图 5-61 所示的对话框。

- ❖ 【Paste on current layer】：粘贴在当前层。
- ❖ 【Keep net name】：保留网络标号。

- ❖ 【Duplicate designator】：复制元器件序号。
- ❖ 【Add to component class】：加入到元器件类。

用户根据粘贴的需要，可以选择相应的粘贴选项，单击 Paste 按钮即可进行粘贴操作。此外，还可以进行阵列粘贴，单击 Paste Array... 按钮，系统弹出如图5-62所示的对话框。

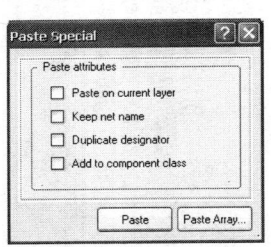

图5-61　特殊粘贴对话框

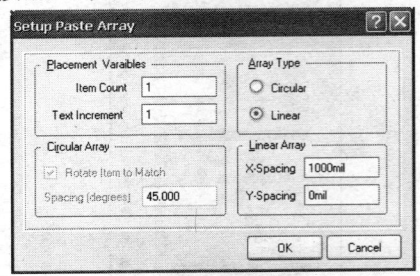

图5-62　设置阵列粘贴参数

小　结

本章主要讲述了印制电路板编辑器的基本操作知识，使读者在真正进入PCB设计之前能够掌握PCB编辑器的基本操作知识，为后面PCB的设计打下坚实的基础。

详细介绍了如何利用Protel DXP的PCB文件生成向导创建一个空白的PCB文件。

（1）介绍了PCB编辑器强大的界面管理功能，熟练掌握界面管理的知识对PCB的设计者十分重要。

（2）详细介绍了放置工具栏中各种放置命令的使用方法，使用户能够快速掌握放置工具栏的使用。

（3）介绍了PCB编辑器的选择、拖动、删除和更改图件属性等功能。

（4）介绍了编辑菜单【Edit】中常用的剪切、复制、粘贴和特殊粘贴等功能。

习　题

简答题

1. 如何创建一个空白的PCB文件？
2. 界面管理功能包括哪些功能？界面放大、缩小的快捷键是什么？如何运用？
3. 如何对指定区域进行放大？如何利用导航器小窗口快速移动界面？
4. 请说明放置工具栏中 、 、 和 按钮的作用是什么？它们各自对应的菜单命令又是什么？
5. 如果要选择指定区域内的所有图件，应该执行什么菜单命令？其具体操作步骤是什么？取消选择可以利用主工具栏中的哪个按钮？
6. 如何旋转一个元器件？
7. 怎样利用跳转功能快速找到工作平面上所需的元器件？
8. 怎样进行阵列粘贴？

第 6 章 PCB 的制作

通过前面的学习，读者已基本掌握了印制电路板设计系统的基本操作方法，已经具备了绘制简单 PCB 所必备的知识。从本章开始，我们将进入真正的印制电路板设计殿堂，让您领略 Protel DXP 强大的设计和管理功能。

学习目标
- ◎ 熟悉 Protel DXP 布线的流程。
- ◎ 掌握设置电路板工作层面的方法。
- ◎ 掌握设置环境参数的方法。
- ◎ 掌握规划电路板的方法。
- ◎ 熟悉准备电路原理图和网络表的方法。
- ◎ 了解网络表与元器件封装的装入方法。
- ◎ 熟悉元器件布局。
- ◎ 掌握自动布线的方法。
- ◎ 掌握电路板的手工调整方法。
- ◎ 掌握覆铜的方法。
- ◎ 掌握设计规则检测（DRC）的方法。
- ◎ 掌握 PCB 文件的打印与输出。

6.1 Protel DXP 布线的流程

总的来说，印制电路板的设计流程基本上可划分为以下几个步骤，如图 6-1 所示。下面我们具体介绍各个步骤。

1. 准备原理图和网络表

在本书前面的原理图设计章节中，已经较为详细地介绍了原理图的绘制方法和网络表文件的生成。网络表正是印制电路板自动布线的关键，更是联系原理图和 PCB 图的桥梁和纽带。

2. 规划电路板

电路板的规划包括电路板是选择单面板、双面板或者多面板，电路板的尺寸，电路板与外界的接口形式，选择具体接插件的封装形式，以及接插件的安装位置和电路板的安装方式等。其实考虑到设计并行性，我们更加提倡电路板的规划工作有一部分应当放在原理图绘制之前，比如电路板类型的选择、电路板的接插件和安装形式等。用户在电路板的设计过程中，千万不能忽视这一步工作，否则有的后续工作将没法进行。

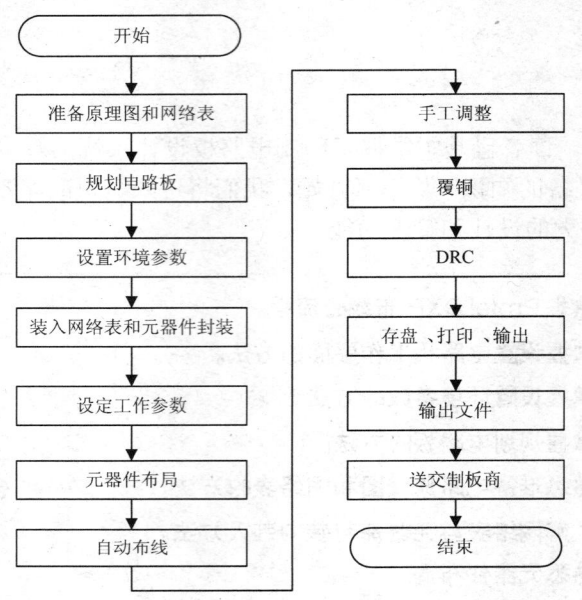

图6-1　印制电路板设计流程

3. 设置环境参数

启动 Protel DXP 的印制电路板编辑器后，用户可以根据习惯定制 PCB 编辑器的环境参数，包括栅格大小、光标捕捉区域的大小、公制／英制转换和工作层面的显示等，总之，环境参数的设定应以个人习惯为原则。

4. 装入网络表和元器件封装

网络表是连接原理图编辑器与 PCB 编辑器之间的桥梁和纽带，是自动布线的关键。布线工作也因网络表的存在而变得简单，同时也提高了布线的准确性。

元器件封装形式代表着元器件的实物外形引脚关系，与原理图编辑器内的元器件图形符号一一对应，是 PCB 布线中必不可少的。因此，在装入 PCB 的网络表和元器件封装之间，必须先装入元器件库，否则在网络和元器件的导入过程中，将会出错，这一点用户必须引起足够重视。

5. 设定工作参数

在 Protel DXP 中，印制电路板编辑器为 PCB 的工作层面提供了强大的管理功能，采用图层堆栈管理方式，如图 6-2 所示。

6. 元器件布局

元器件布局应当从机械结构、散热、电磁干扰、将来布线的方便性等方面进行综合考虑。

第 6 章　PCB 的制作

先布置与机械尺寸有关的器件，然后是大的占位置的元器件和电路的核心元器件，再是外围的小元器件。

7. 自动布线与手工调整

Protel DXP 在印制电路板的自动布线上引入了人工智能技术，取得了令人瞩目的成就。PCB 编辑器内的自动布线系统，采用 SITUS 拓扑算法，用户只需进行简单、直观的设置，在布线过程中，Protel DXP 的自动布线器会根据用户设置的设计规则和自动布线规则选择最佳的布线策略，使印制电路板的设计尽可能完美。

但是在特殊情况下，自动布线往往很难满足设计要求，这时就需要进行手工调整，以满足设计要求。

其实在比较复杂的电路板中，考虑到电气特性的要求、干扰等因素，我们经常采用手工布局和手工布线。

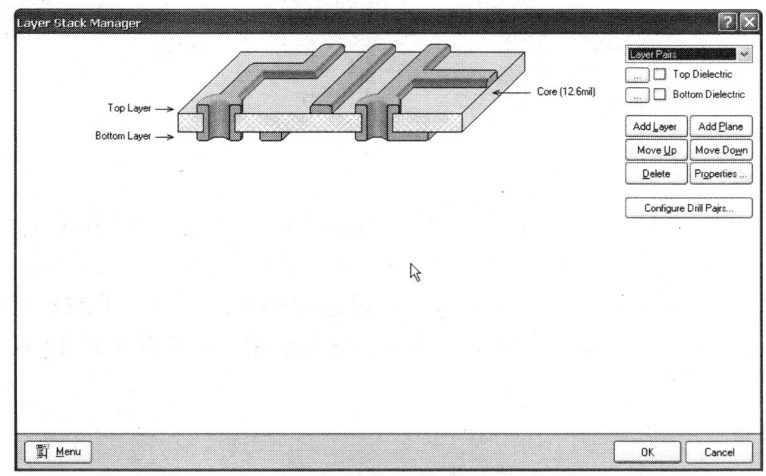

图6-2　图层堆栈管理器

8. 覆铜

对各布线层中放置地线网络进行覆铜，以增强 PCB 抗干扰的能力；另外，需要过大电流的地方也可采用覆铜的方法来加大过电流的能力。

9. DRC

对布线完毕后的电路板做 DRC，以确保板图符合设计规则，所有的网络均已正确连接。

10. 印制电路板文件的保存、打印和输出

在电路板设计完成后，还有许多后续工作需要完成，比如将设计工程存档、打印出图等工作。

11. 导出文件

在 PCB 完成后，可以导出元器件明细表，生成电子表格文档，以做备货用的元器件清单。此外，还应当将 PCB 图导出，送交制板商制作。

12. 送交制板商

可以通过 Internet 发 E-mail 给制板加工厂，也可以拷盘给厂商，应当注明板的材料、厚度、数量和有特殊要求的地方。

6.2 设置电路板的工作层面

下面简要介绍电路板的结构。

6.2.1 电路板的结构

在进行电路板的设计之前，了解电路板的基本结构是非常必要的。一般根据板层的多少可将印制电路板分为单面板、双面板和多层板 3 种结构，图 6-3 所示为一个 4 层板结构。

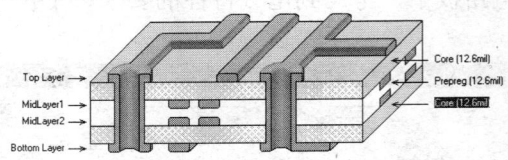

图6-3 电路板结构示意图

1. 单面板

单面板为一层的电路板，根据用户具体的设计要求可能是顶层（Top Layer），也可能是底层（Bottom Layer）。单面板的设计一般具有电路简单，连线较少的特点，只有一面覆铜和有焊盘，元器件一般插在没有覆铜的一面，以方便焊接。因此，单面板具有成本低、布线简单、布大过孔的特点。需要提醒用户的是：它只适用于布线简单的 PCB 设计，否则会给布线带来极大的困难。

2. 双面板

双面板是常见一种 PCB，它包括两个信号层，顶层（Top Layer）和底层（Bottom Layer），两层均覆铜，中间为绝缘层，双面都可以布线，两层间的走线用过孔相连。因为双面都可以走线，大大降低了布线的难度，因此是一种广泛采用的印制电路板。

3. 多层板

对于比较复杂或有特殊要求的印制电路板，普通的双面板已经很难胜任了，这时一般采用多层板进行设计。

多层板包括了多个工作层面，它是在双面板的基础上，增加了内部电源层和接地层，以及多个中间信号层复合而成的，一般指的是 4 层板和 4 层以上的印制电路板。随着电子技术的发展，电路的集成度越来越高，电路变得越来越复杂，使得多层板的运用越来越广泛。

6.2.2 工作层面类型说明

Protel DXP 提供了若干个不同类型的工作层面，包括信号层、内部电源／接地层、机械层等，对于不同层面需要进行不同的操作。在设计印制电路板时，用户必须对工作层面进行管理，并且根据自己的习惯定制一个自己喜欢的工作层面。Protel DXP 为用户提供了多达 72 层的工作层面，主要有以下几种类型。

1. 信号层（Signal Layers）

在 Protel DXP 中共有 32 个信号层，主要包括【Top Layer】、【Bottom Layer】、【Mid Layer1】、【Mid Layer2】…【Mid Layer30】等。

信号层主要是用来放置元器件和布线的工作层，如【Top Layer】为顶层覆铜布线层面，【Bottom Layer】为底层覆铜布线层面，它们都可用于放置元器件和布线。【Mid Layer1】～【Mid Layer30】为中间布线层，用于布置信号线等。

2. 内部电源/接地层（Internal Planes）

Protel DXP 提供了 16 个内部电源/接地层【Plane1】～【Plane16】，内部电源/接地层用于布置电源线和地线。

3. 机械层（Mechanical Layers）

Protel DXP 提供了 16 个机械层【Mechanical 1】～【Mechanical 16】。

4. 防护层（Mask Layers）

这一类工作层主要用于保护电路板上不希望镀锡的地方被镀上锡，共包括阻焊层【Solder Mask】和锡膏防护层【Paste Mask】两种。

5. 丝印层（Silkscreen）

Protel DXP 提供了顶层（Top Overlay）和底层（Bottom Overlay）两个丝印层，丝印层主要用于绘制元器件的外形轮廓。

6. 其他工作层面（Other）

Protel DXP 还提供了下列工作层面。

- 【Keep Out Layer】：禁止布线层。
- 【Multi Layer】：设置多层面。
- 【Drill Guide】：钻孔位置。
- 【Drill Drawing】：钻孔图。

除了上述的工作层面外，在工作层面设定对话框中，还可以对以下各项进行设定。

- 【Connections and From Tos】：网络连接预拉线。
- 【DRC Error Markers】：DRC 错误层。
- 【Selections】：选中物体层。
- 【Visible Grid 1】：可视栅格层 1。
- 【Visible Grid 2】：可视栅格层 2。
- 【Pad Holes】：焊盘。
- 【Via Holes】：过孔。
- 【Board Line Color】：PCB 边框线颜色。
- 【Board Area Color】：PCB 区域颜色。
- 【Sheet Line Color】：图纸边框线颜色。
- 【Sheet Area Color】：图纸区域颜色。
- 【Workspace Start Color】：工作窗口起始颜色。
- 【Workspace End Color】：工作窗口结束颜色。

6.2.3 设置工作层面

工作层面的设置一般可分为如图 6-4 所示的几个步骤。

尽管 Protel DXP 为用户提供了多达 72 层的工作层面，但在设计工作中，经常用到的工作层面却是有限的，常用的工作层有顶层、底层、丝印层和禁止布线层等。因此应当对这些工作层面进行管理，使设计过程变得更加有效。Protel DXP 提供了功能强大的图层堆栈管理器，在图层堆栈管理器内可以添加、删除工作层面，还可以更改各个工作层面的顺序。

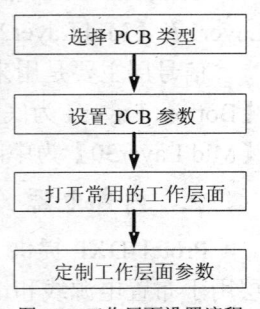

图6-4 工作层面设置流程

此外，在设计过程中往往只打开需要的工作层面，而将当前不需要的工作层面关闭。由于 Protel DXP 系统具有图层堆栈管理的功能，对工作层面设置的操作只对当前图层堆栈管理器中已添加的工作层面有效。

下面首先介绍图层堆栈管理器。

(1) 执行菜单命令【Design】/【Layer Stack Manager】，在弹出的图层堆栈管理器【Layer Stack Manager】对话框中，可以选择或设定工作层面，如图 6-2 所示。

(2) 将鼠标移动到图层堆栈管理器的左下角，单击 Menu 按钮，打开如图 6-5 所示的菜单选项。

- ❖【Example Layer Stacks】：为用户提供了多种具有不同结构的电路板模板，如图 6-6 所示。
- ❖【Add Signal Layer】：添加信号层。
- ❖【Add Internal Plane】：添加内电层。
- ❖【Delete】：删除当前选中的工作层面。
- ❖【Move Up】：将当前选中的工作层面向上移动一层。
- ❖【Move Down】：将当前选中的工作层面向下移动一层。
- ❖【Copy to Clipboard】：复制到剪贴板。
- ❖【Properties】：属性参数设置，选中某一工作层面后，单击该选项可弹出如图 6-7 所示的绝缘层属性对话框。在该对话框中，可以设定绝缘层的材料【Material】、厚度【Thickness】等，为制板厂商提供所需的制板信息。

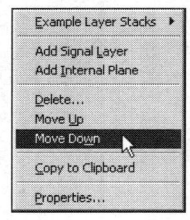
图6-5 【Menu】菜单选项

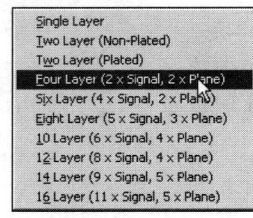
图6-6 电路板结构模板

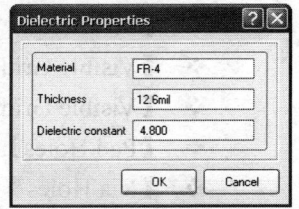
图6-7 绝缘层参数的设定

【Menu】菜单的各选项命令在图层堆栈管理对话框的右上区域都有相应的按钮，用户可以执行【Menu】菜单的相应命令，也可以单击对话框中的命令按钮，其效果都一样。

(3) 在图层堆栈管理对话框设定过程中，用户还可以选择是否为顶层（Top）或底层（Bottom）添加绝缘层，将鼠标移到【Top Dielectric】/【Bottom Dielectric】选项前面的复选框中，单击鼠标左键即可，如图 6-8 所示。

第 6 章 PCB 的制作

(4) 单击 [...] 按钮，在弹出的对话框中还可以修改顶层或底层绝缘层的属性参数，如图 6-9 所示。

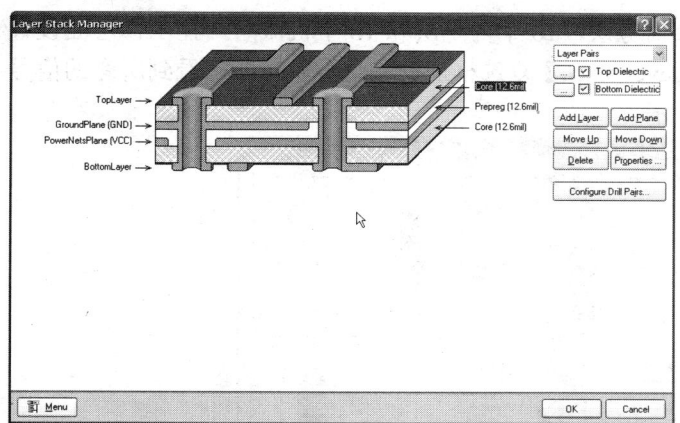

图6-8 为顶层和底层添加绝缘层

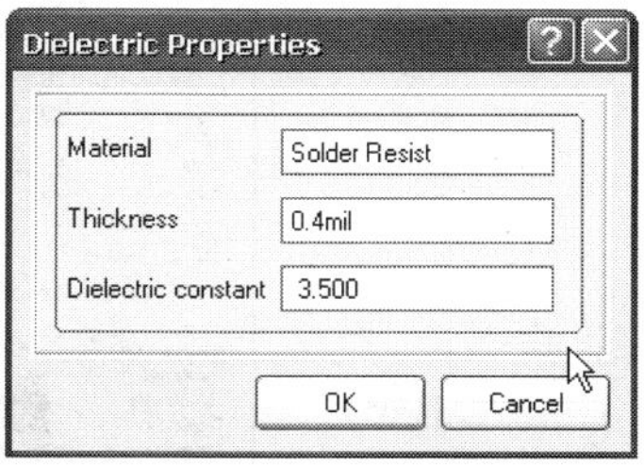

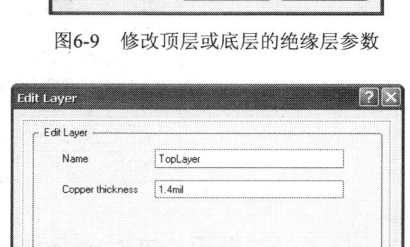

图6-9 修改顶层或底层的绝缘层参数

(5) 将鼠标移到图层堆栈管理器对话框中示意图的相应位置，双击鼠标左键，也可以修改图层属性。

例如，将鼠标移到顶层的名字【Top Layer】上面，双击鼠标左键，在弹出的对话框中即可重新命名顶层的名字，如图 6-10 所示。

(6) 在堆栈管理器对话框中单击 [Configure Drill Pairs...] 按钮，还可以配置钻孔属性，如图 6-11 所示。

图6-10 修改工作层的名字

(7) 在本例中将 PCB 设定为双面板，其他参数均为默认参数。完成图层设置后，单击 [OK] 按钮即可关闭图层堆栈管理器对话框。

设置 Protel DXP 工作层面的操作步骤如下。

(1) 执行菜单命令【Design】/【Board Layer】，即可进入工作层面设定对话框，如图 6-12 所示。

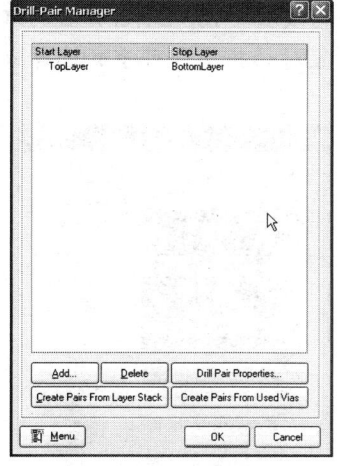

图6-11 配置钻孔属性参数

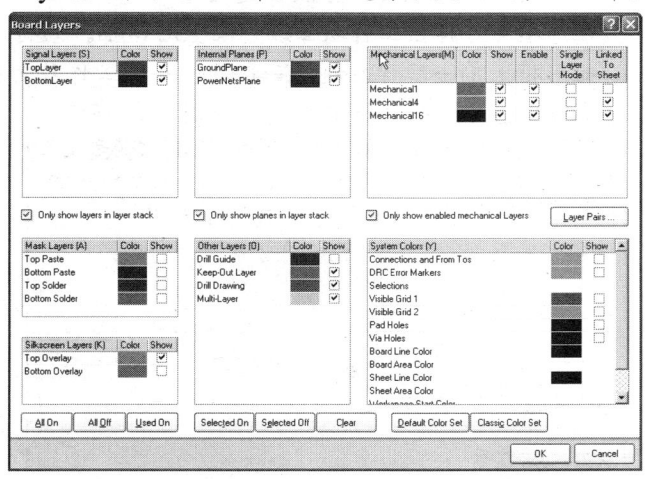

图6-12 工作层面设定对话框

在 Protel DXP 的工作层面设定对话框中，选中如图 6-12 所示的 [Only show layers in layer stack] 复选框，可以只显示图层堆栈管理器中设定的工作层面，这大大方便了用户对工作层面的管理。

一般情况下，电路板设为双面板，所包含的工作层面通常有顶层【Top Layer】、底层

【Bottom Layer】、禁止布线层【Keep-out Layer】、多层面【Multi Layer】、顶层丝印层【Top Overlay】和机械层【Mechanical】。

Protel DXP 为用户提供了 32 个信号层，16 个内电层和 16 个机械层，在工作层面设置对话框中，将【Only show layers in layer stack】复选框前的勾选取消，即可看到所有的信号层、内电层和机械层，如图 6-13 所示。

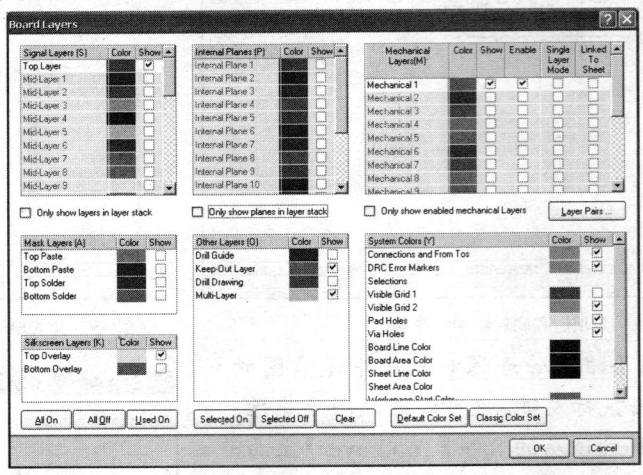

图6-13　显示所有的工作层面

(2) 设置工作层面。在对话框中的每一个工作层面后面都有一个复选框，用户只需单击该复选框，使复选框中出现对号"√"即可打开该工作层面，否则该工作层面将处于关闭状态。单击 All On 按钮即可使 Protel DXP 所有的工作层面处于打开状态。单击 All Off 按钮即可使 Protel DXP 所有的工作层面处于关闭状态；单击 Used On 按钮即可使常用的工作层面处于打开状态，如图 6-14 所示。

(3) 设置工作层面颜色。在工作层面设置对话框中，用户可以根据习惯设定各个工作层面的颜色。仔细观察，可能会发现每一个工作层后面都有一个带颜色的矩形框，单击该矩形框即可弹出工作层面颜色配置对话框。如将鼠标移到顶层（Top Layer）后的红色矩形框上单击鼠标左键，在弹出的 PCB 工作层面颜色配置对话框中即可重新选择或配置当前选中工作层面的颜色，如图 6-15 所示。

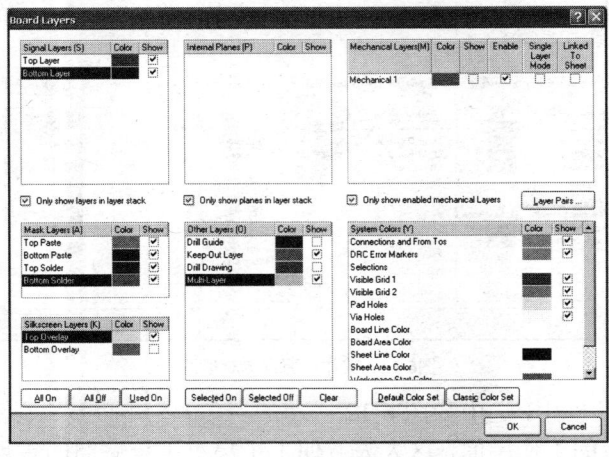 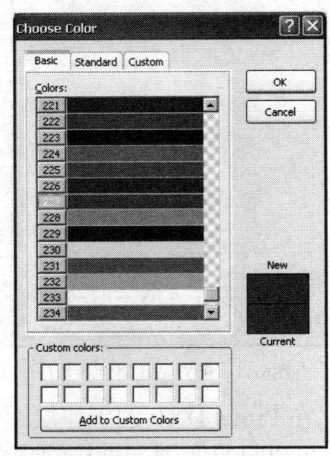

图6-14　打开常用的工作层面　　　　　　　图6-15　工作层面颜色配置对话框

第 6 章 PCB 的制作

Protel DXP 为用户提供了两种快捷的工作层面颜色的设定方式，在工作层面设置对话框中单击 Default Color Set 按钮，可以将系统颜色配置为系统默认的颜色，单击 Classic Color Set 按钮，可以将系统颜色配置为经典的颜色。

在工作层面的设置过程中，用户往往会忽略【Connections and From Tos】的选择，那么在将网络和元器件封装载入 PCB 编辑器后，各相同网络之间就会没有电气连接的预拉线，这时用户可以执行菜单命令【Design】/【Board Layers】，在弹出的工作层面设定对话框中，找到【System Colors】标题栏，将【Connections and From Tos】复选框选中即可。

6.3 设置环境参数

环境参数的设定对我们的设计工作十分重要，它直接影响到我们的工作效率，因此应当引起足够的重视。执行菜单命令【Design】/【Option】，即可进入环境参数设置对话框，如图 6-16 所示。

在该对话框中，用户可以对图纸单位【Measurement Unit】、光标捕捉栅格【Snap Grid】、元器件栅格【Component Grid】、电气栅格【Electrical Grid】、可视栅格【Visible Grid】和图纸参数进行设定，还可对显示图纸和锁定原始图纸等选项进行选择。各项具体功能说明如下。

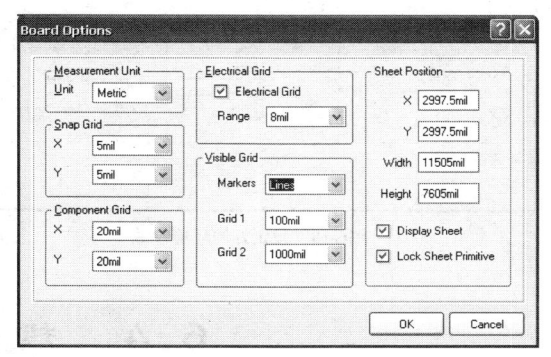

图6-16　环境参数设置对话框

❖ 【Measurement Unit】：设定度量单位。Protel DXP 印制电路板系统为用户提供了公制和英制两种度量单位，单击【Unit】选项后的下拉箭号 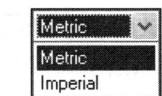，可弹出如图 6-17 所示的标签选项。用户可根据自己的画图习惯，选择英制（Imperial），系统尺寸单位为英制"mil"（1 000mil=1 英寸）；也可以选择公制，系统尺寸单位为毫米。在这里选择公制单位（Metric）。

图6-17　度量单位选项

❖ 【Snap Grid】：捕获栅格，指的是光标捕获图件时跳跃的最小间隔。
❖ 【Component Grid】：元器件放置捕获栅格。
❖ 【Electrical Grid】：电气栅格。
❖ 【Visible Grid】：可视栅格。在该选项里可以选择栅格的线型（Line/Dots），设定第 1 可视栅格和第 2 可视栅格。
❖ 【Sheet Position】：图纸位置。在该选项里，可以设定图纸的大小和位置。

除此以外，用户还可以选中锁定图纸和显示图纸前的复选框。

设定好的环境参数对话框如图 6-18 所示，当然根据不同的需要，用户也可以调整参数的设定。

环境参数的设置对 PCB 设计非常重要，用户应当引起足够的重视。根据我们对 PCB 设计的多年经验，认为将捕捉栅格、电气栅格设成相近值，在手工布线的时候光标捕捉会比较方便。

(1) 如果捕捉栅格和电气栅格相差过大，在连线的时候，光标将会很难捕获到用户所需要的电气连接点。
(2) 电气栅格和捕获栅格不能大于元器件封装的引脚间距，否则同样会给用户连线带来不必要的麻烦。
(3) 第 1 可视栅格和第 2 可视栅格建议设为相同的栅距，一般情况下，如果图纸单位设为公制，则第 1 可视栅格和第 2 可视栅格可设为 1mm，这样有助于用户掌握元器件、图纸和线间距等的大小，如图 6-19 所示，栅格的数目即是两条布线间的间距。

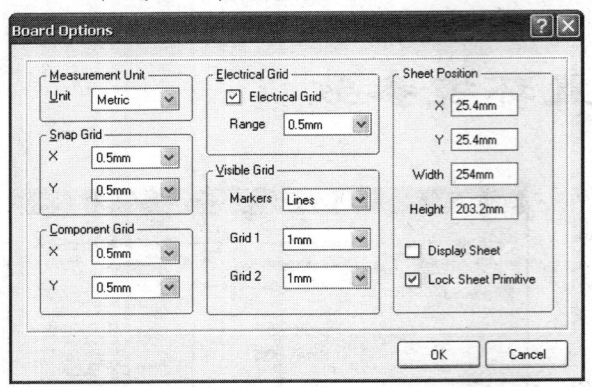

图6-18 设定好的环境参数

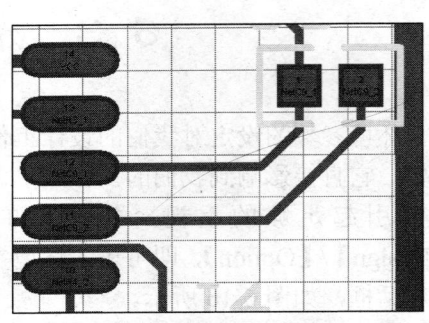

图6-19 栅格距离与布线间距

6.4 规划电路板

用户在装入网络和元器件之前，应先完成电路板的规划工作。通常可分为如图 6-20 所示的几个步骤。

根据电路板的工作条件和环境要求，用户首先要设定好电路板的边界，一般包括物理边界和电气边界。电路板的边界设计可以在 PCB 文件生成向导内调用模板，也可以在 PCB 编辑器内执行菜单命令【Design】/【Board Shape】进行编辑。

(1) 执行菜单命令【Design】/【Board Shape】后，弹出编辑 PCB 外形的菜单选项，如图 6-21 所示。
其各选项的含义如下。
  ❖ 【Redefine Board Shape】：重定义 PCB 外形。
  ❖ 【Move Board Vertices】：移动 PCB 外形顶点。
  ❖ 【Move Board Shape】：移动 PCB 外形。
  ❖ 【Define from selected objects】：从选中物体定义 PCB 外形。
  ❖ 【Auto-Position Sheet】：自动定位图纸。
(2) 执行【Redefine Board Shape】菜单命令，光标变成十字形状，工作窗口变成绿色，系统进入编辑 PCB 外形的命令状态，如图 6-22 所示。

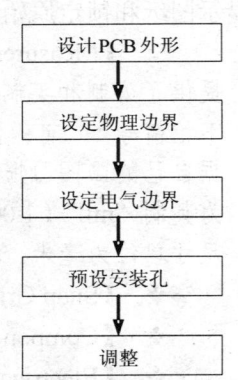

图6-20 规划电路板的流程

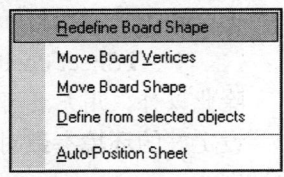

图6-21 编辑 PCB 外形的菜单选项

第 6 章 PCB 的制作

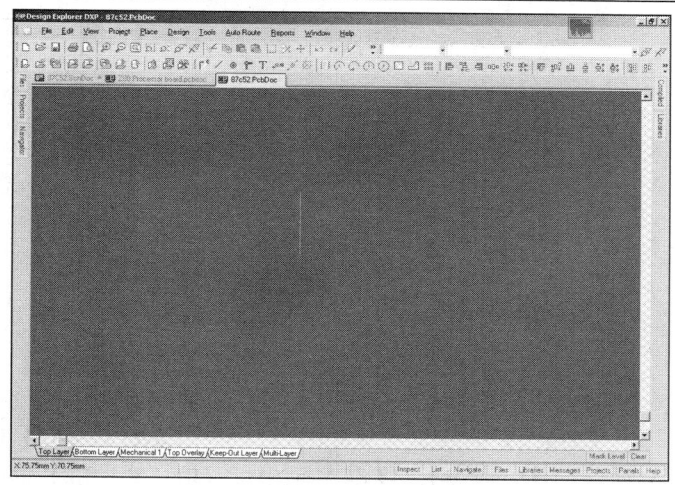

图6-22 编辑 PCB 外形

这里先确定一下电路板的物理边界。一般选用第 1 个机械层来确定电路板物理边界，而在其他的机械层上放置尺寸、对齐标志等。需要说明的一点是，选用哪个机械层作为绘制物理边界的工作完全由用户自己决定，有兴趣的读者不妨自己尝试在其他机械层设定。

(3) 设定当前的工作层面为【Mechanical 1】。单击工作窗口下方的【Mechanical 1】标签即可将当前的工作平面切换到【Mechanical 1】层面，如图 6-23 所示。在该层面上确定电路板的物理边界。

图6-23 将当前的工作平面切换到【Mechanical 1】层面

(4) 确定电路板的下边界。执行菜单命令【Place】/【Interactive Routing】或单击 按钮，光标变成十字形状。

(5) 将光标移动到工作窗口中的适当位置，为了方便计算，选择坐标（100,100）处，单击确定下边界的起点。拖动光标至坐标（200,100）处，然后单击确定下边界的终点。这样就确定了电路板的下边界长短和位置，如图 6-24 所示。在绘制好的下边界上双击鼠标左键，即可弹出如图 6-25 所示的【Track】属性对话框。

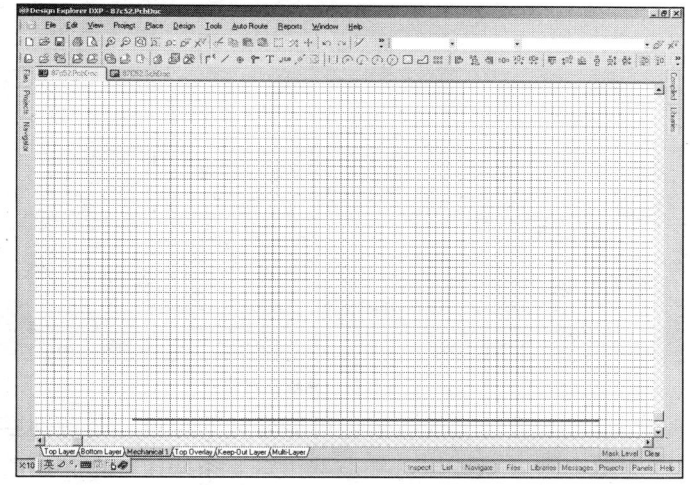

图6-24 绘制电路板下边界

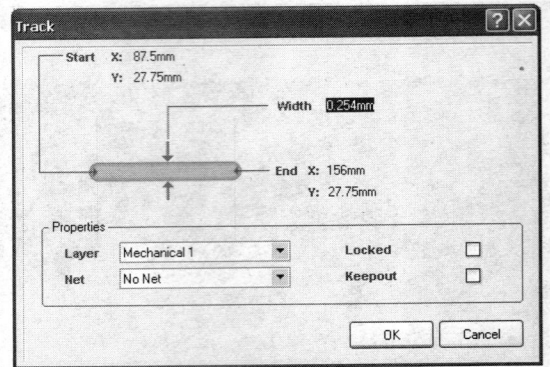

图6-25 【Track】属性对话框

在该对话框中可对【Track】的线宽（Width）、层面（Layer）、网络（Net）、起点 X 轴坐标（Start-X）和 Y 轴坐标（Start-Y）、终点 X 轴坐标（End-X）和 Y 轴坐标（End-Y）等属性进行设定，从而进行精确定位并设置所在工作层面和线宽。双击起点和终点坐标，即可通过键盘由用户直接输入。在线宽等属性设定完成后，可以锁定下边界线。

在【Place】/【Interactive Routing】命令状态下，用户按 Tab 键也可以进入【Track】属性对话框，绘制下边界之前就提前设置好其属性。

(1) 确定电路板其他边界。绘制完电路板下边界后，程序仍处于放置【Track】的命令状态。按照第 (2) 步中的方法，依次确定电路板的右边界、上边界和左边界。电路板物理边界 4 个顶点的坐标分别为（100,100）、（200,100）、（200,200）、（100,200）。

(2) 绘制完电路板物理边界后，单击鼠标右键即可退出【Place】/【Interactive Routing】命令状态，绘制好的电路板物理边界如图 6-26 所示。

图6-26 绘制好的电路板物理边界

上面讲述的方法在绘制物理边界的时候，可能坐标的定位不是特别容易，建议用户采用这种方法：首先在图纸上画 4 条线段，然后双击每一条线段，在弹出的线宽属性对话框中修改线段的起始和终点坐标值，使 4 条线段连接起来，如图 6-27 所示。

第 6 章 PCB 的制作

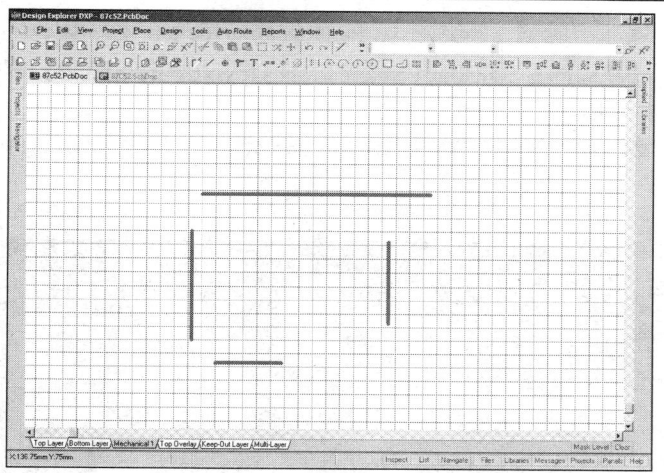

图6-27 快速绘制物理边界

在修改每条线段的线宽属性时,4 条线段的坐标值从左到右逆时针旋转为:(100,200)、(100,100),(100,100)、(200,100),(200,100)、(200,200),(200,200)、(100,200)。该 PCB 的物理边界为边长为 100mm 的正方形。

(3) 规划完电路板的物理边界后,还要确定电路板的电气边界。

电气边界用来限定布线和元器件放置的范围,它是通过在禁止布线层(Keep Out layer)绘制边界来实现的。禁止布线层是 PCB 工作空间中一个用来确定有效的放置和布线区域的特殊工作层面。通常用户应将电气边界的范围与物理边界的范围规划成相同大小。所有信号层的目标对象(如焊盘、过孔等)和走线都将被限定在电气边界内。

规划电路板电气边界的方法与规划物理边界的方法完全相同,只是应将当前工作层面设定为禁止布线层(Keep Out layer),只有规划好了电气边界才能继续进行下面的工作。这里将电气边界和物理边界的位置、大小绘制得完全相同。

在 PCB 边框绘制完毕后,如果对 PCB 边框的外形不满意,可以进行调整。

(1) 执行菜单命令【Design】/【Board Shape】/【Move Board Vertices】,光标变成十字形状,PCB 区域内变成绿色的选中状态。将光标移到边框上的小十字光标处,按住鼠标左键不放,拖动光标,即可改变 PCB 边框的外形,如图 6-28 所示。

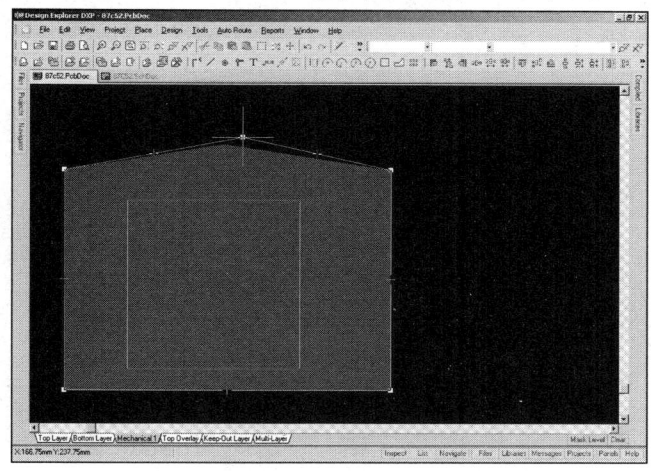

图6-28 修改 PCB 边框的外形

(2) 在绘制电路板边界的时候，如果发现 PCB 的外形不适合电路板边界时可以移动 PCB。执行菜单命令【Design】/【Board Shape】/【Move Board Shape】，即可移动 PCB 的边框，如图 6-29 所示。

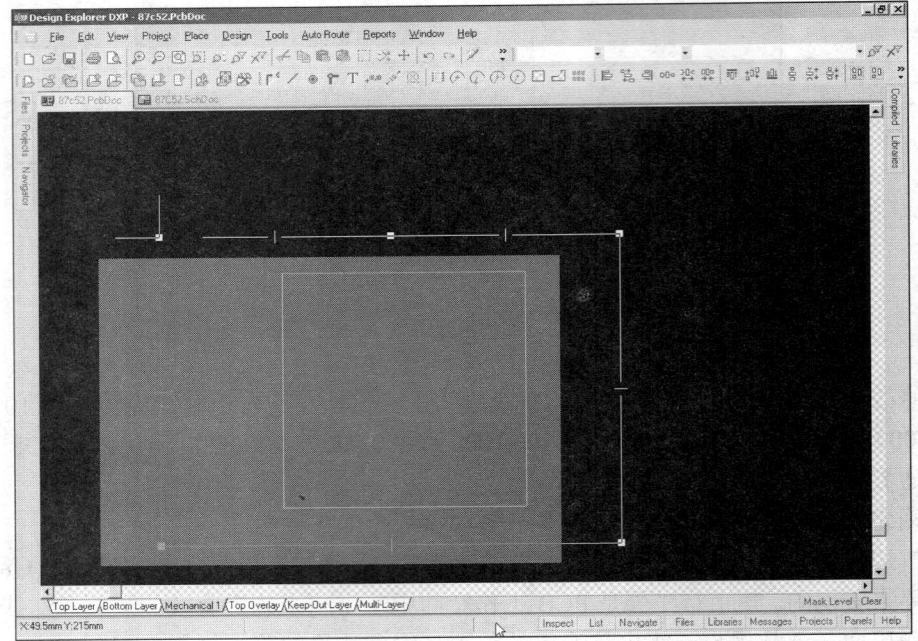

图6-29　移动 PCB 边框

(3) 根据 PCB 的安装要求，在需要放置固定安装孔的位置放上适当大小的焊盘。对于 3mm 的螺钉，一般采用内外径均为 4mm 的焊盘，对于标准板可从其他 PCB 或 PCB 文件生成向导中调入。在本例中，采用内外径为"4mm"的焊盘来充当安装孔，如图 6-30 所示。

图6-30　放置安装孔

第6章　PCB 的制作

6.5　准备电路原理图和网络表

这里将以前面绘制的原理图为例，逐步向读者介绍 PCB 的设计全过程。

原理图编辑器向 PCB 编辑器转化在 PCB 的设计过程中是十分重要的，这一步进行的好坏，将直接影响到 PCB 设计的进程，它可以分为如图 6-31 所示的几个步骤。

准备好的原理图如图 6-32 所示。

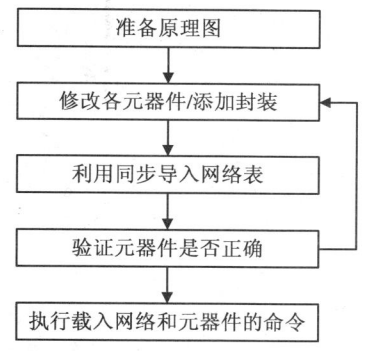

图6-31　网络表与元器件封装导入流程

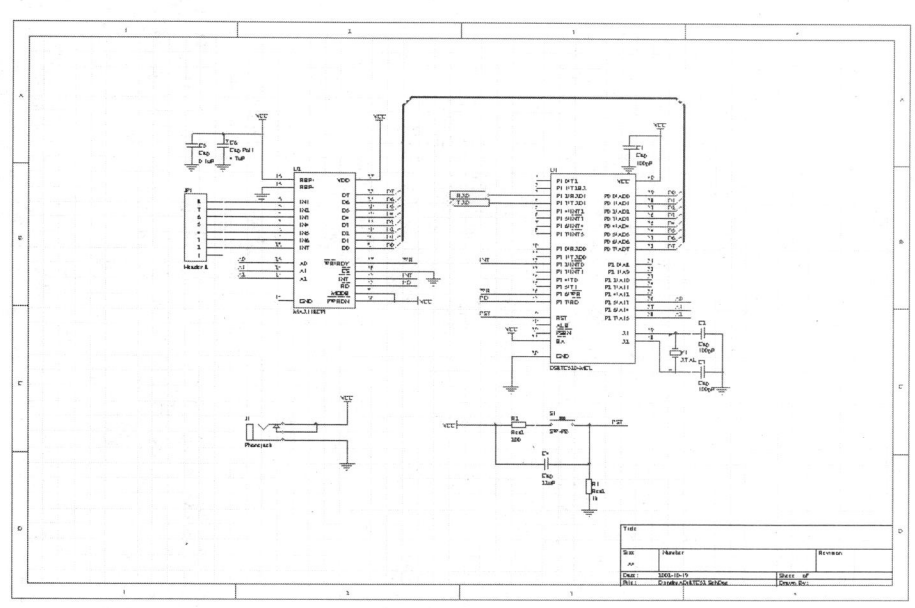

图6-32　准备好的原理图

在原理图编辑器内，执行菜单命令【Design】/【Netlist】/【Protel】之后，系统将自动在当前工程文件下添加一个与工程文件同名的网络表文件，如图 6-33 所示。

双击该文件，即可把工作窗口切换到显示网络表文件的状态。由图 6-32 所示的原理图文件生成的网络表文件如下所示。

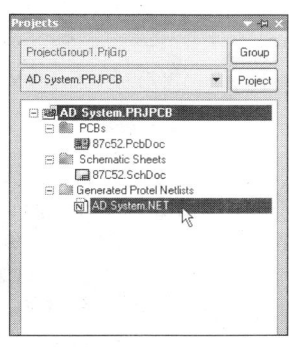

图6-33　生成的网络表文件

[
C1
RAD-0.3
Cap
]

[
C2
RAD-0.3
Cap
]

[
C3
RAD-0.3
Cap
]

[
C4
RAD-0.3
Cap
]

[
C5
RAD-0.3
Cap
]

[
C6
RB7.6-15
Cap Pol1
]

[
J1
PIN3
Phone jack
]

[
JP1
HDR1X8
Header 8
]

[
R1
AXIAL-0.4
Res2
]

[
R2
AXIAL-0.4
Res2
]

[
S1
SPST-2
SW-PB
]

[
U1
DIP-40/D53
DS87C520-MCL
]

[
U2
DIP-28/D38.1
MAX118CPI
]

[
Y1
BCY-W2/D3.1
XTAL
]

(
WR
U1-16
U2-17
)

(
VCC
C1-2
C4-2
C5-1
C6-1
J1-1
J1-2
R2-1
U1-31
U1-40
U2-7
U2-16
U2-26
U2-27
)

(
RST
C4-1
R1-2
S1-2
U1-9
)

(
RD
U1-17
U2-12
)

(
NetC3_2
C3-2
U1-18
Y1-1
)

(
NetC2_2
C2-2
U1-19
Y1-2
)

(
NetR2_2
R2-2
S1-1
)

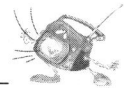

```
(                    (                    (
NetJP1_8             INT                  D3
JP1-8                U1-12                U1-36
U2-6                 U2-13                U2-11
)                    )                    )

(                    (                    (
NetJP1_7             GND                  D2
JP1-7                C1-1                 U1-37
U2-5                 C2-1                 U2-10
)                    C3-1                 )
                     C5-2
(                    C6-2                 (
NetJP1_6             J1-3                 D1
JP1-6                R1-1                 U1-38
U2-4                 U1-20                U2-9
)                    U2-15                )
                     U2-18
(                    )                    (
NetJP1_5                                  D0
JP1-5                (                    U1-39
U2-3                 D7                   U2-8
)                    U1-32                )
                     U2-22
(                    )                    (
NetJP1_4                                  A2
JP1-4                (                    U1-28
U2-2                 D6                   U2-23
)                    U1-33                )
                     U2-21
(                    )                    (
NetJP1_3                                  A1
JP1-3                (                    U1-27
U2-1                 D5                   U2-24
)                    U1-34                )
                     U2-20
(                    )                    (
NetJP1_2                                  A0
JP1-2                (                    U1-26
U2-28                D4                   U2-25
)                    U1-35                )
                     U2-19
                     )
```

在上面的网络表文件中，主要分为两部分：前半部分讲述元器件的属性参数（元器件序号、元器件的封装形式和元器件的文本注释），其标志为方括号，比如在元器件 U1 中以"["为起始标志，接着为元器件序号、元器件封装和元器件注释，以"]"标志结束该元器件属性的描述。

```
[
U1
DIP-40/D53
DS87C520-MCL
]
```

后半部分讲述原理图文件中的电气连接,其标志为圆括号,以电源 V_{CC} 的电气连接为例。

```
(                           R2-1
VCC                         U1-31
C1-2                        U1-40
C4-2                        U2-7
C5-1                        U2-16
C6-1                        U2-26
J1-1                        U2-27
J1-2                        )
```

该网络以"("为起始标志,首先是网络标号的名称,接下来按字母顺序依次列出与该网络标号相连接的元器件引脚号,最后以")"结束该网络连接的描述。

基于 Protel DXP 真正的双向同步设计技术,在由原理图向 PCB 图的转化过程中,用户可以不生成网络表文件,但考虑到众多用户已经习惯利用网络表文件查询元器件封装和网络连接等因素,列出上述网络表文件以供参考。

在 Protel DXP 中,实现原理图向 PCB 图的转化过程可以通过单击原理图编辑器内的 PCB 设计同步器按钮,直接实现网络表和元器件的装入,如图 6-34 所示。

也可以在 PCB 编辑器内,通过单击网络表导入选项,实现网络表和元器件的装入与更新,如图 6-35 所示。

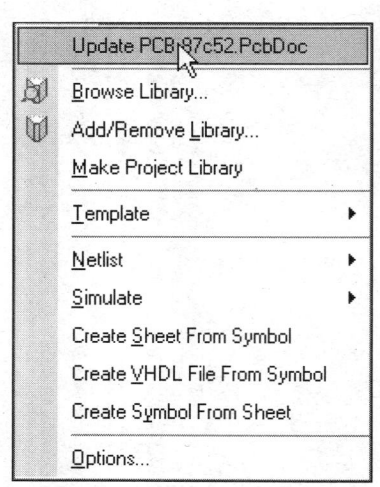

图6-34 利用同步按钮载入元器件封装和网络

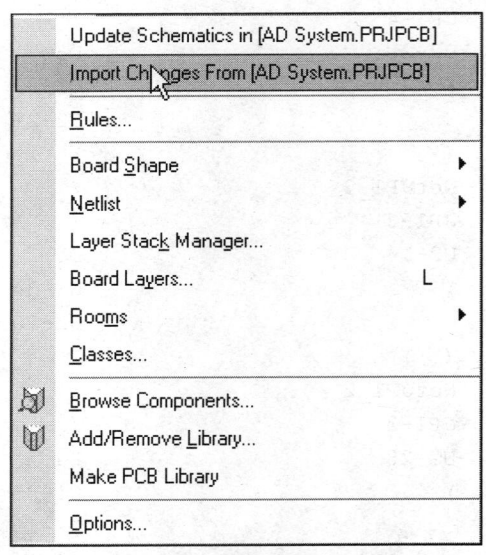

图6-35 利用 PCB 编辑器载入元器件封装和网络表

总的来说,用户在载入网络表和元器件封装的过程中,必须保证网络电气连接的正确性,必须保证原理图元器件的引脚和 PCB 编辑器内元器件封装能够一一对应,才能正确、快速地载入网络表和元器件封装。

6.6 网络表与元器件封装的装入

由于 Protel DXP 实现了真正的双向同步设计，在 PCB 的设计过程中，用户可以不生成网络文件，直接通过单击原理图编辑器内更新 PCB 文件按钮实现网络表与元器件封装的载入；也可以单击 PCB 编辑器内从原理图导入变化按钮来实现网络表与元器件封装的装入。

需要再次强调的是用户在装入网络表与元器件封装之前，必须先装入元器件库，否则将使网络表和元器件的装入失败。

下面将对 PCB 元器件库的装入、原理图网络表和元器件封装的装入分别做详细的介绍。

6.6.1 PCB 元器件库的装入

PCB 元器件库的装入与原理图元器件库的装入方法完全相同。

(1) 单击工作窗口右边框的 Libraries... 按钮，即可打开【Libraries】面板，如图 6-36 所示。

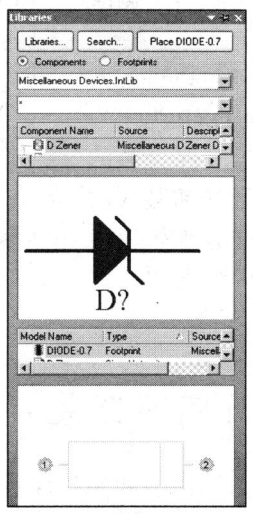

图6-36 【Libraries】面板

要弹出【Libraries】面板也可以单击工作窗口右下方的【Libraries】标签，如图 6-37 所示。

图6-37 【Libraries】标签

(2) 在【Libraries】面板中，单击 Libraries... 按钮，即可打开添加／删除元器件库对话框，如图 6-38 所示。

在该对话框中，各按钮的含义如下。

- ❖ Move Up ：将选中的库文件顺序向上移动，提高了该元器件库查询的优先性。
- ❖ Move Down ：将选中的库文件顺序向下移动。
- ❖ Add Library... ：添加库文件。单击该按钮，弹出如图 6-39 所示的【打开】元器件库对话框。

Protel DXP 实用教程

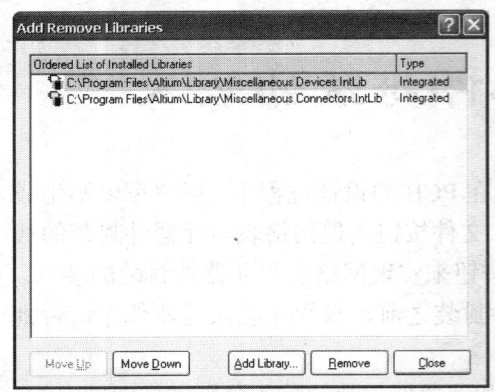

图6-38 添加/删除元器件库对话框

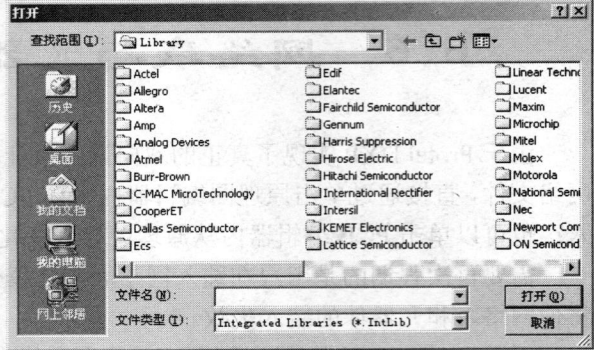

图6-39 【打开】元器件库对话框

- Remove ：删除选中的元器件库。
- Close ：关闭该对话框。

在本例中，除了 Protel DXP 默认的库文件外，需要再添加一个 Dallas 的库文件，如图6-40 所示。

(3) 单击 Close 按钮即可结束本次添加/删除库文件的操作。

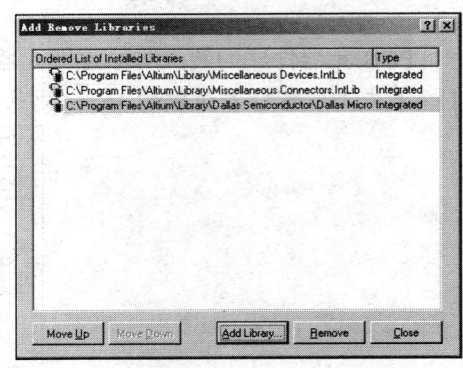

图6-40 添加库文件

在元器件库文件载入后，用户就可以进行网络表和元器件封装的装入了。Protel DXP 为用户提供了两种简捷的装入网络表和元器件封装的方法，一种是利用原理图设计同步器按钮装入网络表和元器件封装；另一种是利用 PCB 编辑器内从原理图导入变化的按钮来装入网络表和元器件封装。

6.6.2 利用原理图设计同步器装入网络表和元器件封装

下面利用原理图设计同步器装入网络表和元器件封装。

(1) 在原理图编辑器中执行菜单命令【Design】/【Update PCB】，打开如图 6-41 所示的设计工程网络变化对话框。

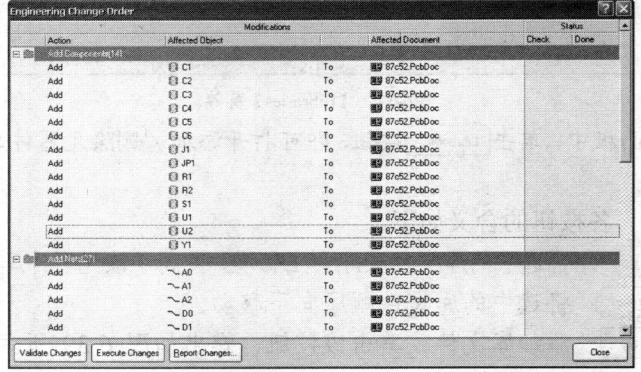

图6-41 设计工程网络变化对话框

第 6 章 PCB 的制作

在该对话框中，Protel DXP 为用户提供了详细的变更信息，包括此次更新引起的操作（Action），影响到的物体（Affected Object），影响到的文件（Affected Document），在操作一栏里又包括对元器件和网络的变更明细。

(2) 单击 Validate Changes 按钮，在状态栏【Status】的【Check】选项卡中用户可以查看装入的元器件是否正确，正确标识为 ，错误标识为 ，如图 6-42 所示。对于具有错误标识的元器件，可以返回原理图编辑器，查看元器件或所在网络连接是否正确。在本例中，我们事先在 U1 的封装里面添加了一种封装形式"DIP40"，实际上，在 Protel DXP 中，U1 封装形式为"DIP-40/D53"。因此在原理图编辑器内，在 U1 的图件上双击鼠标左键，在弹出的对话框中将封装形式改为"DIP-40/D53"即可，如图 6-43 所示。

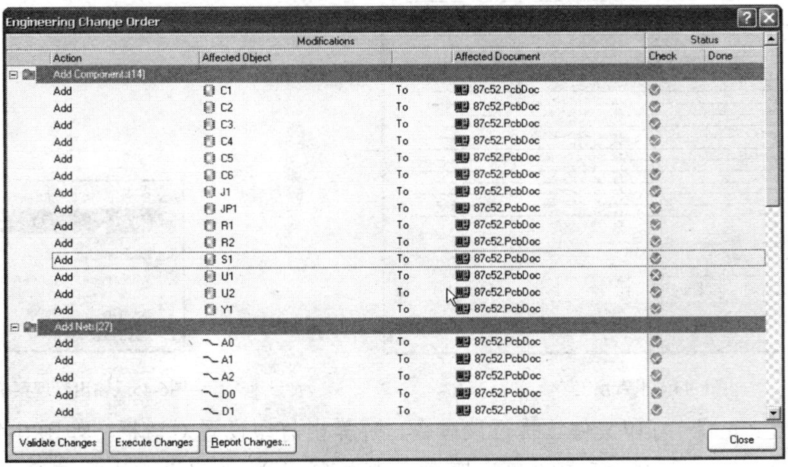

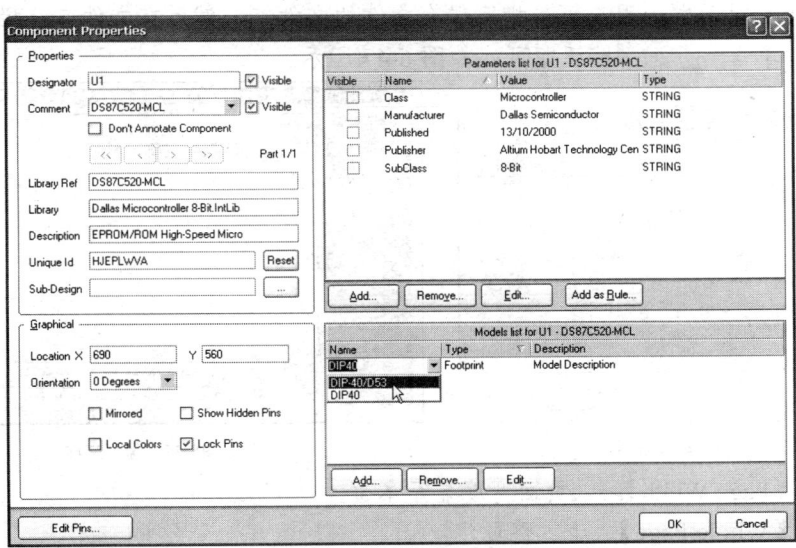

图6-42 验证变更的有效性

图6-43 修改元器件属性对话框

(3) 如果用户还需要查看更清楚的资料，可以在设计工程网络变化对话框中单击 Report Changes... 按钮，在弹出的变化信息预览报告【Report Preview】对话框中含有本次更新的文件、网络和元器件类型等的详细资料，如图 6-44 所示。在预览报告对话框中，单击鼠标右键，可打开如图 6-45 所示的菜单选项。

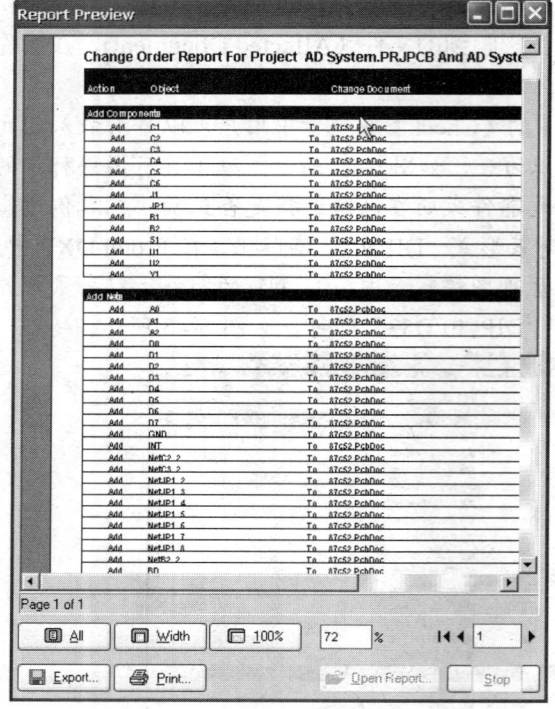

图6-44 报告预览

图6-45 输出管理菜单

- 【Print】：打印文件。执行该命令，可弹出打印设置对话框，如图6-46所示。
- 【Export】：将该文件导出存盘，其扩展名为".xls"。执行该命令，可弹出保存文件对话框，用户可先指定保存文件的文件夹，然后在文件名一栏内输入文件名，单击 保存(S) 按钮即可，如图6-47所示。

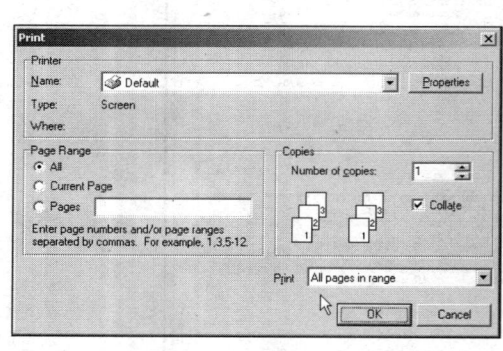

图6-46 打印设置对话框

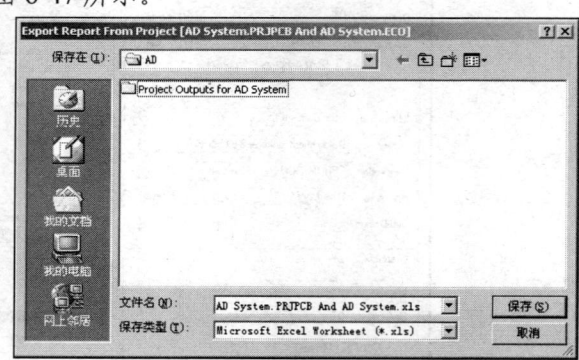

图6-47 保存文件

- 【Page Width】：以页面宽度显示本页。
- 【Whole Page】：显示整页。
- 【Zoom In】：放大图纸。
- 【Zoom Out】：缩小图纸。

(4) 如果用户已经确认所有元器件封装和网络都正确，可以在设计工程网络变化对话框中单击 Execute Changes 按钮，将网络和元器件封装载入PCB文件中，单击 Close 按钮关闭该对话框，相应的网络表和元器件封装已经载入到PCB文件中了，如图6-48所示。

第 6 章 PCB 的制作

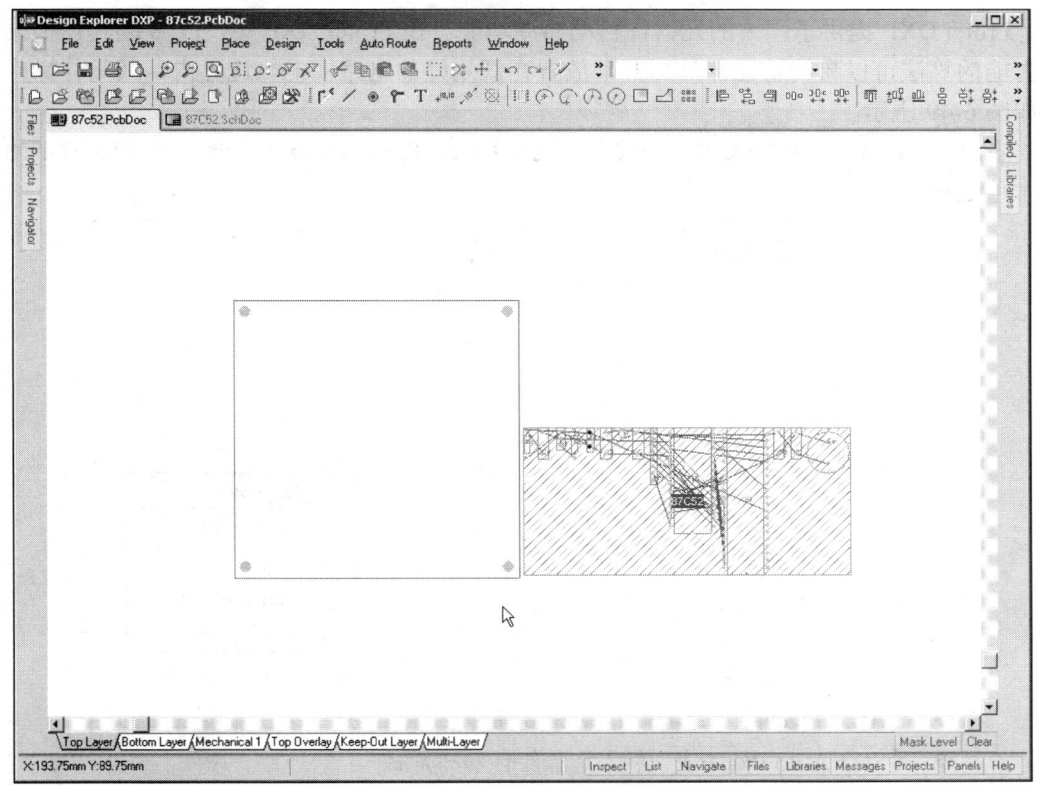

图6-48 已载入网络表和元器件的 PCB 编辑器

 在 PCB 编辑器中，执行菜单命令【Design】/【Import Changes From Sch】，也可以实现网络表与元器件封装的载入。

6.7 元器件布局

元器件布局有自动布局和手工布局两种方式，用户根据自己的习惯和设计需要可以选择自动布局，也可以选择手工布局，当然在很多情况下需要两者结合才能达到很好的效果。

一般自动布局的效果往往不能令人满意，还需要进行调整。调整的方式也有两种：元器件的自动排列和手工调整。

6.7.1 元器件的自动布局

在 Protel DXP 中，用户对元器件进行布局可以利用 Protel DXP 的 PCB 编辑器所提供的自动布局功能。在自动布局完成后，进行手工调整，这样可以更加快速、便捷地完成元器件的布局工作。下面将详细介绍 Protel DXP 提供的自动布局功能。

Protel DXP 提供了强大的元器件自动布局功能。在 Protel DXP 中，PCB 编辑器根据一套智能的算法可以自动将元器件分开，放置在规划好的电路板电气边界内，其具体操作步骤如图 6-49 所示。

(1) 在 PCB 编辑器中执行菜单命令【Tools】/【Auto Placement】，弹出如图 6-50 所示的菜单选项。

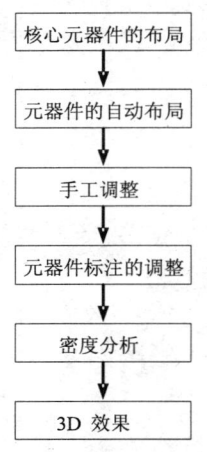

图6-49 元器件布局流程

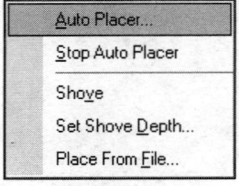

图6-50 自动布局菜单选项

- ❖ 【Auto Placer】：元器件自动布局命令。
- ❖ 【Stop Auto Placer】：停止元器件自动布局。
- ❖ 【Shove】：推挤元器件的作用。执行此命令后，光标变成十字形状，单击进行推挤的基准元器件，如果基准元器件与周围元器件之间的距离小于允许距离，则以基准元器件为中心，向四周推挤其他元器件。但是当元器件之间的距离大于安全距离时，则不执行推挤过程。
- ❖ 【Set Shove Depth】：该命令用于设置推挤命令的深度。执行此命令后，弹出如图 6-51 所示的对话框。如果在对话框中设置参数为"x"（x 为整数），在本例中，设定"x"的值为"5"，则在执行推挤命令时，将会连续向四周推挤 5 次。
- ❖ 【Place From File】：从文件中放置元器件。

(2) 执行菜单命令【Auto Placer】，将弹出元器件自动布局对话框，如图 6-52 所示。

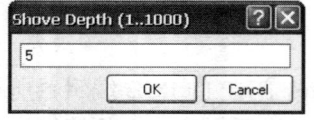

图6-51 设置推挤命令的深度

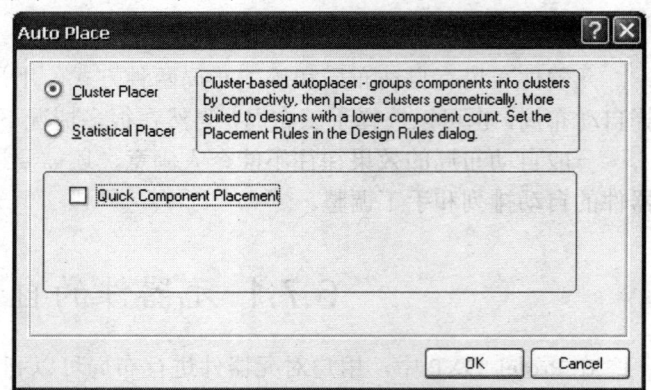

图6-52 元器件自动布局对话框

在该对话框中可以选择元器件自动布局的方式。对话框中各选项的含义如下。

- ❖ 【Cluster Placer】：成组布局方式。这种基于组的元器件自动布局方式将根据连接关系将元器件划分成组，然后按照几何关系放置元器件组。该方式比较适合元器件较少的电路。
- ❖ 【Statistical Placer】：统计布局方式。这种基于统计的元器件自动布局方式根据统计算法放置元器件，以使元器件之间的连线长度最短。该方式比较适合元器件较多的电路。
- ❖ 【Quick Component Placement】：快速元器件布局。该选项只有在选择成组布局方式（Cluster Placer）时选中才有效。

(3) 用鼠标选中统计布局方式单选按钮，则对话框会变成如图 6-53 所示。

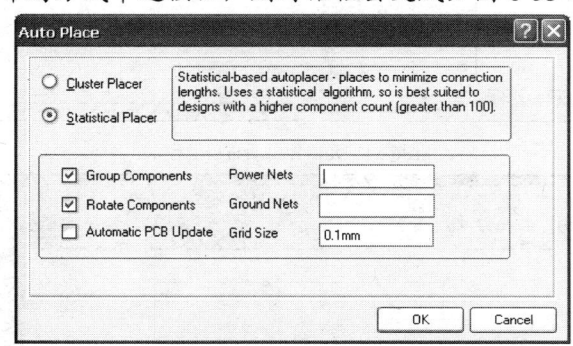

图6-53 统计布局方式下的元器件自动布局对话框

(4) 在图 6-53 所示的统计布局方式下的对话框中设置元器件自动布局参数。各选项的功能如下。

- ❖ 【Group Components】：该选项的功能是将当前 PCB 设计中网络连接密切的元器件归为一组。排列时该组的元器件将作为整体考虑，默认状态为选中。
- ❖ 【Rotate Components】：该选项的功能是根据当前网络连接与排列的需要使元器件或元器件组旋转方向。若未选中该选项则元器件将按原始位置放置，默认状态为选中。
- ❖ 【Power Nets】：电源网络名称。一般习惯将电源网络设定为"VCC"。
- ❖ 【Ground Nets】：接地网络名称。一般习惯将接地网络设定为"GND"。
- ❖ 【Grid Size】：设置元器件自动布局时格点的间距大小。如果格点的间距设置过大，则自动布局时有些元器件可能会被挤出电路板的边界。这里将栅格距离设为"0.1mm"。

在这里，考虑到原理图的元器件比较少，使用成组布局方式进行元器件的自动布局。

(5) 设置好元器件自动布局参数后，单击对话框中的 OK 按钮即可开始元器件自动布局。图 6-54 所示为自动布局时的进程，此时状态栏中的进度条会显示自动布局的进程。

(6) 图 6-55 所示为自动布局完成后的效果。

即使是针对同一个电路，程序每次执行元器件自动布局的结果都是不同的，图 6-56 所示为再次自动布局后的效果。用户可以根据 PCB 板的设计要求选择自己比较满意的布局结果。

Protel DXP 实用教程

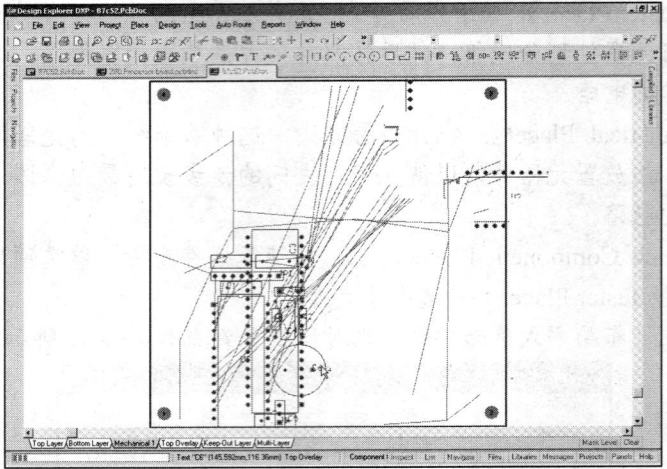

图6-54 元器件自动布局进程

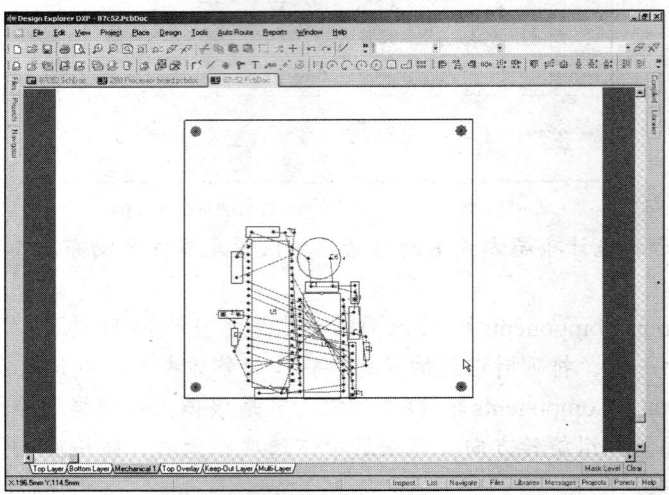

图6-55 自动布局的效果1

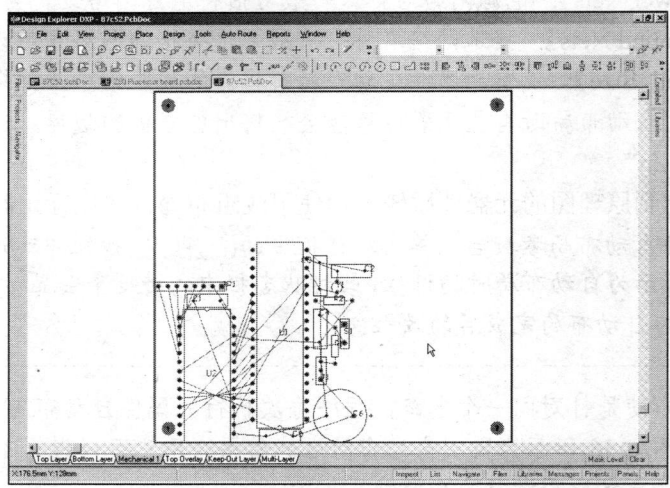

图6-56 自动布局的效果2

第 6 章　PCB 的制作

6.7.2　手工调整元器件布局

  PCB 编辑器内的元器件自动布线系统对元器件的自动布局并不能完全符合设计需要，因此设计者不能完全依赖程序的自动布局，在自动布局结束后往往还要对元器件布局进行手工调整。同时设计者考虑到电路是否能正常工作和电路的抗干扰性等问题，可能对某些元器件的布局有特殊的要求，这是自动布线系统无法完成的。因此，对元器件布局进行手工调整是十分必要的。

  对元器件布局进行手工调整主要是对元器件进行移动、旋转等操作。下面将在图 6-56 所示的基础上进行手工调整。

  在进行手工调整之前，需要强调的是必须对栅格的间距和光标移动的单位距离进行设定，否则在元器件调整的时候，将会遇到很多麻烦。

(1)　执行菜单命令【Design】/【Options】，在弹出的对话框中即可对栅格的间距和光标移动的单位距离进行设定，设定好的参数如图 6-57 所示。

(2)　调节元器件 Y1（晶振）位置。

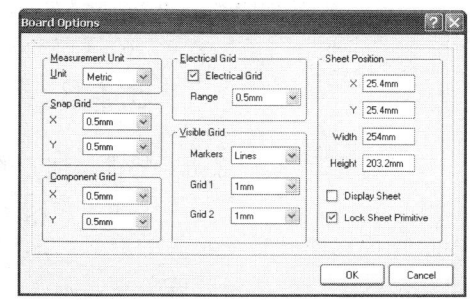

图6-57　【Board Options】对话框

  通常在单片机最小系统中，为了保证系统的稳定运行，往往要求晶振尽可能靠近 CPU，这样可以保证系统时钟不易受干扰。因此，在本例中我们将把元器件 Y1（晶振）移到紧挨 CPU 的位置，同时振荡电容也应当尽可能地靠近晶振。下面将以此思想为依据，手工调整元器件的位置。

(1)　单击元器件 C3，选中它，同时按住鼠标左键不放，此时光标变为十字形状，如图 6-58 所示。按住鼠标左键不放，然后拖动鼠标，则所选中的元器件会被光标带着移动，先将 C3 移动到适当的位置，放开鼠标左键即可将元器件放置在当前位置。

(2)　采用同样的方法将电容 C2 先移动到适当的位置，然后再将晶振 Y1 移到 CPU 附近，移动后的结果如图 6-59 所示。

(3)　旋转元器件 Y1。在图 6-59 所示界面中，Y1 的方向还需要调整一下。

(4)　单击元器件 Y1，同时按住鼠标左键不放。此时光标变为十字形状，元器件被选中。按住鼠标左键不放，按空格键（逆时针旋转90°）、X 键（左右翻转）或 Y 键（上下翻转）即可调整元器件的放置方向。旋转后的结果如图 6-60 所示。

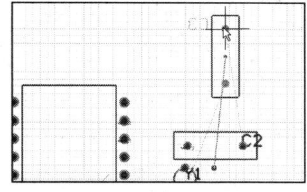
图6-58　元器件选中状态

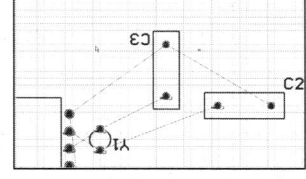
图6-59　元器件移动后的结果

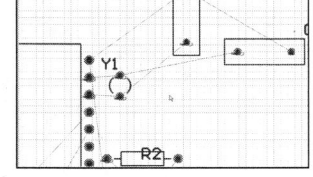
图6-60　元器件旋转后的结果

  · 建议用户在 PCB 编辑器中不要轻易使用 X 键或 Y 键旋转元器件，执行这两项命令时会弹出如图 6-61 所示的对话框，有可能改变元器件的封装形式。

(5) 使用上述方法对其他元器件的位置和方向进行必要调整，元器件调整后的结果如图 6-62 所示。

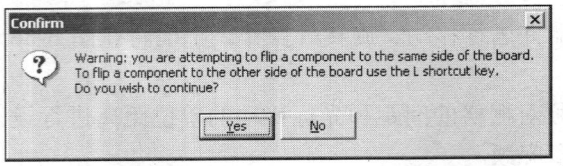

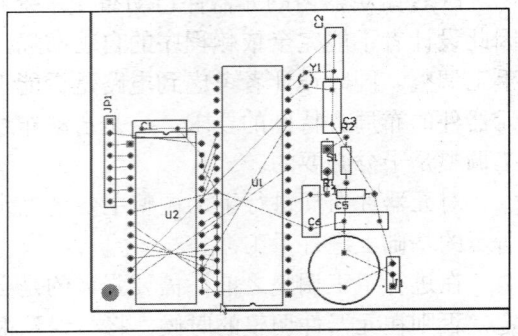

图6-61 旋转提示对话框　　　　　　　　　图6-62 元器件布局的最终结果

6.7.3 元器件标注的调整

仔细观察图 6-62 所示界面，细心的读者可能会发现在元器件布局完成后，元器件的标注过于杂乱。尽管这并不影响电路的正确性，但影响了电路板的美观，而且会给电路板焊接时查找元器件带来很大的麻烦，所以我们还需要对元器件标注进行调整。调整的标准是元器件标注排列尽量整齐美观，易于查找，大小适中，以能清晰查看为准。

对元器件标注的调整操作主要有移动、旋转和编辑等。元器件标注移动、旋转的方法与元器件移动和旋转的方法完全相同，这里只简单说明编辑元器件标注的方法。下面我们将以编辑元器件 Y1 的序号"Y1"为例介绍元器件标注的具体步骤。

(1) 用鼠标左键双击待编辑的元器件标注 Y1 的序号"Y1"，将会弹出如图 6-63 所示的编辑文字标注对话框。

在该对话框中可以对文字标注的内容（Text）、字体高度（Height）、字体宽度（Width）、字体类型（Font）、文字标注所在工作层面（Layer）、文字标注的旋转角度（Rotation）和文字标注的位置坐标（X-Location、Y-Location）等属性进行设定。

(2) 在本例中将文字标注的内容（Text）改为"Crystal"，其他选项均采用默认值，同时调整其他元器件的文字标注，最终结果如图 6-64 所示。

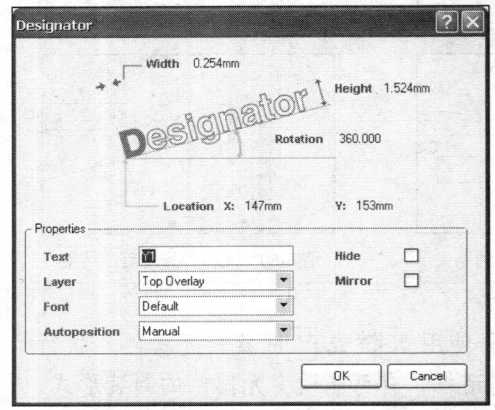

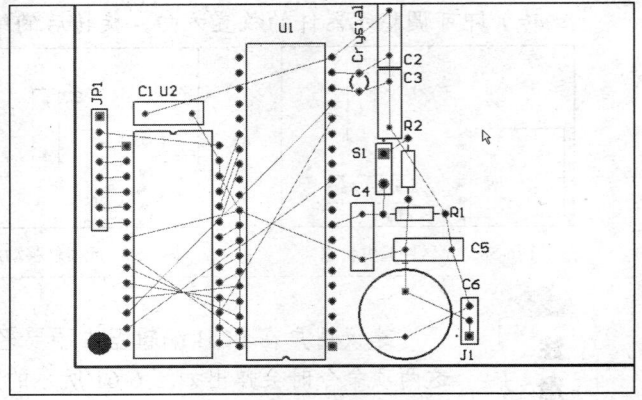

图6-63 设置文字标注属性对话框　　　　　图6-64 调整元器件标注后的结果

6.7.4 元器件布局的自动调整

从以上进行的工作来看,使用 Protel DXP 自带的元器件自动布局功能,元器件的排列不可能完全符合实际的要求,必须对元器件布局按照实际需要进行调整。

下面我们将在图 6-64 所示界面的基础上,使用 Protel DXP 提供的元器件自动排列功能继续对元器件的布局进行调整。进行元器件排列,我们必须首先知道排列的一般步骤,得到总体认识之后,对排列的概念才能进一步深入理解。元器件排列的步骤如图 6-65 所示。

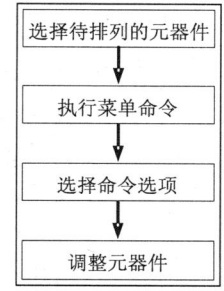

图6-65 元器件排列流程

(1) 选择待排列的元器件。执行菜单命令【Edit】/【Select】/【Inside Area】,或单击主工具栏中的 按钮。
(2) 执行菜单命令后,鼠标变成十字形状,移动光标到待选区域的适当位置,拖动鼠标拉开一个虚线框到对角,使待选元器件处于该虚线框中,最后单击鼠标左键确定即可。
(3) 执行菜单命令【Tools】/【Interactive Placement】,出现下拉菜单,如图 6-66 所示。

可以根据实际需要,选择元器件自动排列菜单中不同的元器件排列方式,调整元器件排列。在 Protel DXP 中,具有多种元器件排列方式,这给操作者很大的回旋余地。我们可以根据元器件相对位置的不同,选择相应的排列功能。前面介绍过原理图的排列功能,PCB 图的排列方法和步骤基本与之相似。所以对于操作过程这里不再详细介绍,只简单说明一下菜单命令【Tools】/【Interactive Placement】/【Align】中常用排列命令的功能。

(4) 执行【Align】命令。

按照不同的对齐方式排列选取元器件,其选择对话框如图 6-67 所示。

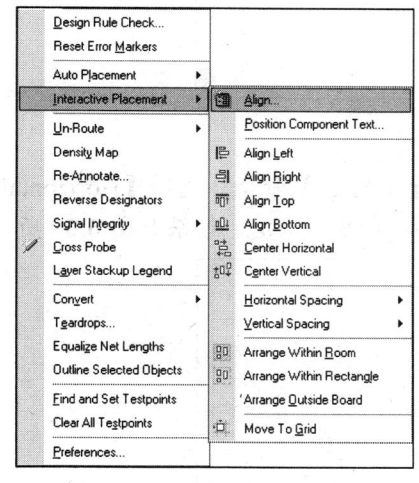

图6-66 元器件自动排列下拉菜单

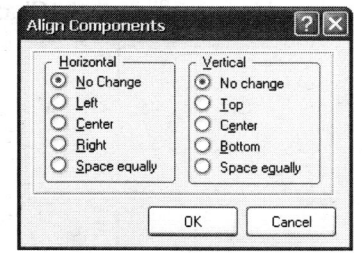

图6-67 【Align】对话框

在【Align】对话框中,排列元器件的方式分为水平和垂直两种方式,即水平方向上的对齐和垂直方向的对齐,两种方式可以单独使用,也可以复合使用,根据用户的需要可以任意配置,因此在 Protel DXP 中元器件的自动排列是十分方便的。在该对话框中各选项的具体功能如下:

- ❖ 【Horizontal】：所选元器件在水平方向的排列方式。其中包含下列选项。

  【No Change】：所选元器件在水平方向上排列方式不变。

  【Left】：所选元器件在水平方向上按照左对齐方式排列。

  【Center】：所选元器件在水平方向上按照中心对齐方式排列。

  【Right】：所选元器件在水平方向上按照右对齐方式排列。

  【Space equally】：所选元器件在水平方向上按照等间距均匀排列。

- ❖ 【Vertical】：所选元器件在垂直方向的排列方式。其中包含下列选项。

  【No Change】：所选元器件在垂直方向上排列方式不变。

  【Top】：所选元器件在垂直方向上按照顶部对齐方式排列。

  【Center】：所选元器件在垂直方向上按照中心对齐方式排列。

  【Bottom】：所选元器件在垂直方向上按照底部对齐方式排列。

  【Space equally】：所选元器件在垂直方向上按照等间距均匀排列。

【Align】命令是排列元器件中相当重要的命令，为使大家更好地掌握其使用方法，这里将在图 6-64 所示的基础上，使用 Protel DXP 提供的元器件自动排列功能继续对元器件的布局进行调整。为了使实例更加清楚，这里对图 6-64 所示界面中元器件的排列稍加调整，调整后的结果如图 6-68 所示。

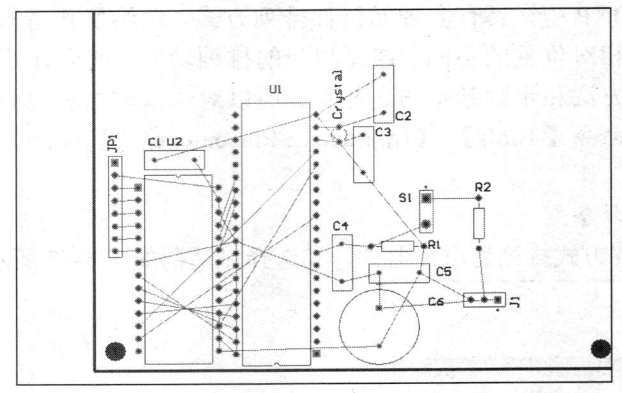

图6-68 调整后的结果

(1) 水平排列例子。选中元器件 C2、C3、S1，执行【Align】命令，选择【Horizontal】为 "Left"，【Vertical】为 "No Change"，单击 OK 按钮确定，结果如图 6-69 所示。

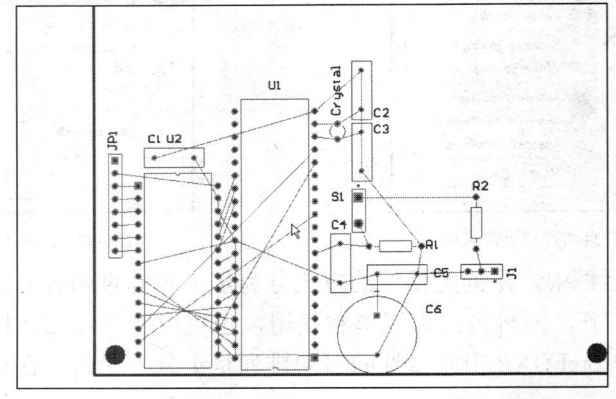

图6-69 水平排列后的结果

(2) 垂直排列例子。选中元器件 C5、C6、J1，执行【Align】命令，选择【Horizontal】为 "No Change"，【Vertical】为 "Top"，单击 OK 按钮确定，结果如图 6-70 所示。

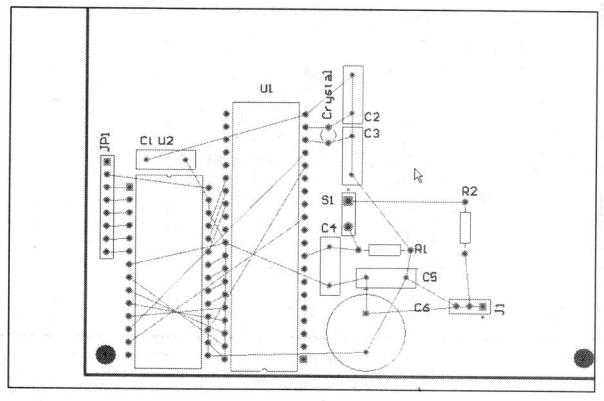

图6-70 垂直排列后的结果

(3) 水平垂直同时进行排列的例子。选中元器件 C4、C5、J1、R1、R2，选择【Horizontal】为 "Left"，【Vertical】为 "Top"，单击 OK 按钮确定，结果如图 6-71 所示。

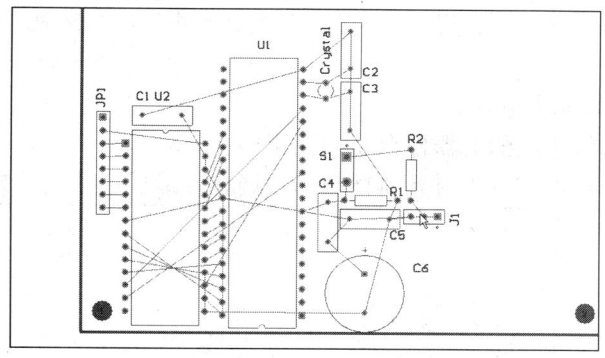

图6-71 水平、垂直同时排列后的结果

通过上面的实例可以知道，使用 Protel DXP 提供的元器件自动排列功能在元器件对齐、PCB 的整体布局上是有许多优点的，用户在设计中应当经常运用这些功能，对元器件布局的局部进行调整，将是十分方便和快捷的。

(4) 执行【Position Component Text】命令。

该命令的功能是将选取元器件的文本注释按照一定的形式进行排列。执行菜单命令【Position Component Text】将弹出如图 6-72 所示的对话框。

在该对话框中，可以将文本注释（包括元器件的序号和注释）排列在元器件的上方、中间、下方、左方、右方、左上方、左下方、右上方、右下方和不改变等 10 种方式。在本例中选取将文本注释放在元器件中间，调整结果如图 6-73 所示。

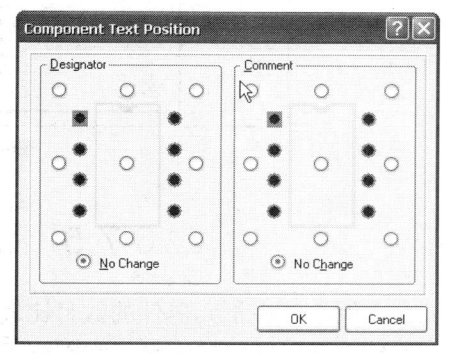

图6-72 文本注释排列对话框

Protel DXP 实用教程

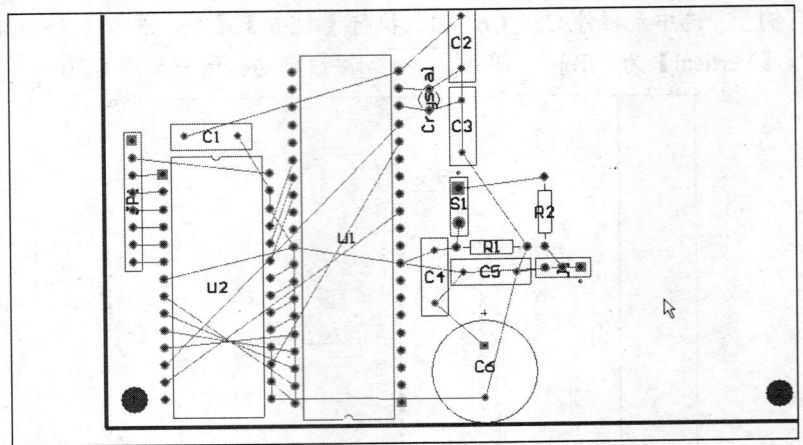

图6-73 调整元器件注释

> 将元器件的文本注释放在元器件的中间,实际上在 PCB 设计中是不常见的。因为在元器件装上 PCB 后,大部分的元器件注释都被元器件压住了,给调试和维护带来很多不便,因此用户在今后的设计中应尽量避免这种现象发生。

(5) 执行【Move To Grid】命令。

执行该命令可以将选取的元器件自动移到栅格上。

至此,我们已经基本完成了对元器件布局的调整,最后调整的结果如图 6-74 所示。

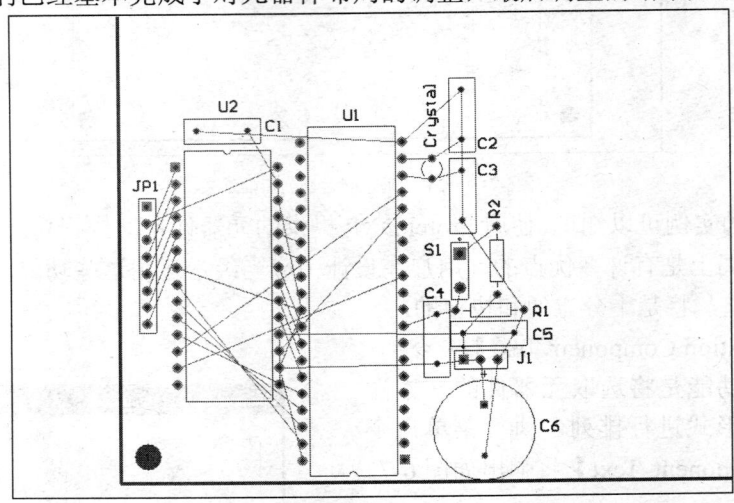

图6-74 调整的最终结果

6.7.5 元器件的手工布局

在本例中,由于元器件的数目比较少,元器件之间的连线也不是十分复杂,因此自动布局的结果就已经能够满足正常需要了。但是,如果用户在元器件自动布局和手工调整后,对元器件的布局仍不满意,这就应当考虑元器件的手工布局了。

元器件的手工布局更多的是从机械结构、散热、电磁干扰、将来布线的方便性等方面进行综合考虑。先布置与机械尺寸有关的元器件并锁定这些元器件，然后是大的占位置的元器件和电路的核心元器件，再就是外围的小元器件了。下面对元器件手工布局需要注意的各个方面简要介绍一下，希望能够对读者今后的设计有些帮助。

机械结构方面的要求：外部接插件、显示元器件等的安放位置应整齐，特别是板上各种不同的接插件需从机箱后部直接伸出时，更应从三维角度考虑元器件的安放位置。板内部接插件放置上应考虑总装时机箱内线束的美观。

散热方面的要求：板上有发热较多的元器件时应考虑加散热器甚至轴流风机（风机向内吹时散热效果好，但板子会很脏，所以一般还是向外排风较为多见），并与周围电解电容、晶振、锗管等怕热元器件隔开一定距离，竖放的板子应把发热元器件放置在板的最上面，双面放元器件时底层不得放发热元器件。

电磁干扰方面的要求：随着电路设计的频率越来越高，EMI 对线路板的影响越来越显得突出。在画原理图时就可以先加上功能电路块电源滤波用磁环、旁路电容等元器件，每个集成电路的电源脚就近都应有一个旁路电容连到地，一般使用 104（0.1μF）的电容，有时候关键电路还需要加金属屏蔽罩。

对于单面板，元器件一律放顶层；双面板或多层板，元器件一般放顶层，只有在元器件过密时才能把一些高度有限并且发热量少的元器件，如贴片电阻、贴片电容和贴片 IC 等放在底层。

6.7.6 网络密度分析

在调整元器件布局时，Protel DXP 提供了许多调整功能，前面我们已经运用这些功能对电路板的布局进行了调整。然而，元器件布局是否合理呢？本节，我们将进一步使用 Protel DXP 提供的元器件布局的一个分析工具：网络密度分析工具对电路板的布局进行分析。根据该工具对元器件布局图的密度分析结果，进行元器件的合理调整，使整个电路板的元器件位置摆放更加合理、美观。

(1) 执行菜单命令【Tools】/【Density Map】。

(2) 执行密度分析命令后，得到网络密度分布结果，密度分析图中，颜色越深的地方网络密度越大，从而可以直观地得到电路板中网络的密度，如图 6-75 所示。

(3) 按 End 键或者执行重新刷新屏幕的菜单命令【View】/【Refresh】，即可清除密度分析图。

图6-75 网络密度分析图

一般认为，网络密度相差很大，元器件布局就不合理。但是，也不要认为分布绝对均匀就合理。实际密度分配和具体电路有很大关系，例如，一些大功耗元器件，产生热量大，需要周围元器件少些，从而密度小。相反小功率元器件就可以安排得密一些。所以，密度分析仅仅是一个参考依据，还要具体问题具体分析。

除此以外，还可以利用 3D 效果来分析元器件的布局效果。

6.7.7 3D 效果图

在 3D 效果图上用户可以看到 PCB 的实际效果及全貌。执行菜单命令【View】/【Board in 3D】之后，PCB 编辑器内的工作窗口变为 3D 仿真图形，如图 6-76 所示。

可以根据 3D 效果图来查看元器件封装是否正确，元器件之间的安装是否有干涉，是否合理等，总之，在 3D 效果图下用户可以看到将来的 PCB 全貌，可以在设计阶段把一些错误改正，从而缩短设计周期和降低成本。因此 3D 效果图是一个很好的元器件布局分析工具，读者在今后的工作中应当熟练掌握。

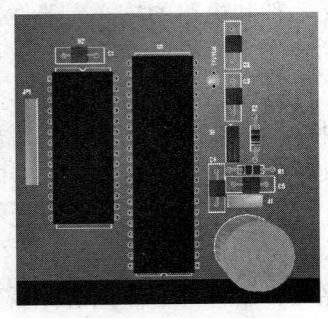

图6-76　3D 效果图

3D 效果图和 PCB 编辑器的切换跟前面讲的窗口管理功能一样，可以执行【Window】下的菜单命令，也可以单击工作窗口上的标签进行窗口切换。

6.8 自动布线

完成元器件布局工作后，我们就可以开始自动布线了。

所谓自动布线就是 PCB 编辑器内的自动布线系统根据用户设定的有关布线参数和布线规则，依照一定的拓扑算法，按照事先生成的网络自动在各个元器件之间进行连线，从而完成印制电路的布线工作。

6.8.1 设定布线参数

自动布线的参数包括布线层面、布线优先级、走线（Track）宽度、布线拐角模式、过孔孔径类型和尺寸等。一旦这些参数设定后，自动布线器就会依据这些参数进行布线。因此，自动布线的好坏在很大程度上取决于自动布线参数的设定，用户必须认真考虑。

下面我们将对此做详细介绍。

(1) 执行菜单命令【Design】/【Rules】，打开如图 6-77 所示的设置布线参数对话框。

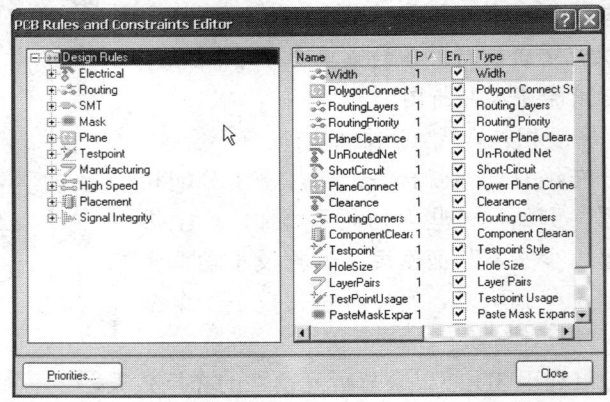

图6-77　设置布线参数对话框

在该对话框中，PCB 编辑器将 PCB 的设计规则分成 10 大类，包括了设计过程中的电气特性、布线、电层和测试等方方面面。考虑到初级用户的实际需要，本书将只对经常用到的布线规则进行介绍，其他布线规则，将会在高级运用里详细讲解，有的方面还需要读者在今后的实践中不断学习。

(2) 设置电气特性（Electrical），电气特性的设置主要用于 DRC 验。当布线过程中违反电气特性规则时，DRC 设计校验器将会自动报警，提醒设计者。单击【Electrical】选项，将打开如图 6-78 所示的对话框。

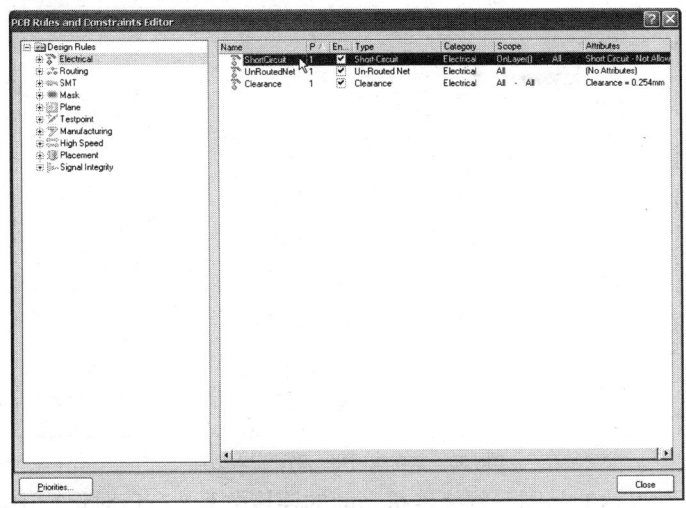

图6-78　设置电气特性规则对话框

在该对话框中，主要包括 3 个选项。

① 【ShortCircuit】：短路规则设定。

用鼠标左键双击【ShortCircuit】选项，将会弹出短路规则设定对话框，如图 6-79 所示。

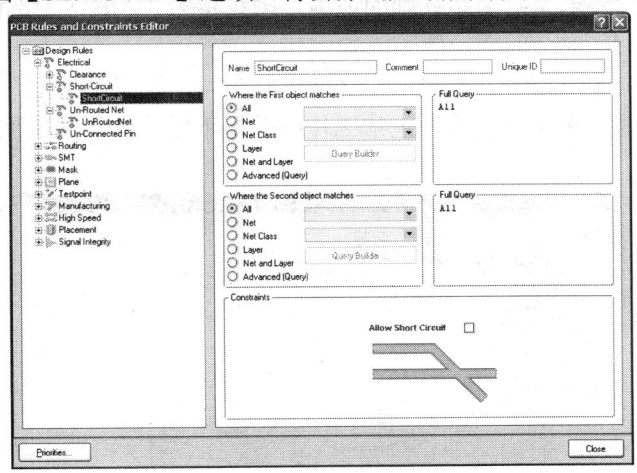

图6-79　短路规则设置对话框

短路规则表达的是两个物体之间的连接关系，在该对话框中，用户可以设定该规则适用的范围：All（全部物体）、Net（某个指定的网络）、Net Class（网络类别）、Layer（某个指定的工作层面）、Net and Layer（指定的网络和指定的工作层面）、Advanced（高级设置）。在图 6-79 所示界面中只需用鼠标左键选中选项前的单选按钮即可。

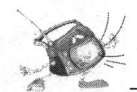

在本例中,我们将第 1 物体和第 2 物体均设定为"All"(全部物体)。

此外,选中【Constraints】标题栏中的【Allow Short Circuit】复选框,即可允许两根导线短路,初学的用户应当慎用这一命令。

② 【UnRoutedNet】:未布线网络规则设定。

用鼠标左键双击【UnRoutedNet】选项,将弹出未布线网络规则设定对话框,如图 6-80 所示。

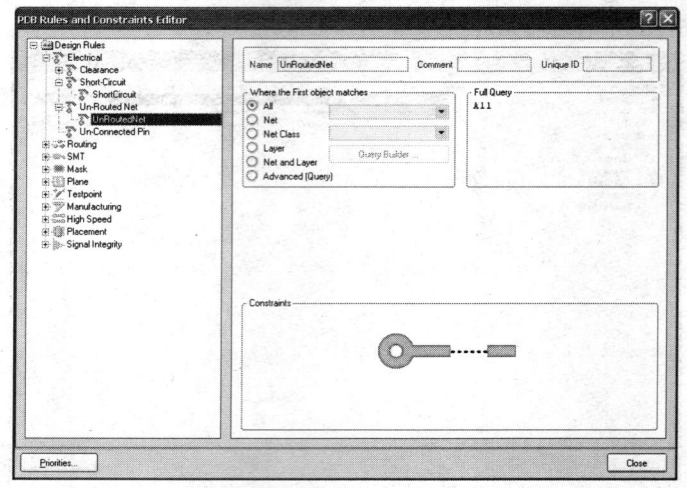

图6-80 未布线网络规则设定对话框

未布线网络规则表达的是同一网络连接之间的连接关系。在该对话框中,用户可以设定该规则适用的范围:All(全部网络)、Net(某个指定的网络)、Net Class(指定的网络类别)、Layer(某个指定工作层面中的网络)、Net and Layer(指定的网络和指定的工作层面)、Advanced(高级设置)。

在本例中,我们将未布线网络规则的适用范围设定为"All"(全部网络)。

③ 【Clearance】:安全间距设置。

用鼠标左键双击【Clearance】选项,将弹出安全间距设置对话框,如图 6-81 所示。

安全间距表达的是在保证电路板正常工作的前提下导线与导线之间、导线与焊盘之间的最小距离。

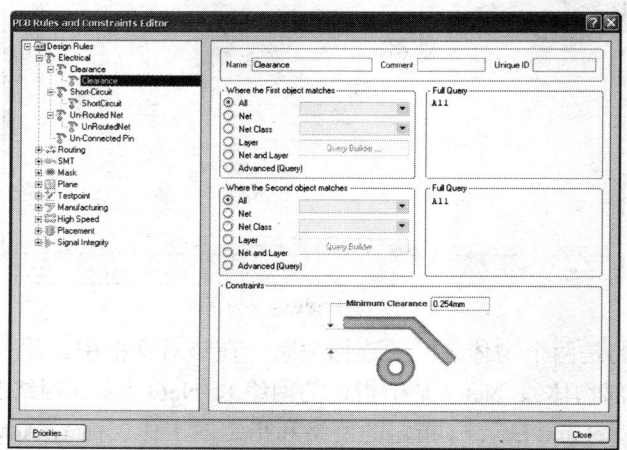

图6-81 安全间距设置对话框

该对话框主要分为以下几部分。

- ❖ 【Where the First object matches】第一图件的安全范围设定，用于设定本规则适用的范围。可以设定该规则适用的范围：All（全部网络）、Net（某个指定的网络）、Net Class（指定的网络类别）、Layer（某个指定工作层面中的网络）、Net and Layer（指定的网络和指定的工作层面）、Advanced（高级设置）。在图 6-81 所示界面中，只需用鼠标左键选中各选项前的单选按钮即可，通常情况下我们采用默认设置"All"（全部网络），即该规则适用于整个电路板。

- ❖ 【Where the Second object matches】第二图件的安全范围设定。同第一图件的设定一样，可以设定该规则适用的范围：All（全部网络）、Net（某个指定的网络）、Net Class（指定的网络类别）、Layer（某个指定工作层面中的网络）、Net and Layer（指定的网络和指定的工作层面）、Advanced（高级设置）。在图 6-81 所示界面中，只需用鼠标左键选中各选项前的单选按钮即可，通常情况下采用默认设置"All"（全部网络），即该规则适用于整个电路板。

- ❖ 【Constraints】布线属性，用于设定物体之间允许的最小间距（Minimum Clearance），这里采用默认设置"0.254mm"。

(3) 设置布线规则【Routing】。

布线规则主要用于设定自动布线过程中的布线规则，它是自动布线器布线的依据，布线规则设定是否合理将直接关系到自动布线的好坏。单击【Routing】选项，即可弹出如图 6-82 所示的布线规则设置对话框。在该对话框中，可以设定布线宽度（Width）、布线拐角模式（Routing Corners）、布线优先级（Routing Priority）、布线拓扑结构（Routing Topology）、过孔形式（Routing Via Style）等布线规则。而在上述布线规则中，布线宽度（Width）显得至关重要，如果布线规则设定得好，将大大减小自动布线后的手工调整工作，这在电源线的布线宽度设定中体现得淋漓尽致。

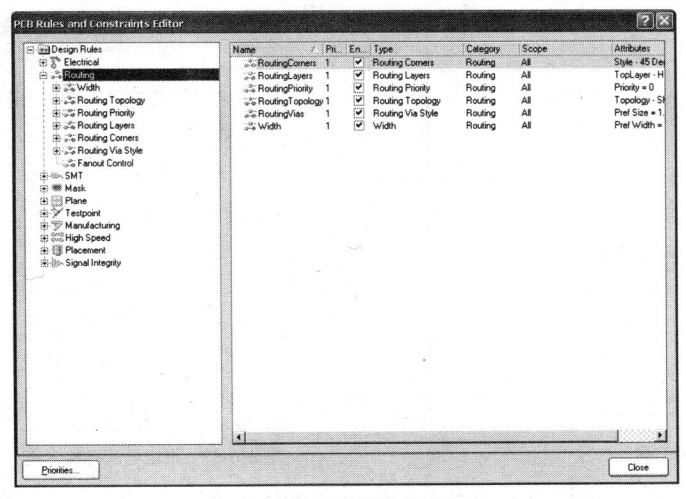

图6-82　布线规则对话框

(4) 设置布线宽度（Width）。该项用于定义布线时导线宽度的最大、最小允许值和典型值。在布线宽度【Width】选项上双击鼠标左键，即可弹出如图 6-83 所示的布线宽度设定对话框。

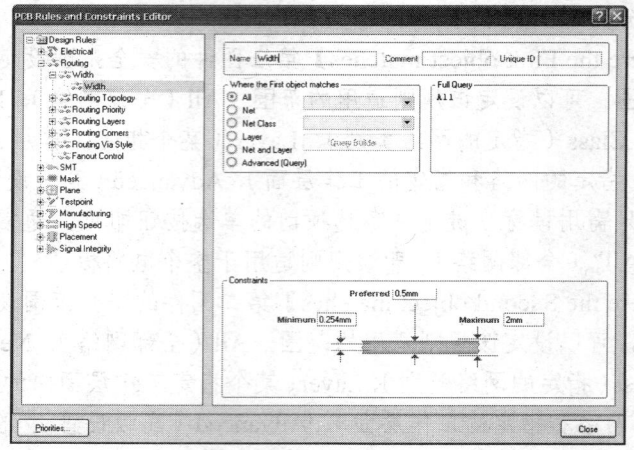

图6-83　设置布线宽度对话框

该对话框主要分为两大部分。

❖【Where the First object matches】布线宽度范围的设定，在这里将"Width"设置为"All"（整板），即该规则适用于整个电路板。

❖【Constraints】布线宽度属性，用于设定当前布线宽度所允许的最小线宽（Minimum）、最大线宽（Maximum）和典型线宽（Preferred）。一般情况下，将布线宽度属性设定为：最小线宽（Minimum）"0.254mm"、最大线宽（Maximum）"2mm"和典型线宽（Preferred）"0.5mm"，以便在PCB的设计过程中能够在线修改布线宽度。比如将电源的布线宽度单独设定，命名为"VCC"。在【Width】选项上单击鼠标右键，即可弹出如图6-84所示的修改布线规则的菜单选项。执行菜单命令【New Rule】之后，即可弹出新的布线宽度对话框，将布线宽度名字设为"VCC"，布线宽度适用范围选为(Net)，在右边的下拉列表中选择网络号为"VCC"，其他设定如图6-85所示。

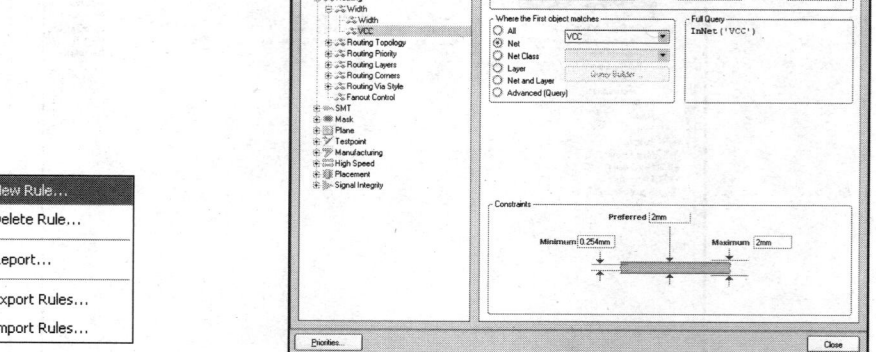

图6-84　布线规则的菜单选项　　　　图6-85　设定电源布线宽度

如果要对某一项规则增添新的设置，可以在如图6-83所示对话框中的适当位置单击鼠标右键，即可弹出如图6-84所示的菜单选项。执行菜单命令【New Rule】，即可在弹出的新的布线宽度对话框中进行设置。如果要删除原来的设置，可以先选中该设置，然后执行如图6-84中的菜单命令【Delete Rule】。

(5) 设置布线拓扑结构（Routing Topology）。该项主要用于定义管脚到管脚（Pin To Pin）之间布线的规则。用鼠标左键双击【Routing Topology】选项即可进入如图6-86所示的布线拓扑结构设定对话框。在该对话框中，我们采用系统默认设置，即范围为整个电路板"All"，属性参数为线长最短"Shortest"，如图6-86所示。

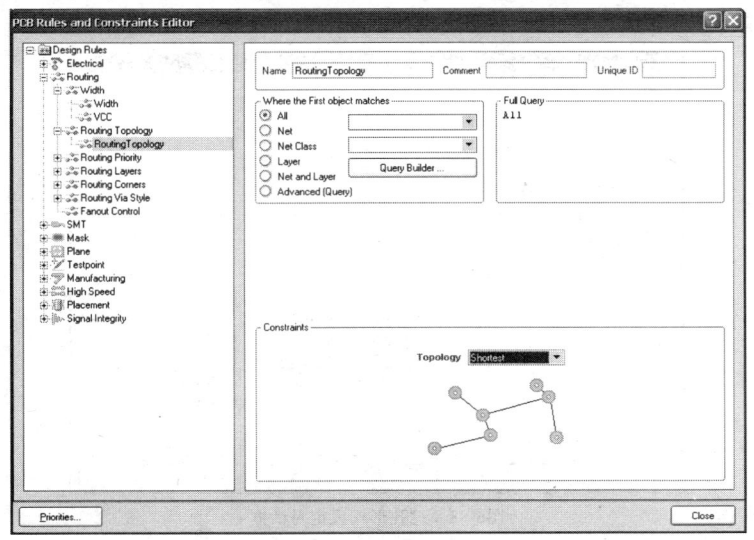

图6-86 布线拓扑结构（Routing Topology）设定对话框

(6) 设置布线优先级（Routing Priority）。布线优先级是指程序允许用户设定各个网络布线的顺序，优先级高的网络布线早，优先级低的网络布线晚。Protel DXP 提供了 0～100 共 101 种优先级选择，数字 0 代表的优先级最低，100 代表的优先级最高。用鼠标左键双击【Routing Priority】选项即可进入如图6-87所示的布线优先级设定对话框。

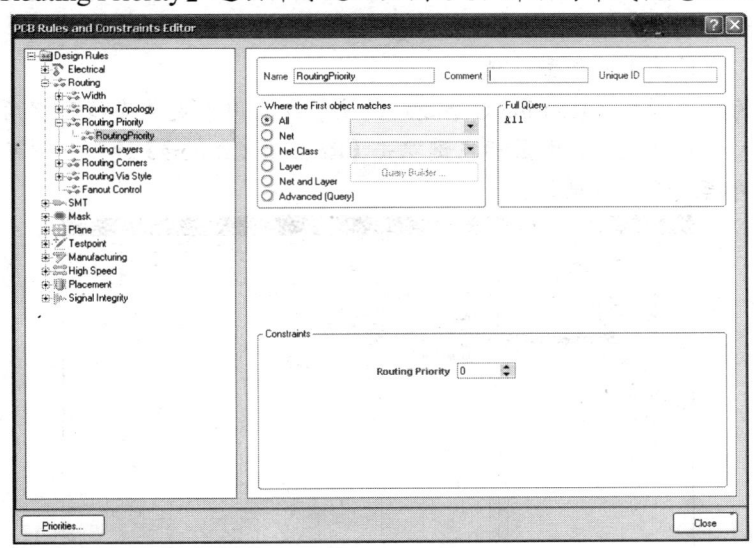

图6-87 布线优先级（Routing Priority）设置对话框

该对话框主要分为两部分。

❖ 【Where the First object matches】布线优先级范围的设定。在这里我们将布线优先级的范围设置为"All"（整板），即该规则适用于整个电路板。

❖ 【Constraints】布线优先级属性，用于设定当前指定网络的布线优先级，在这里采用系统的默认值"0"。

(7) 设置布线过孔形式（Routing Via Style）。该项用于定义各层之间过孔的样式和相关尺寸。用鼠标左键双击【Routing Via Style】选项即可进入如图6-88所示的布线过孔形式设定对话框。

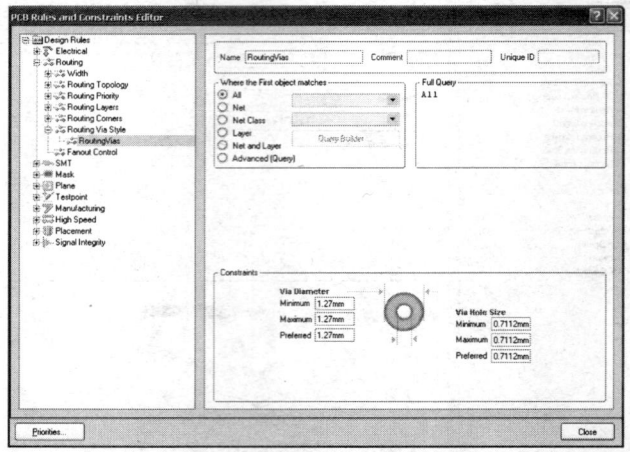

图6-88　过孔形式设定对话框

该对话框主要分为两部分。

❖ 【Where the First object matches】布线过孔形式范围的设定。在这里我们将布线过孔形式范围设置为"All"（整板），即该规则适用于整个电路板。

❖ 【Constraints】布线过孔形式属性，用于设定过孔直径（Via Diameter）和过孔的孔径（Via Hole Size）。过孔直径和过孔的孔径都有3种定义方式：最小（Minimum）、最大（Maximum）和典型（Preferred）。一般情况下，3个尺寸设定为一致，在这里采用系统默认值。

(8) 设置布线的拐角模式（Routing Corners）。该项设置用于定义布线时拐角的形状，以及最小和最大的允许尺寸。用鼠标左键双击【Routing Corners】选项，即可进入如图6-89所示的拐角模式设定对话框。

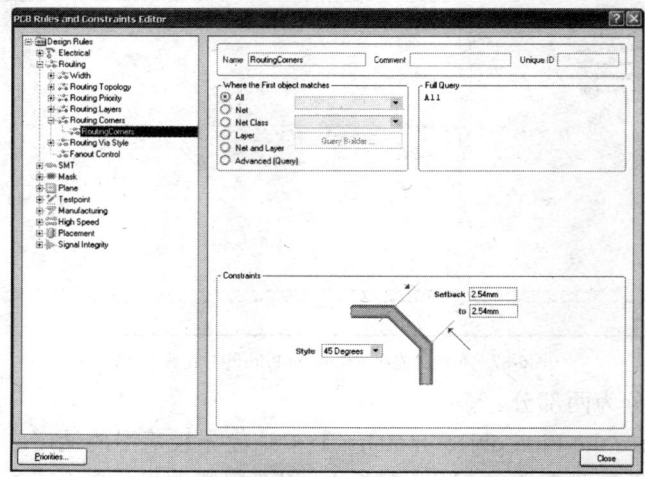

图6-89　拐角模式（Routing Corners）设置对话框

该对话框主要分为两部分。

- ❖ 【Where the First object matches】布线拐角模式范围的设定。在这里我们将布线拐角模式范围设置为"All"（整板），即该规则适用于整个电路板。
- ❖ 【Constraints】布线拐角模式属性，用于设定拐角模式，包括拐角的样式（Style）和尺寸（Setback）。拐角的样式有【90 Degrees】、【45 Degrees】和【Rounded】3 种，可以在拐角的样式下拉列表中选择其中的一种。在这里采用系统默认值，即 "45 Degrees"。

(9) 设置布线工作层面（Routing Layers）。该项用于设置布线的工作层面，以及各个布线层面上走线的方向。用鼠标左键双击【Routing Layers】选项即可进入如图 6-90 所示的布线工作层面设定对话框。

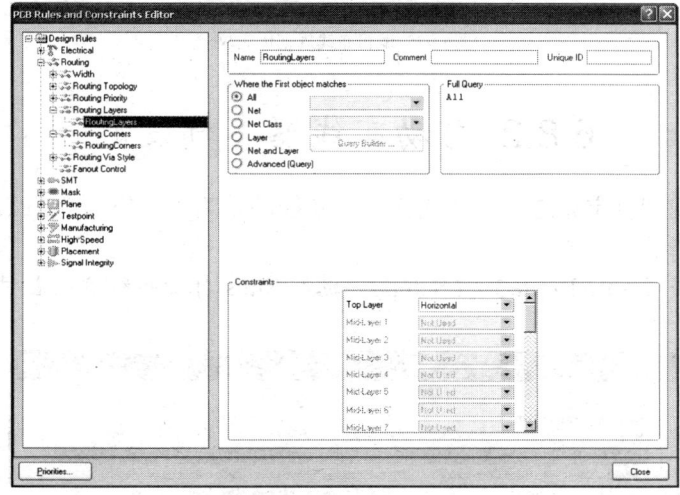

图6-90 布线工作层面设置对话框

该对话框主要分为两部分。

- ❖ 【Where the First object matches】布线工作层面范围的设定。在这里我们将布线工作层面范围设置为"All"（整板），即该规则适用于整个电路板。
- ❖ 【Constraints】布线工作层面属性，用于设定布线层面和各个层面的布线方向。此外，还可以设定其他走线方向。单击工作层面后的下拉列表，即可列出如图 6-91 所示的走线方向：不使用（Not Used）、水平方向（Horizontal）、垂直方向（Vertical）、任意方向（Any）、1 点钟方向（1 O'clock）、2 点钟方向（2 O'clock）、4 点钟方向（4 O'clock）、5 点钟方向（5 O'clock）、向上 45°方向（45 Up）、向下 45°方向（45 Down）和散开方式（Fan Out）。

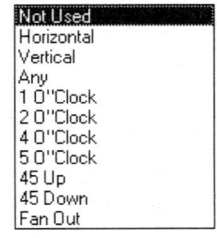

图6-91 布线方向设定

在双面板中，一般将顶层和底层设置为布线层面，顶层为水平方向走线，底层为垂直方向走线。

其他的布线规则在没有特殊要求的情况下均可以采用系统的默认值，单击 Close 按钮即可完成布线规则的设定。

此外，在布线规则对话框中，单击 Priorities... 按钮即可进入布线规则优先级对话框，在该对话框中用户可以配置各布线规则间作用的优先权，如图 6-92 所示。

Protel DXP 实用教程

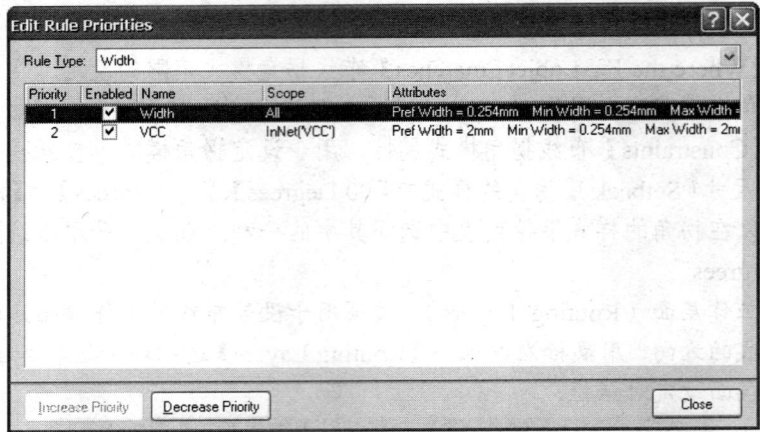

图6-92 编辑布线规则优先权

6.8.2 自动布线器参数设定

在自动布线规则设定完之后就要选择自动布线的策略了。下面介绍 Protel DXP 中关于自动布线策略选择的具体方法。

(1) 执行菜单命令【Auto Route】/【Setup】，进入 Situs 自动布线器设置对话框，如图 6-93 所示。

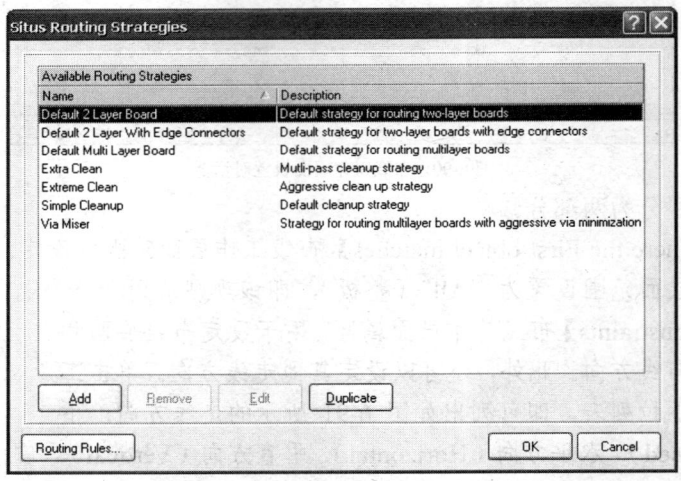

图6-93 Situs 自动布线器设置对话框

Protel DXP 为用户提供了 7 种自动布线策略，在双面板的设计中，主要有两种布线策略。

❖ 【Default 2 Layer Board】:双面板默认的布线策略。

❖ 【Default 2 Layer With Edge Connectors】:印制电路板的接插件在边缘的双面板默认的布线策略。

这里选择"Default 2 Layer Board"作为双面板的自动布线策略。

(2) 在如图 6-93 所示的 Situs 自动布线器设置对话框中，单击 Add 按钮和 Duplicate 按钮还可以进入如图 6-94 所示的 Situs 自动布线策略编辑器对话框。在该对话框中，可以进行自动布线策略的添加、删除等设定。

第 6 章 PCB 的制作

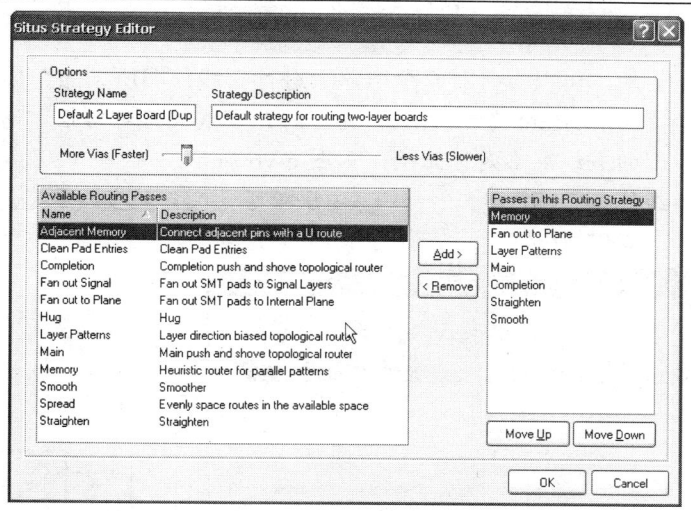

图6-94 Situs 自动布线策略编辑器对话框

(3) 此外，在如图 6-93 所示的对话框中，单击 Routing Rules... 按钮即可进入 PCB 的自动布线规则和线宽限制设定对话框，如图 6-95 所示。

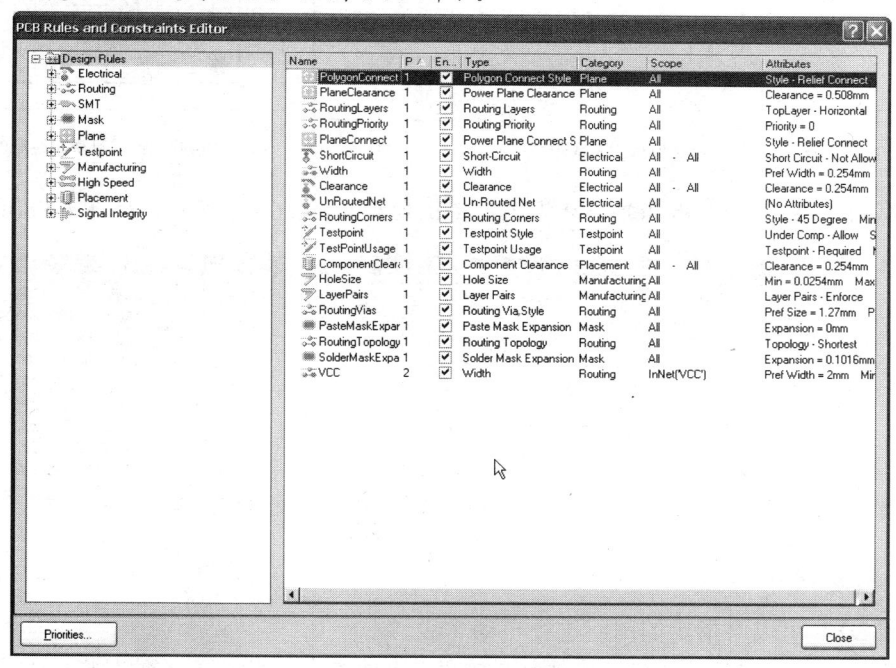

图6-95 PCB 的自动布线规则和线宽限制设定对话框

6.8.3 自动布线

布线参数设定完毕后，就可以开始自动布线了。Protel DXP 中自动布线的方式灵活多样，根据用户布线的需要，既可以进行全局布线，也可以对用户指定的区域、网络、元器件，甚至是连接进行布线，因此可以根据设计过程中的实际需要选择最佳的布线方式。

下面将对各种布线方式做详细介绍。

1. 全局布线（All）

如果没有特殊要求，可以直接对整个电路板进行布线，即所谓的全局布线。

(1) 执行菜单命令【Auto Route】/【All】，即可打开布线策略对话框，通过此对话框可以让用户确认所选的布线策略是否正确，如图6-96所示。

(2) 如果所选的布线策略正确，单击 Route All 按钮即可进入自动布线状态，全局自动布线完成后的结果如图6-97所示。

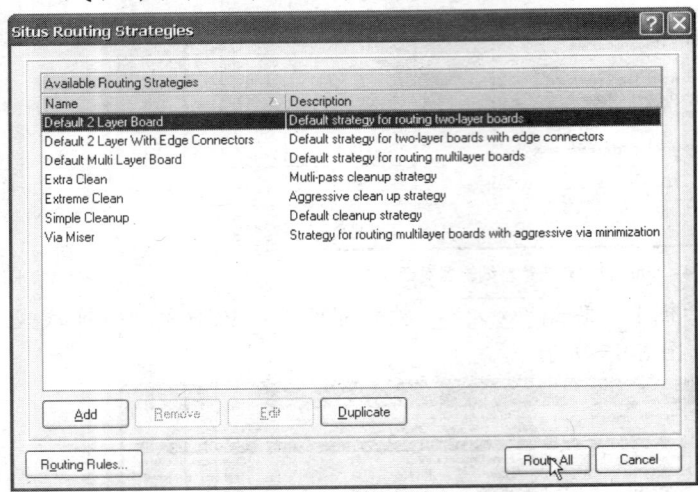

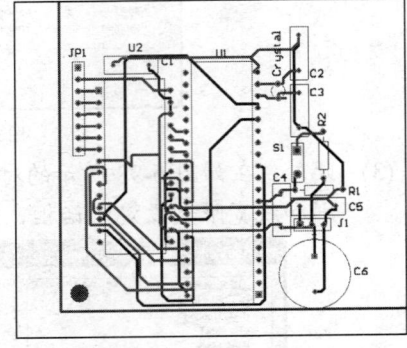

图6-96 确认所选的布线策略　　　　　　　图6-97 全局自动布线后的结果

在自动布线过程中，Protel DXP 为用户提供自动布线的状态信息，如图6-98所示。

图6-98 自动布线的状态信息

2. 指定网络布线

Protel DXP 可以对指定的网络进行自动布线。

在 PCB 的设计中一般要求将电源线的布线宽度加宽，因此需要单独对指定的电源网络（V_{CC}）进行布线。

(1) 进入如图6-95所示的 PCB 布线规则和线宽限制设定对话框，将整板的线宽【Width】加宽，如"1.5mm"。

(2) 执行菜单命令【Auto Route】/【Net】，光标变成十字形状。用鼠标左键单击元器件 C4 的第 2 引脚，弹出如图6-99所示的菜单，菜单的内容是对该引脚的有关描述，根据显示的结果，从中选择【Connection（VCC）】命令确定所要自动布线的网络。

(3) 选中布线网络后，程序就会开始进行自动布线，布线结果如图6-100所示。

第 6 章 PCB 的制作

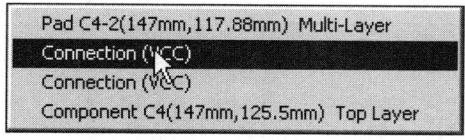

图6-99 选中所要自动布线的网络（V_{CC}）

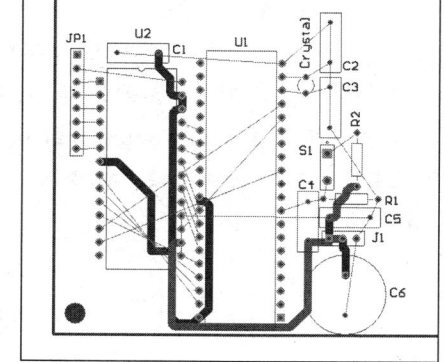

图6-100 指定网络（V_{CC}）布线结果

(4) 对该网络自动布线结束后，程序仍处于指定网络布线命令状态，可以继续选定其他网络进行自动布线。单击鼠标右键即可退出当前命令状态。

　　用户也可以在命令状态下，直接单击所要进行布线的网络中的预拉线，程序即可对该网络进行自动布线。

3. 指定两连接点之间布线

用户可以指定两连接点，使程序只对这两个点之间的连线进行自动布线。在图 6-100 所示界面的基础上，对 U2 的 12 脚、U1 的 17 脚的连接进行自动布线，由于这两点之间的线是信号线，因此指定线宽为"0.5mm"。

(1) 进入如图 6-95 所示的 PCB 布线规则和线宽限制设定对话框，将整板的线宽【Width】改为信号线的宽度，如"0.5mm"。
(2) 执行菜单命令【Auto Route】/【Connection】，光标变成十字形状。用鼠标左键单击元器件 U2 的 12 脚，弹出如图 6-101 所示的菜单，菜单的内容是对该引脚的有关描述，从中选择【Connection（RD）】选项确定所要自动布线的连接。
(3) 选中布线连接后，程序就会开始进行自动布线，布线结果如图 6-102 所示。
(4) 对该网络自动布线结束后，程序仍处于指定网络布线命令状态，可以继续选定其他网络进行自动布线。单击鼠标右键即可退出当前的命令状态。

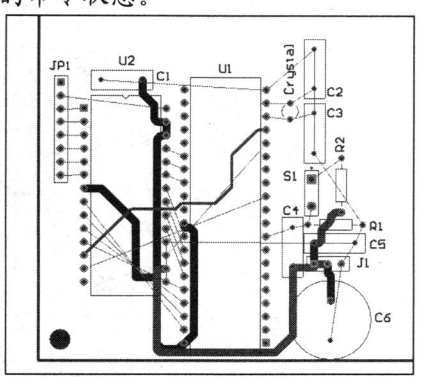

图6-101 选中所要自动布线的连接

图6-102 指定两点间连接的布线结果

4. 指定元器件布线

用户可以选定某个元器件，使程序只对与该元器件相连的网络进行自动布线。下面将在图 6-102 所示的基础上指定元器件 U1 进行自动布线，具体操作步骤如下。

(1) 执行菜单命令【Auto Route】/【Component】，光标变成十字形状。将光标移动到元器件 U1 上，单击鼠标左键，程序便开始对元器件 U1 进行自动布线。布线后的结果如图 6-103 所示。

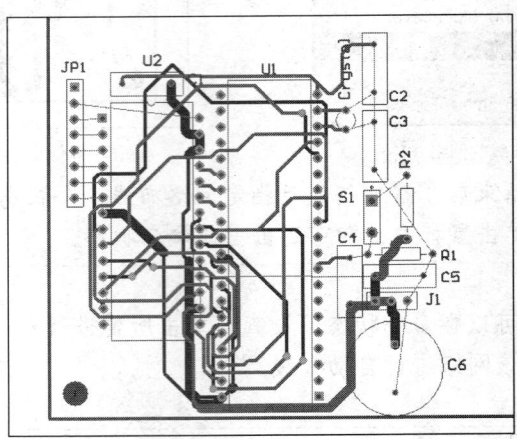

图6-103 指定元器件布线结果

(2) 自动布线结束后，程序仍处于指定元器件布线的命令状态，可以继续选定其他元器件进行自动布线。单击鼠标右键即可退出当前的命令状态。

5. 指定区域布线

用户还可以指定特定区域进行自动布线，程序自动布线的范围仅限于该区域内。下面在图 6-103 所示的基础上对右半部分剩余区域进行自动布线，具体操作步骤如下。

(1) 执行菜单命令【Auto Route】/【Area】，光标变成十字形状。单击确定矩形区域对角线的一个顶点，然后移动鼠标到适当位置，再次单击确定矩形区域对角线的另一个顶点，这样就选定了布线区域，布线结果如图 6-104 所示。

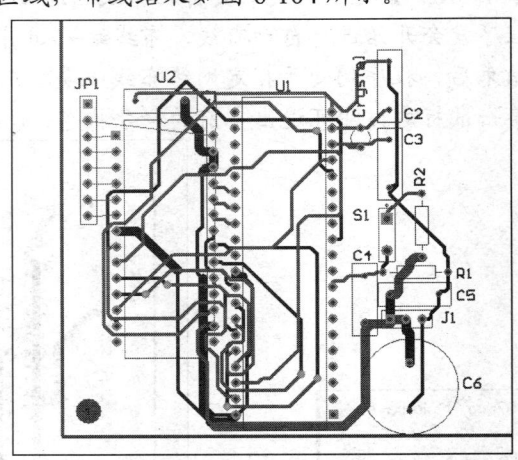

图6-104 选定区域自动布线

(2) 布线结束后，单击鼠标右键即可退出该命令状态。

6. 其他相关命令

下面介绍菜单【Auto Route】中与自动布线有关的其他命令。

- ❖ 【Reset】：复位，即可进入【Auto Route】/【ALL】命令状态，重新开始自动布线。
- ❖ 【Stop】：终止自动布线。
- ❖ 【Pause】：暂停自动布线。
- ❖ 【Restart】：重新开始自动布线，该命令与【Pause】命令配合使用。

在这里我们采用各种布线相结合的方法，根据布线过程中的设计要求完成整个电路板的布线，自动布线后的印制电路板如图6-105所示。

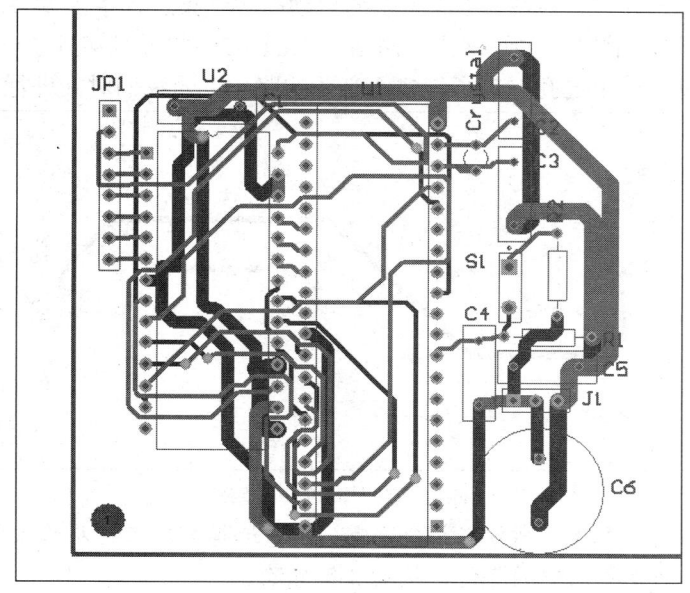

图6-105　自动布线后的结果

由图 6-105 所示界面可以看出，尽管自动布线简便、快捷，但是也不难发现，自动布线的结果中有很多不尽人意或不合理的地方，这主要是由于程序算法的限制所致。因此，用户有必要在自动布线的基础上对印制电路板进行手工调整。

6.9　电路板的手工调整

在 Protel DXP 中，利用自动布线一般是不可能完成全部任务的。自动布线其实质是在某种给定的算法下，按照用户给定的网络表，实现各网络之间的电气连接。因此，自动布线的功能主要是实现电气网络间的连接，在自动布线的实施过程中，很少考虑到特殊的电气、物理和散热等要求，我们必须通过手工布线来进行调整，使电路板既能实现正确的电气连接，又能满足用户的设计要求。

为了达到详细说明问题的效果，我们在图 6-105 所示界面中找到一些有缺点的部分，给予具体分析，使读者能看清楚自动布线的一些不足。

6.9.1 利用编辑功能修整

在 PCB 的设计过程中一般要遵循以下原则。

- ❖ 引脚间的连线尽量短。自动布线由于算法的原因，最大的缺点就是布线时的拐角太多，许多连线往往是舍近求远，拐了一个大弯再转回来，设计者在手工调整的时候应当尽量避免。
- ❖ 连线尽量不要从 IC 片的引脚间穿过。连线从引脚之间穿过，焊接元器件时容易造成短路，这部分导线能修改的尽量手工修整。
- ❖ 连线简洁，同一连线不要重复连接，以免影响布线美观。

下面将针对以上几点，对图 6-105 所示的自动布线结果进行手工调整。

如图 6-106 所示，在顶层的连线上，网络（NetJP1-2）的导线穿过了一个引脚后，再绕回来，而且还绕过了一个过孔，走了许多不必要的路，下面我们对其进行修改。

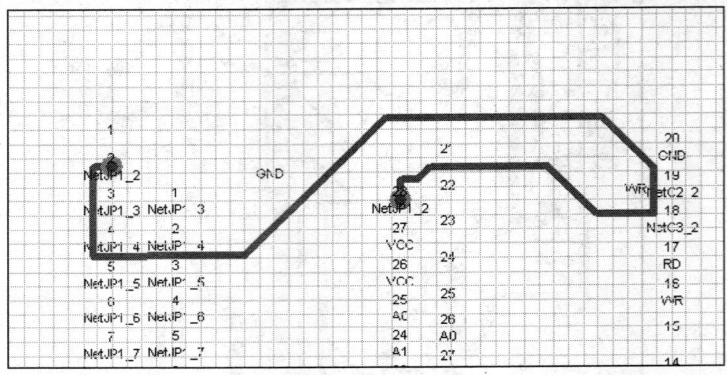

图6-106　自动布线的多处拐弯

(1) 由于这条导线处于顶层，所以在调整之前，应该选择当前工作层为顶层（Top Layers）。
(2) 选择图 6-106 所示界面中的导线，按 Del 键删除。
(3) 根据上面的 3 条布线原则，采用手工布线的方法，连接网络（NetJP1-2）的导线，修改后的结果如图 6-107 所示。

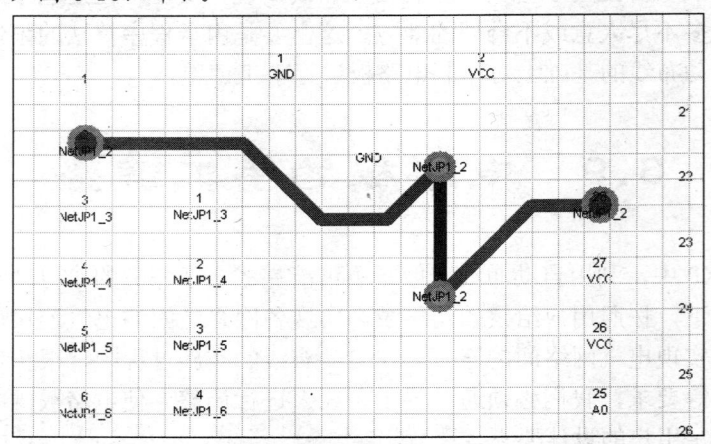

图6-107　修整后的结果

还有在图 6-105 所示界面中，网络（GND）之间的连线又多处重复，这是不必要的。所以我们应当将多余的连线去除，使电路板的设计简洁明了，修改后的结果如图 6-108 所示。

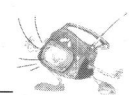

第 6 章 PCB 的制作

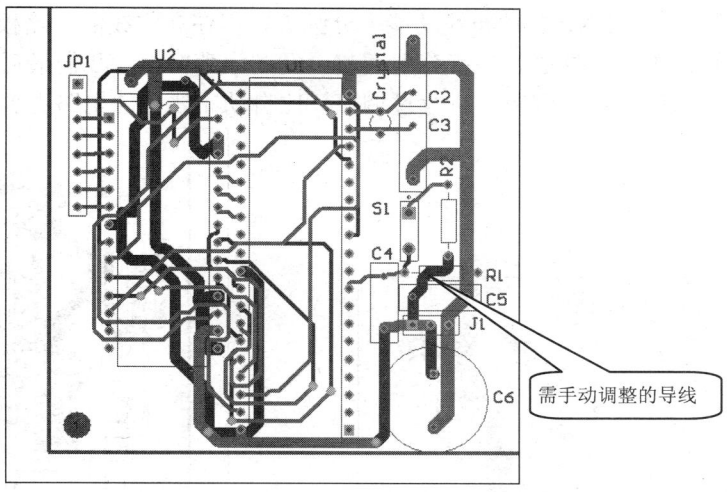

图6-108 修改后的结果

在上面的手工调整过程中,用 Del 键删除待修改的导线其实是十分不方便的,特别是在网络连线较多的情况下,逐段删除导线的工作量是非常大的。在 Protel DXP 中,为用户提供了功能强大的拆线功能,使手工调整变得十分方便。

6.9.2 拆线功能简介

执行菜单命令【Tools】/【Un-Route】,将会弹出如图 6-109 所示的菜单选项。各选项说明如下。

- ❖ 【All】:该选项对整个电路板进行拆线操作。
- ❖ 【Net】:该选项对指定网络进行拆线操作。
- ❖ 【Connection】:该选项对指定连线进行拆线操作。
- ❖ 【Component】:该选项对指定元器件进行拆线操作。
- ❖ 【Room】:该选项对指定空间进行拆线操作。

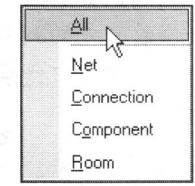

图6-109 菜单【Tools】/【Un-Route】中的选项

(1) 执行菜单命令【Tools】/【Un-Route】/【Connection】。
(2) 执行命令后,鼠标指针变成十字形状。移动光标到如图 6-108 所示中标出的导线上,单击鼠标左键,就会拆除两个引脚之间的连线,这就是拆线功能。此时系统仍处于拆线命令状态,可以继续拆除其他的连接,然后单击鼠标右键退出拆线命令。拆线结果如图 6-110 所示。
(3) 确定需要布线的所在层面,选择该层为当前工作层。执行菜单命令【Place】/【Interactive Routing】,或单击放置工具栏中的 按钮进行布线,重新设计两脚之间的连线,结果如图 6-111 所示。

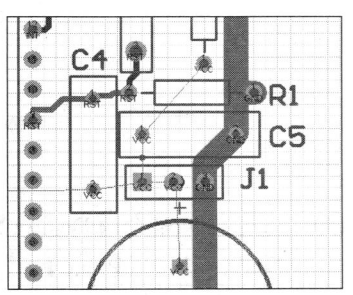

图6-110 拆除连线的部分电路放大图

虽然 Protel DXP 自动布线功能十分强大，但在布完线的电路板中，设计者还会发现许多不合理的地方，这必须进行分别调整。经过一番努力，我们最后得到如图 6-112 所示的电路图，该图在部分细节上进行过调整，比自动布线后的电路更加合理、美观。

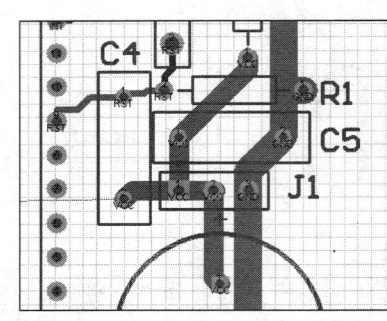
图6-111 修整完毕的电路图

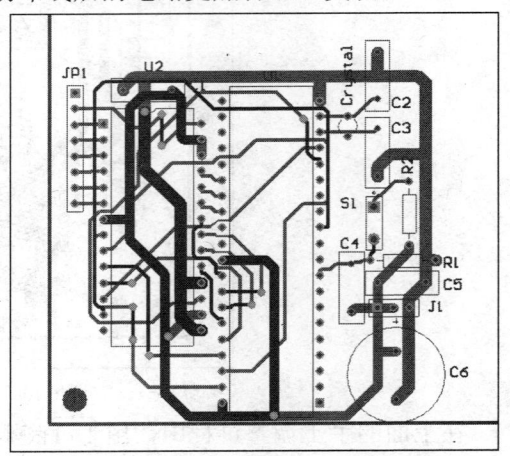
图6-112 最后修整完毕的电路图

6.9.3 覆铜

在手工调整之后对各布线层中放置的地线网络进行覆铜，以增强 PCB 抗干扰的能力；另外，需要过大电流的地方也可采用覆铜的方法来加大过电流的能力。

(1) 修改物理层和禁止布线层。将物理层和禁止布线层的边界进行重新定义，使其在有效面积内能够比较合理地分布元器件，达到最佳的利用效果。但是依然要提醒用户的一点是：我们提倡最有效的利用 PCB 空间，但是这必须保证能够方便的安装。用户可以参考前面物理层和禁止布线层的画法，对其进行调整，调整后的 PCB 如图 6-113 所示。

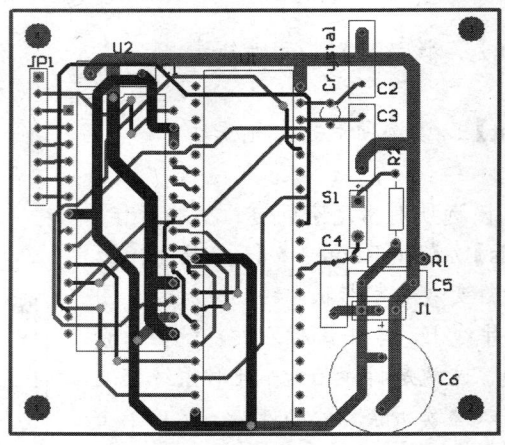
图6-113 调整后的 PCB

(2) 执行菜单命令【Design】/【Rules】，即可进入布线规则和线宽设置对话框。在该对话框中，双击【Plane】/【Polygon Connect Style】/【Polygon Connect】，将会进入多边形填充方式与同一网络连接方式对话框，如图 6-114 所示。

第 6 章 PCB 的制作

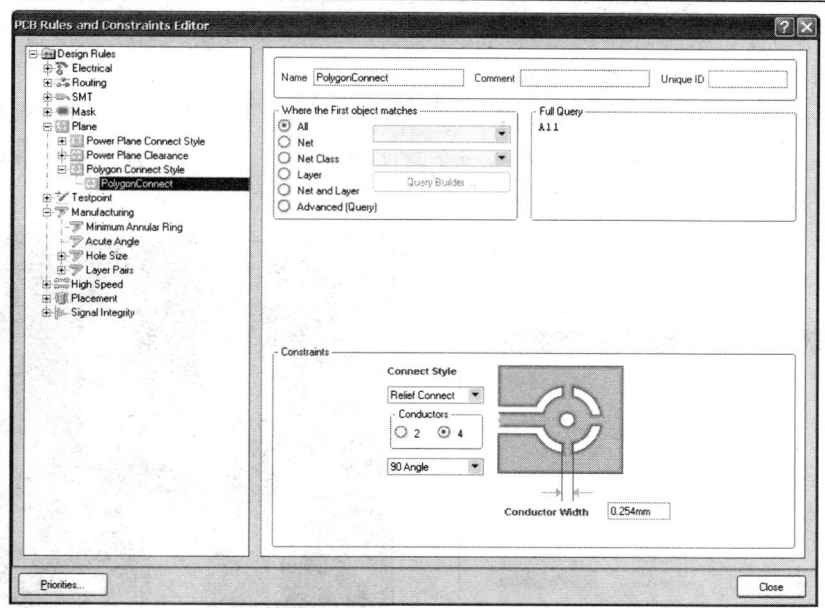

图6-114 多边形填充与网络连接方式对话框

Protel DXP 为用户提供了以下 3 种连接方式。

❖ 【Relief Connect】：导线连接。
❖ 【Direct Connect】：直接连接。
❖ 【None Connect】：没有连接。

在【Relief Connect】方式中导线连接又有如图 6-115 所示的几种方式。

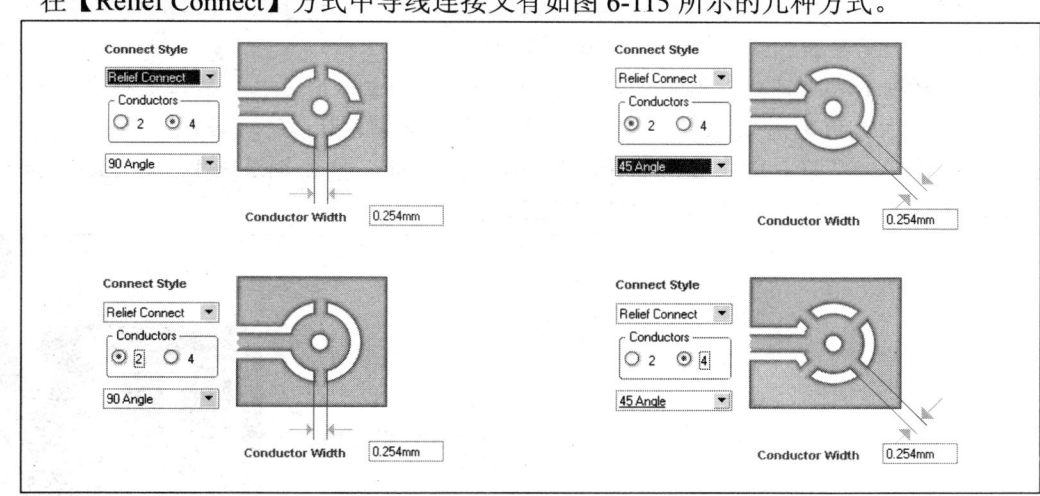

图6-115 【Relief Connect】导线连接方式

在设计中对于同一种网络通常选择直接连接的方式，这样在连接相同网络时，连接的有效面积最大。但是也有一个缺点，那就是在焊接元器件时，由于接触面积较大，散热较快，不利于焊接。在这里选择直接连接方式。

(3) 设置多边形填充的地线覆铜与导线和焊盘的安全间距，如果用户的 PCB 允许，建议采用 ≥ 0.5mm 的安全间距。

(4) 单击放置工具栏中的 按钮，即可进入多边形填充对话框，如图 6-116 所示。

在该对话框中，选择连接网络为"GND"，工作层面为底层，将线宽设为"1mm"，不采用网格的连接方式，采用整块覆铜。

(5) 在多边形填充对话框设置好后，单击 OK 按钮，光标变成十字形状，根据画导线的方法，在需要放置覆铜的区域外画一个封闭的多边形，之后单击鼠标右键即可，覆完铜的 PCB 如图 6-117 所示。

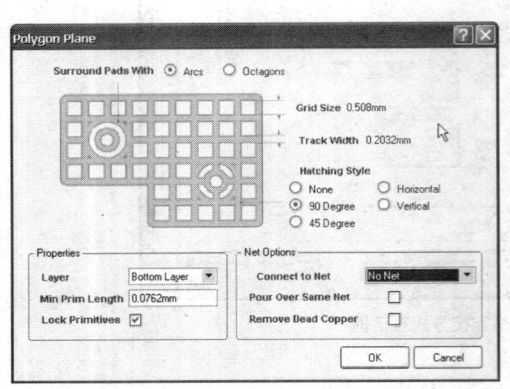

图6-116 多边形填充对话框

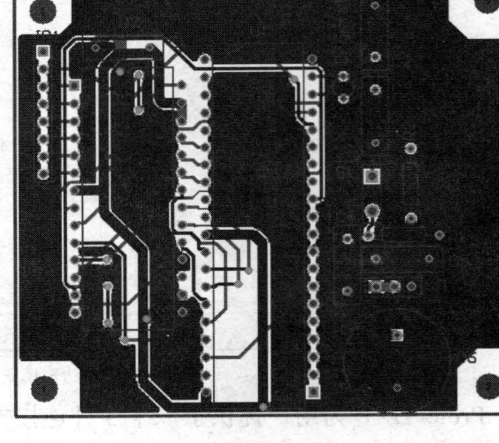

图6-117 覆铜后的 PCB

(6) 如果用户对覆铜的结果不满意可以重新设定规则。在覆铜层上双击鼠标左键，将弹出如图 6-116 所示的多边形填充对话框，单击 OK 按钮，接着会弹出如图 6-118 所示的对话框。如果用户对本次新规则的设定满意，可以单击 Yes 按钮按照新的规则重新覆铜，否则单击 No 按钮，退出本次修改。

(7) 如果用户对本次覆铜的外形不满意，还可以将鼠标移到覆铜层上，按住鼠标左键不放，将覆铜层拉到 PCB 外，放开鼠标左键，弹出如图 6-118 所示的对话框，单击 No 按钮，这时覆铜层将会留在当前位置，如图 6-119 所示。将覆铜层选中，按 Del 键删除覆铜层，然后重复上述步骤，即可重新覆铜。

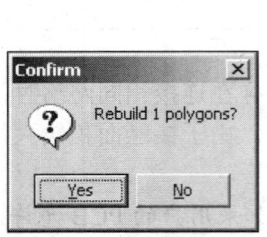

图6-118 修改覆铜

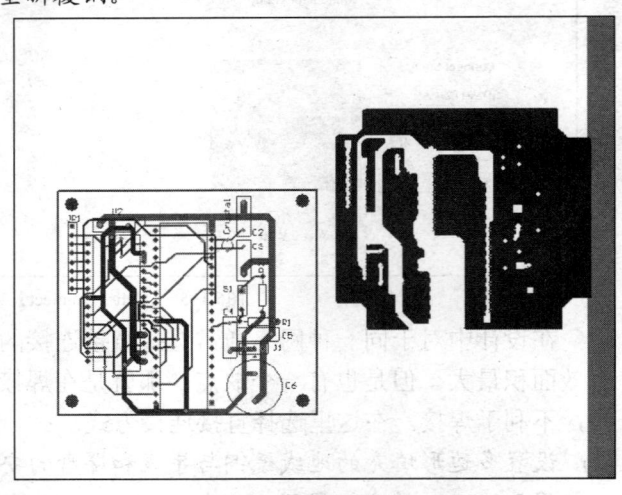

图6-119 移除覆铜层

(8) 用户在需要过大电流的地方也应当覆铜。

最后的 PCB 如图 6-120 所示。

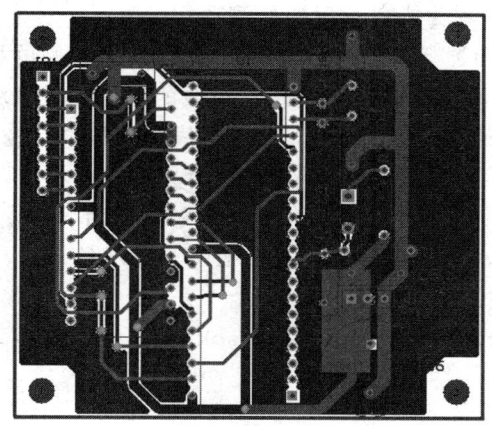

图6-120 最终的 PCB 图

6.9.4 设计规则检测

对布线完毕后的电路板做设计规则检测（DRC），可以确保 PCB 完全符合设计者的要求，所有的网络均已正确连接。即使是有着丰富经验的设计人员，在 PCB 比较复杂时也是很容易出错的，因此建议设计者在完成 PCB 的布线后，千万不要遗漏这一步。

(1) 执行菜单命令【Tools】/【Design Rule Check】，打开如图 6-121 所示的设计规则检测对话框。

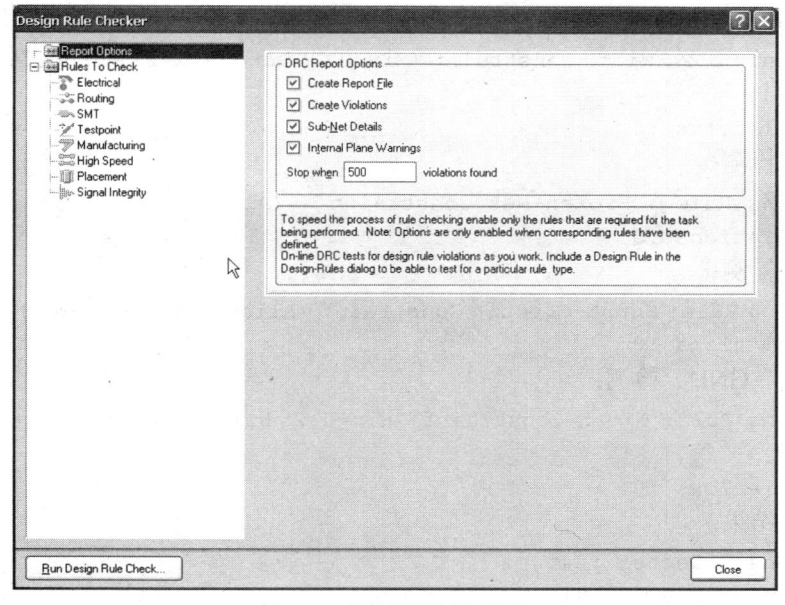

图6-121 设计规则检测对话框

设计规则的检测可以分为两种结果：一种是报表（Report）输出，可以产生检测的结果报表；另一种是在线检测（On-Line）工具，也就是在布线的过程中对布线规则进行检测，防止错误产生。在报表方式中应主要关心以下各项。

- ❖ 【Clearance】：该项为安全间距的检测项。
- ❖ 【Width】：该项为走线宽度的检测项。
- ❖ 【Short Circuit】：该项为电路板走线是否符合规则的检测项。
- ❖ 【Un-Routed Net】：该项将对没有布线的网络进行检测。
- ❖ 【Un-Connect Pin】：该项将对没有布线的引脚进行检测。

对于该对话框中其他各项，应用范围较窄，有兴趣的读者可以自己试一试。

(2) 设定报表检测选项后，我们进行自动布线检测的操作。单击对话框左下角的 Run Design Rule Check... 按钮，开始运行设计规则检测。程序结束后，会产生一个检测情况报表，具体内容如下所示。

```
protel Design System Design Rule Check
PCB File: \pdp\zw\AD\87c52.PcbDoc
Date    : 2002-11-20
Time    : 23:30:42
```

线宽限制检测：

```
Processing Rule : Width Constraint (Min=0.254mm) (Max=2mm) (Preferred=1.5mm) (All)
Rule Violations :0
```

孔径大小检测：

```
Processing Rule: Hole Size Constraint (Min=0.0254mm) (Max=2.54mm) (All)
  Violation    Pad Free-1(104mm,104mm)   Multi-Layer Actual Hole Size=4mm
  Violation    Pad Free-2(167mm,104mm)   Multi-Layer Actual Hole Size=4mm
  Violation    Pad Free-3(167mm,160mm)   Multi-Layer Actual Hole Size=4mm
  Violation    Pad Free-4(104mm,159mm)   Multi-Layer Actual Hole Size=4mm
Rule Violations:4
```

线宽限制（V_{CC}）检测：

```
Processing Rule : Width Constraint (Min=0.254mm) (Max=2mm) (Preferred=1.5mm)
(InNet('VCC'))
Rule Violations :0
```

断路网络检测：

```
Processing Rule : Broken-Net Constraint ( (All) )
Rule Violations :0
```

断路网络检测：

```
Processing Rule: Short-Circuit Constraint (Allowed=Not Allowed) (All),(All)
Rule Violations :0
```

线宽限制（GND）检测：

```
Processing Rule: Width Constraint (Min=0.254mm) (Max=2mm) (Preferred=2mm)
(InNet('GND'))
Rule Violations :0
```

总的检测结果：

```
Violations Detected : 4
Time Elapsed : 00:00:01
```

在本例中，由于孔的大小采用系统的默认值，故 4 个安装孔与设定的规则相冲突，用户只要明白原因，可以不理会这种冲突。

在 DRC 结果中，Protel DXP 还为用户提供了一个消息窗口，如图 6-122 所示。

第 6 章 PCB 的制作

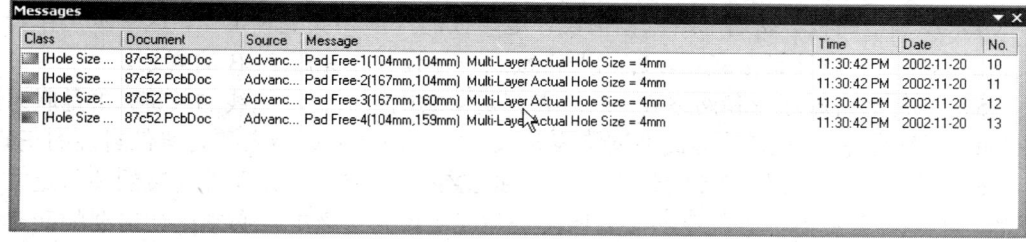

图6-122 DRC 消息窗口

6.9.5 文件的打印与输出

在 Protel DXP 中，采用典型的 Windows 界面和标准的 Windows 输出，其 PCB 的输出与原理图的输出基本相同。

至于 PCB 文件的输出，由于在 Protel DXP 中采用工程文件的管理方式，PCB 文件与工程文件是分离的，用户只需将 "*.pcbdoc" 文件拷贝出即可，如图 6-123 所示。

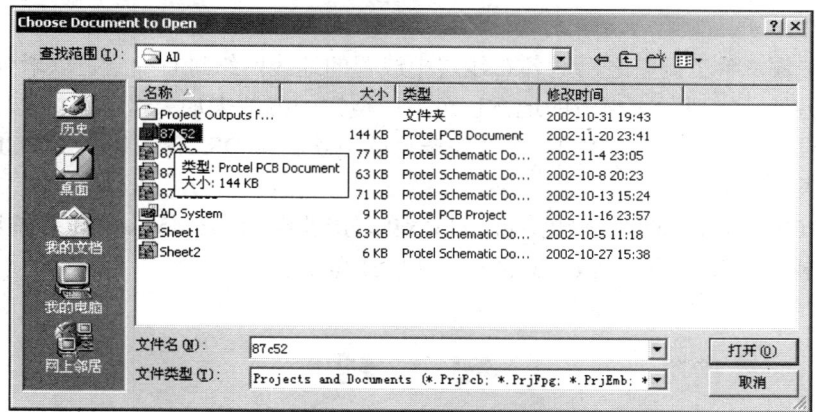

图6-123 导出 PCB 文件

将导出的 PCB 文件交给制板商就可以开始制板了，至此双面板的设计也已经完成了。

小 结

本章以双面板为例，以 PCB 设计的一般流程为主线，较为详细地介绍了 PCB 设计的全过程。在介绍 PCB 设计知识的过程中，不仅介绍了设计 PCB 的基本知识，同时也融入了我们多年的设计心得，以帮助读者能够尽快掌握 PCB 的设计。

（1）Protel DXP 布线的流程。本章详细介绍了 Protel DXP 布线的基本流程，以便让读者对 PCB 的设计有一个初步认识。

（2）设置电路板工作层面。Protel DXP 为用户提供了许多工作层面，在电路板的设计过程中，我们面临的首要问题就是选择电路板的类型，以及对相应工作层面进行设置，这一步是整个 PCB 的设计基础，因为我们的所有工作都是在相应工作层面上完成的。

（3）设置环境参数。环境参数的设置十分重要，它直接影响到我们的工作效率。

（4）规划电路板。规划电路板包括设计电路板的外形和安装等工作，这一步工作和公司设备的总体结构设计紧密联系，应当严格按照总体设计来完成PCB的规划。

（5）准备电路原理图和网络表。网络表正是印制电路板自动布线的关键，更是联系原理图和PCB图的桥梁和纽带。因此在网络表装入之前必须保证网络表和元器件封装的正确。

（6）网络表与元器件封装的装入。在Protel DXP中网络表与元器件封装的装入是非常方便的，但是需要提醒读者的是在装入网络表与元器件封装之前，必须确认需要的元器件封装库已经载入到PCB编辑器内。

（7）元器件布局。元器件布局有手工布局和自动布局两种，两种布局方法各有优点，只有将两种布局方法有机结合起来，才能够使元器件布局最佳，在最大程度上满足用户的设计要求。

（8）自动布线。Protel DXP提供的自动布线功能十分强大，提供的布线方法也非常多，在实践中用户可以多种自动布线方法相结合，使自动布线的效果达到最佳。

（9）电路板的手工调整。虽然Protel DXP提供的自动布线功能十分强大，但是在自动布线完成后，还是存在一些缺点的，这就需要用户仔细查找，并进行手工调整，以使布线效果最佳。

（10）覆铜。手工调整之后对各布线层中放置的地线网络进行覆铜，以增强PCB抗干扰的能力；另外，需要过大电流的地方也可采用覆铜的方法来加大过电流的能力。

（11）设计规则检测（DRC）。布线完毕后的电路板做DRC，可以确保PCB完全符合设计者的要求。

（12）PCB文件的打印与输出。Protel DXP采用典型的Windows操作系统界面和标准的Windows操作系统输出，其PCB的输出是十分容易的。

习 题

简答题

1. Protel DXP基本布线流程是什么？
2. 规划电路板要进行哪些工作？请说明电气边界的作用是什么？
3. 如何设置环境参数？环境参数设置有什么作用？
4. 网络表与元器件封装的装入有哪些方法？在网络表与元器件封装的装入过程中应注意什么？
5. 元器件布局的基本规则是什么？
6. 元器件布线的基本原则是什么？
7. 常用的自动布线规则有哪些？
8. 手工调整的作用是什么？加宽电源/接地线的作用及如何进行具体操作？
9. 覆铜有什么好处？
10. 为什么要进行DRC？

第 7 章 创建自己的元器件库

虽然 Protel DXP 的库文件已经非常丰富了,但在设计过程中,仍然会发生在元器件库中找不到需要的元器件的情况。本章将介绍如何创建一个原理图库、PCB 库,以及包含元器件多种信息的集成库。

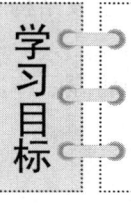

- ◎ 掌握创建元器件原理图库的方法。
- ◎ 掌握创建元器件 PCB 封装库的方法。
- ◎ 掌握创建 Protel DXP 元器件集成库的方法。

7.1 Protel DXP 元器件库概述

Protel DXP 提供了种类丰富、数量繁多的元器件库,这些元器件库主要是集成库和 PCB 库,除此之外,还有原理图库。

所谓集成库,就是将元器件的原理图符号和相关的 PCB 管脚分布、SPICE 仿真模型、信号完整性模型等信息集中封装在一起的一种元器件库形式,其文件扩展名为".IntLib"。Protel DXP 按元器件生产厂商分类,提供了数量庞大的集成库。当使用一个集成库时,调用其中一个元器件原理图符号,所有相关的其他信息都会被同时调用,是非常方便的,这种元器件库的形式是 Protel DXP 不同于以往版本的很重要的一方面。

PCB 库是用于定义元器件管脚分布信息的很重要的库,其文件扩展名为".PcbLib",Protel DXP 自带的 PCB 库位于 Protel DXP 的安装目录下,通常在"C:\Program Files\Altium\Library\Pcb"。用户也可以建立自己的 PCB 封装库。

原理图库,它是在绘制原理图时用于表达设计意图的一种元器件符号库,文件扩展名为".SchLib"。在 Protel DXP 中没有自带的单独的原理图库,他的原理图符号都存在于集成库中,当用户需要使用 Protel DXP 集成库中没有的元器件时,可以自己绘制原理图符号,并建立自己的原理图库。

Protel DXP 实用教程

7.2 创建元器件原理图库

为了使原理图更好地表达设计意图，下面介绍如何针对新的元器件来建立自己的元器件原理图库。

7.2.1 熟悉原理图库的编辑环境

在创建自己的元器件库之前，设计者有必要先熟悉一下元器件原理图库的编辑环境，Protel DXP 中没有供用户使用的专门原理图库，在其所提供的例子中可以找到几个原理图库文件，打开其中一个位于"C:\Program Files\Altium\Examples\Z80（stages）\Libraries"文件中的"Z80（thruhole）.SchLib"文件，来介绍一下原理图库文件编辑器的组成结构和各部分的作用。打开后的窗口如图 7-1 所示。

单击如图 7-1 所示的库文件编辑器【Library Editor】面板标签，在窗口中将显示库文件编辑面板，如图 7-2 所示。它主要包含如下内容。

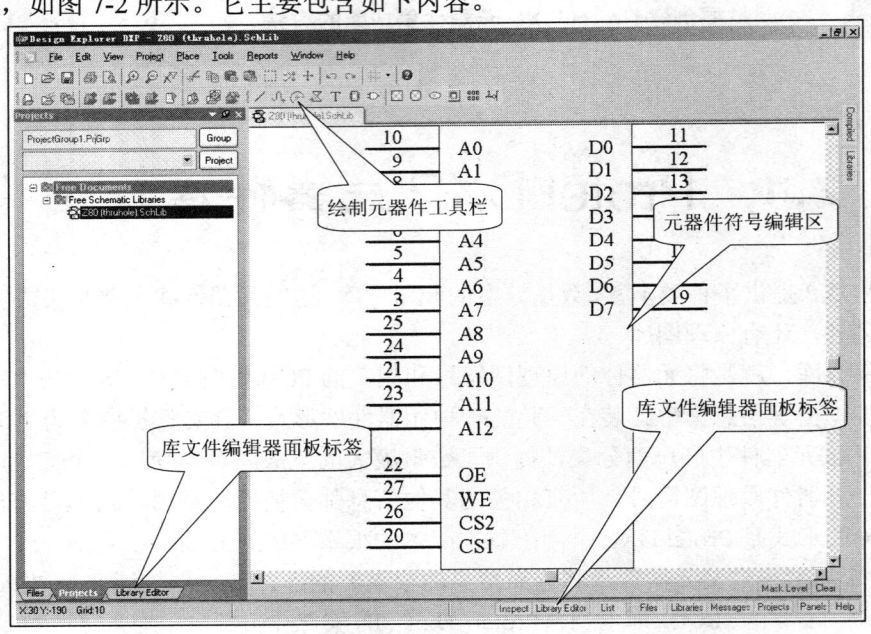

图7-1 进入原理图库编辑器

1. 元器件列表框

在元器件列表框中将显示当前打开的元器件库中所有的元器件。在该列表框下，还有如下按钮。

- ❖ Place ：单击该按钮，可以将在元器件列表框中选中的元器件放置到系统当前激活的原理图中。
- ❖ Add ：单击该按钮，可以在该原理图库中添加一个用户新建的元器件。
- ❖ Delete ：单击该按钮，可以将在元器件列表框中选中的元器件删除。

第 7 章 创建自己的元器件库

2. 别称列表框【Aliases】

在元器件列表框中选中某元器件后,该元器件的别名会在该栏中显示。在该列表框下,还有如下按钮。

- ❖ **Add**:单击该按钮,可以为元器件列表框中选中的元器件添加一个用户自定义的别名。
- ❖ **Delete**:单击该按钮,可以将选中的别名删除。
- ❖ **Edit**:单击该按钮,可以编辑当前选中的别名。

3. 管脚信息栏

在该栏中,将显示在元器件列表框中选中的元器件的管脚信息,包括管脚序号、管脚名称和管脚类型等信息。

除此之外,面板中还有一些按钮,其功能将在以后详细介绍。

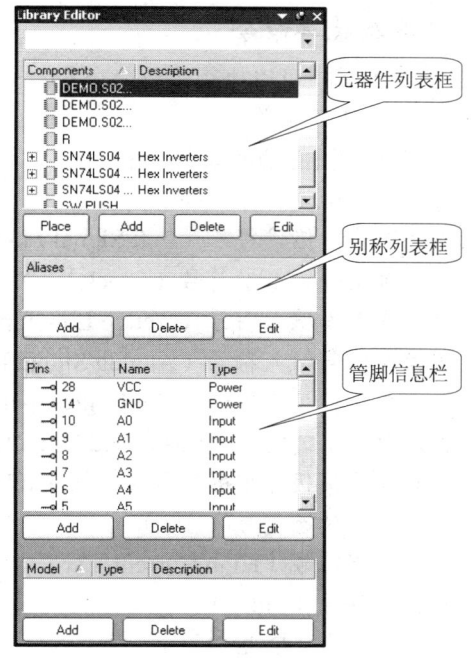

图7-2 库文件编辑面板【Library Editor】的结构

7.2.2 绘制元器件原理图符号的常用工具

在熟悉了原理图库文件编辑器后,下面介绍绘制元器件的常用工具——绘制元器件工具栏和 IEEE 符号工具栏。

1. 绘制元器件工具栏

绘制元器件工具栏如图 7-3 所示。

绘制元器件工具栏中各个按钮的功能如下。

- ● **/**:绘制直线(Line)。
- ● **∿**:绘制贝塞尔曲线(Bezier)。

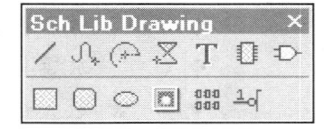

图7-3 绘制元器件工具栏

- ⌒：绘制椭圆弧（Elliptical Arc）。
- ⌧：绘制多边形（Polygon）。
- T：标注文字（Text String）。
- ▯：新建元器件（Component）。
- ▷：在当前编辑的元器件中添加子件（Component Part）。
- ▭：绘制矩形（Rectangle）。
- ▢：绘制圆角矩形（Round Rectangle）。
- ○：绘制椭圆（Ellipse）。
- ▣：粘贴图片（Graphic Image）。
- ▦：阵列粘贴图件（Array Placement）。
- ⊣：绘制元器件引脚（Pin）。

这些按钮的功能也可以通过执行菜单【Place】中的相应命令来实现。

2. IEEE 符号工具及菜单命令

打开或关闭 IEEE 符号工具栏可以执行菜单命令【View】/【Toolbars】/【IEEE Toolbar】。
图 7-4 所示的是 IEEE 符号工具栏。
IEEE 符号工具栏中各个按钮的功能如下。

- ○：放置低电平触发符号（Dot）。
- ←：放置信号左向传输符号（Left Signal Flow）。
- ⊵：放置时钟上升沿触发符号（Clock）。
- ⊣：放置电平触发输入符号（Active Low Input）。
- ⌒：放置模拟信号输入符号（Analog Signal In）。
- ✳：放置无逻辑性连接符号（Not Logic Connection）。
- ⌐：放置延时输出的符号（Postponed Output）。
- ◇：放置具有开集极输出的符号（Open Collector）。
- ▽：放置高阻抗状态符号（HiZ）。
- ▷：放置大电流符号（High Current）。
- ⊓：放置脉冲符号（Pulse）。
- ⊢⊣：放置延时符号（Delay）。
-]：放置多条 I/O 线组合符号（Group Line）。
- }：放置二进制组合的符号（Group Binary）。
- ⊤：放置低触发输出符号（Active Low Output）。
- π：放置π符号（Pi Symbol）。
- ≥：放置大于等于符号（Greater Equal）。
- ⌂：放置具有提高电阻的开集极输出符号（Open Collector PullUp）。
- ◇：放置开射极输出符号（Open Emitter）。
- ◇：放置具有电阻接地的开射极输出符号（Open Emitter PullUp）。
- #：放置数字信号输入符号（Digital Signal In）。
- ▷：放置反向器符号（Inverter）。
- ◁▷：放置双向信号流符号（Input Output）。

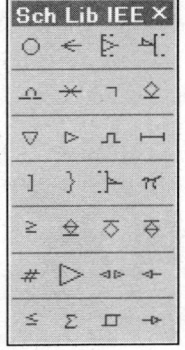

图7-4　IEEE 符号工具栏

第 7 章 创建自己的元器件库

- ❖ : 放置信号数据左移传输符号（Shift Left）。
- ❖ : 放置小于等于符号（Less Equal）。
- ❖ : 放置Σ符号（Sigma）。
- ❖ : 放置施密特触发输入特性的符号（Schmitt）。
- ❖ : 放置数据右移的符号（Shift Right）。

IEEE 符号工具栏中各个按钮的功能也可以通过执行菜单【Place】/【IEEE Symbols】中的对应命令来实现。

7.2.3 创建用户自己的原理图库

在熟悉了原理图元器件库编辑器常用工具后，下面我们就来建立一个自己的元器件原理图库，并在库中添加一个 Protel DXP 自带元器件库中没有的元器件。这里以建立图 7-5 所示的继电器的原理图符号为例进行介绍。

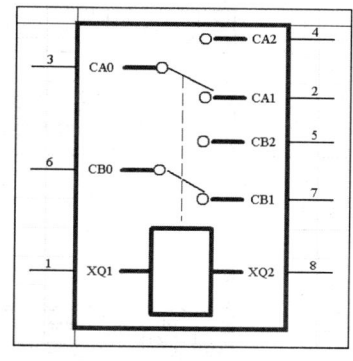

(1) 执行菜单命令【File】/【New】/【Schematic Library】，新建一个原理图库文件。
(2) 单击主工具栏中的 按钮，系统弹出保存文件对话框。
(3) 在文件名一栏中填入 "MySchLib"，单击 保存(S) 按钮。此时在工程【Projects】面板中会出现刚才保存的元器件原理图库文件名，如图 7-6 所示。

图7-5 将要绘制的元器件原理图符号

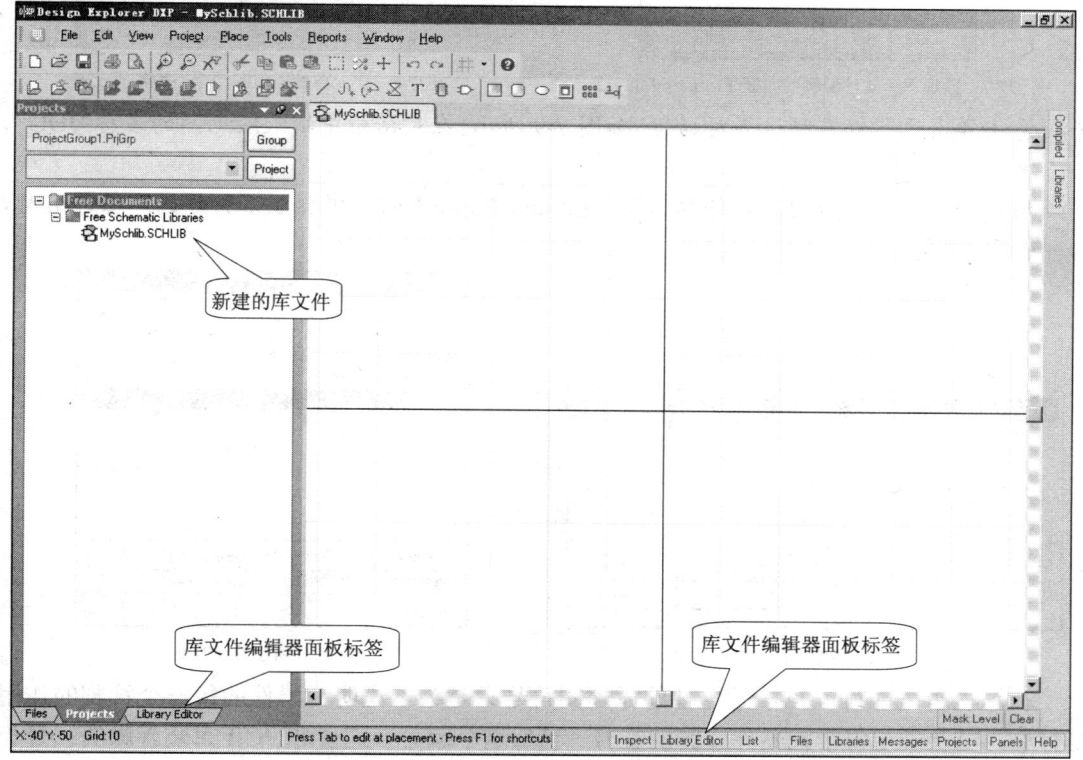

图7-6 新建原理图库后的窗口

(4) 在图 7-6 所示界面中单击原理图库文件编辑器面板【Library Editor】标签，打开原理图库文件编辑器面板，如图 7-7 所示。

(5) 在元器件原理图库中新建元器件。在原理图库文件编辑器【Library Editor】面板中单击如图 7-8 所示的 Add 按钮或单击绘制元器件工具栏中的 按钮。

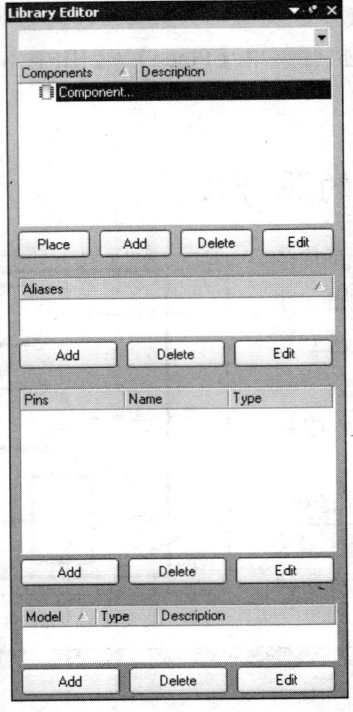

图7-7 原理图库文件编辑器面板【Library Editor】   图7-8 在元器件原理图库中添加新的元器件

(6) 系统弹出元器件名称设置对话框，如图 7-9 所示。在对话框中填入继电器的名称"JDQ"，单击 OK 按钮。

(7) 用户会发现在原理图库文件编辑器【Library Editor】面板中会显示新建的元器件名称，如图 7-10 所示。

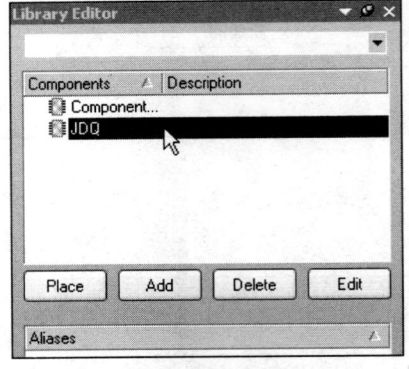

图7-9 元器件名称设置对话框   图7-10 新建的元器件

在这里首先明确一点，元器件的原理图符号只是为了说明元器件的每一个管脚的作用是什么，以及确定每个元器件管脚的编号（当然这个编号一定要和 PCB 封装管脚的编号相一致），符号的大小、形状和实际元器件可以不同。

下面开始在元器件绘制工作区进行元器件原理图符号的绘制工作。

(1) 为了绘图方便，我们重新设定跳跃栅格和可视栅格。执行菜单命令【Tools】/【Document Options】。

(2) 执行该命令后，在弹出的库文件编辑区属性设置对话框中选中复选框【Snap】和【Visible】，并将【Snap】栏设为"10"，【Visible】栏设为"10"。单击  按钮，如图 7-11 所示。

(3) 用户需对所要绘制的元器件的管脚按照它们在实际元器件中的位置进行编号（该编号信息在建立该元器件的 PCB 封装时，将会再次使用），如图 7-12 所示。根据管脚功能确定每个管脚的名称，如表 7-1 所示。

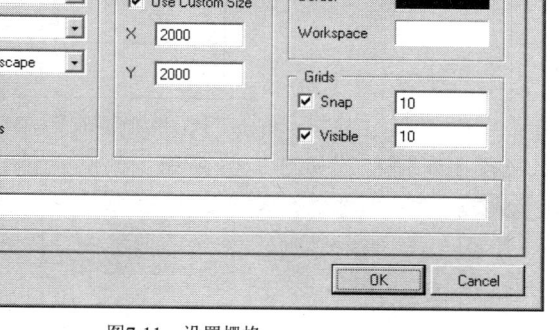

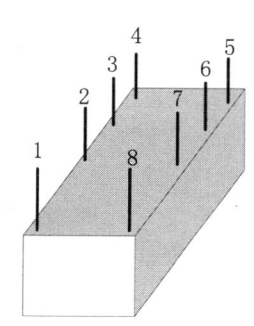

图7-11 设置栅格　　　　　　　　　　图7-12 对实际元器件管脚进行编号

表 7-1 管脚编号和管脚名称

管脚编号	管脚名称
1	XQ1
2	CA1
3	CA0
4	CA2
5	CB2
6	CB0
7	CB1
8	XQ2

定义管脚名称和编号优先参考该元器件厂商所提供的说明文件。需要说明的是，该继电器的使用方法。该继电器的 1 和 8 管脚是继电器电磁铁线圈的两个引线端，管脚 3 和 2、管脚 6 和 7 是该继电器的两对常闭触点，管脚 3 和 4、管脚 6 和 5 是该继电器的两对常开触点。

当继电器磁铁线圈引线端 1 和 8 间施加规定的电压后，管脚 3 和 2 断开，管脚 3 和 4 导通，管脚 6 和 7 断开，管脚 6 和 5 导通。

(4) 单击绘制元器件工具栏中的 ▢ 按钮，绘制继电器原理图符号的轮廓。该工具的使用方法和图形工具栏中绘制矩形的使用方法完全相同，绘制完毕后的外观如图 7-13 所示。

(5) 单击绘制元器件工具栏中的 按钮，根据实际元器件（继电器）的管脚名称和分布位置，在继电器外观轮廓上添加管脚，单击该按钮后，鼠标指针变成如图 7-14 所示的形状。

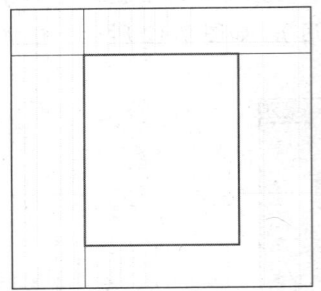

图7-13　绘制继电器外观轮廓

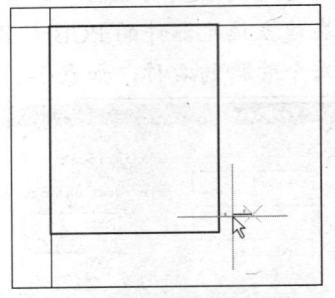

图7-14　执行添加管脚符号命令后的状态

(6) 按 Tab 键，系统打开管脚属性设置对话框，如图 7-15 所示。

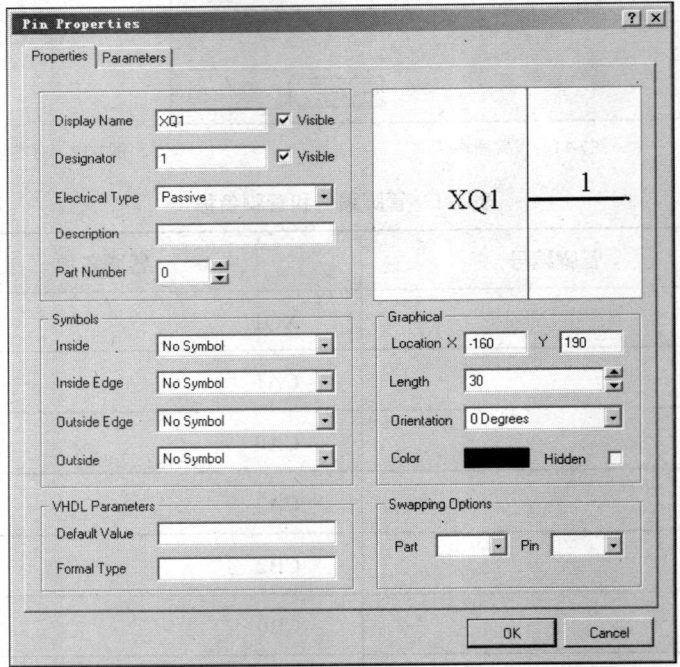

图7-15　管脚属性设置对话框

在该对话框中有如下栏目可供设置。

　　❖【Display Name】：用于填写管脚名称，通常将其电气功能作为管脚名称，在这里，将放置继电器磁铁线圈的一个引线，因此可以将该管脚命名为"XQ1"（汉语拼音 XianQuan 的首字母）。

　　❖【Designator】：管脚编号，一个管脚的编号必须和对应的 PCB 封装的编号对应。

- ❖ 【Electrical Type】：管脚电气类型，可在其下拉列表中选择一定的类型，这一设置将会在工程编译查错中用到。
  - ❖ 【Description】：管脚描述。
  - ❖ 【Part Number】：子件数。
  - ❖ 在标志【Symbols】栏中，可以在下拉菜单中选择不同的 IEEE 符号，分别放置在轮廓的内部（Inside）、边缘靠里（Inside Edge）、边缘靠外（Outside Edge）、外部（Outside）。

(7) 设置完毕后单击 OK 按钮。

(8) 在元器件轮廓上适当位置，单击鼠标左键放置该管脚，如图 7-16 所示。

用户如果需要调整管脚方向，可以用鼠标左键单击该管脚后，不放开鼠标左键，按空格键即可将管脚旋转。

(9) 使用相同方法，放置其余的管脚，并根据需要调整管脚位置，最终得到该元器件原理图符号的外形如图 7-17 所示。

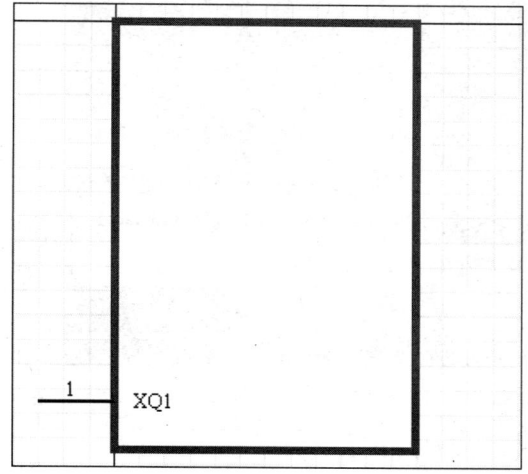

图7-16 放置一个管脚

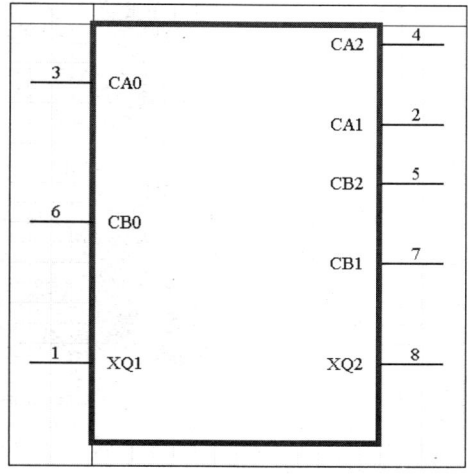

图7-17 放置好各个管脚的继电器原理图符号

(10) 为了更加清晰地表达各个管脚的作用，可以在外形轮廓中添加触点符号、线圈符号（并非必须），结果如图 7-5 所示。

(11) 执行菜单命令【File】/【Save】，或单击主工具栏中的 按钮，即可将新建的元器件"JDQ"保存在当前的元器件库文件"MySchLib.SchLib"中。

如果要在该元器件库中继续制作其他新元器件，可以从创建元器件名称的第（5）步操作开始重复执行以上步骤。

7.3 创建元器件 PCB 库

Protel DXP 提供了丰富的元器件封装形式供用户调用，但是随着电子工业的飞速发展，新型的元器件封装形式层出不穷，Protel DXP 中的元器件 PCB 封装库总显得不够用。这时，可以针对新的元器件，来建立元器件 PCB 封装库。

7.3.1 熟悉元器件 PCB 封装库编辑环境

打开位于 Protel DXP 安装目录下的一个 PCB 封装库文件 "C:\Program Files\Altium\Library\Pcb" 中的 "Dual-In-Line Package.PcbLib"，启动元器件 PCB 封装库编辑器。该 PCB 封装库文件的打开方法与打开其他文件类似，打开后的窗口如图 7-18 所示。

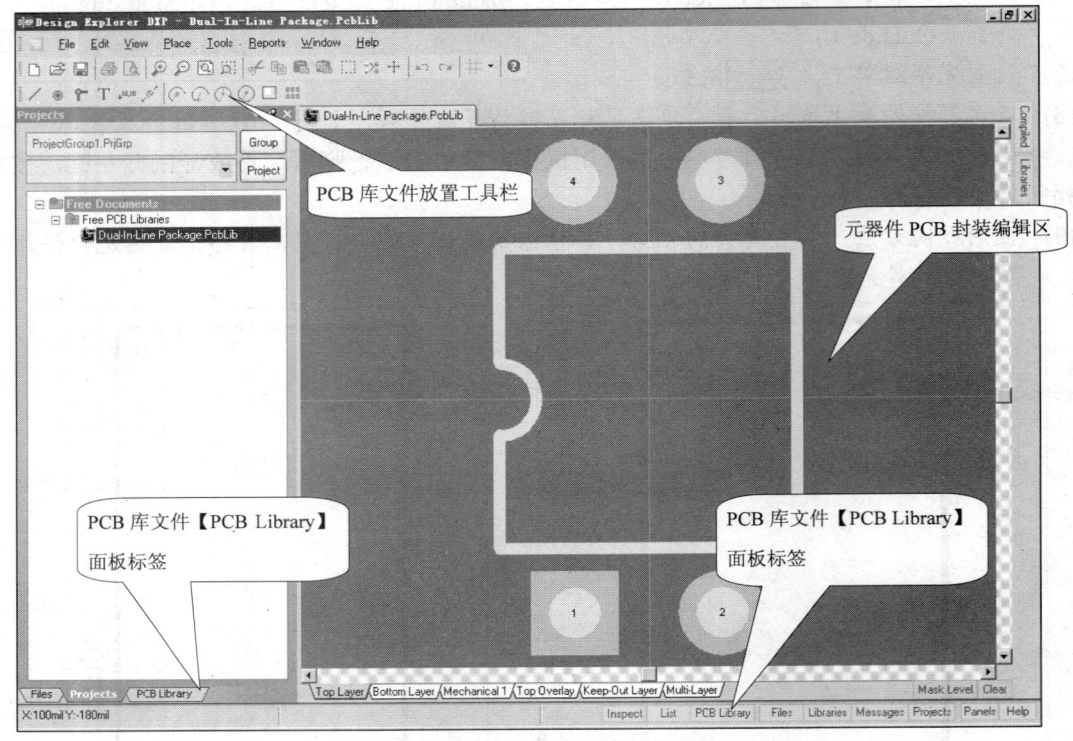

图7-18 进入元器件 PCB 封装库编辑环境

单击 PCB 库文件【PCB Library】面板标签，即可打开 PCB 库文件【PCB Library】面板，如图 7-19 所示。

该面板包含以下各部分。

❖ 屏蔽【Mask】查询框：在该框中键入特定查询字符后，在封装列表框中将显示封装名称中包含用户键入的特定字符的所有封装。如果在该框中键入"*"号，则代表任意字符。

❖ 封装列表框：在该框中显示符合屏蔽【Mask】查询要求的所有封装的名称。单击该框中的封装名称，该封装形式将会显示在工作区。

❖ 4个选择按钮。

　　< 　选择上一个封装。
　　>> 　指向最后面一个封装。
　　<< 　指向最前面一个封装。
　　> 　选择下一个封装。

第 7 章 创建自己的元器件库

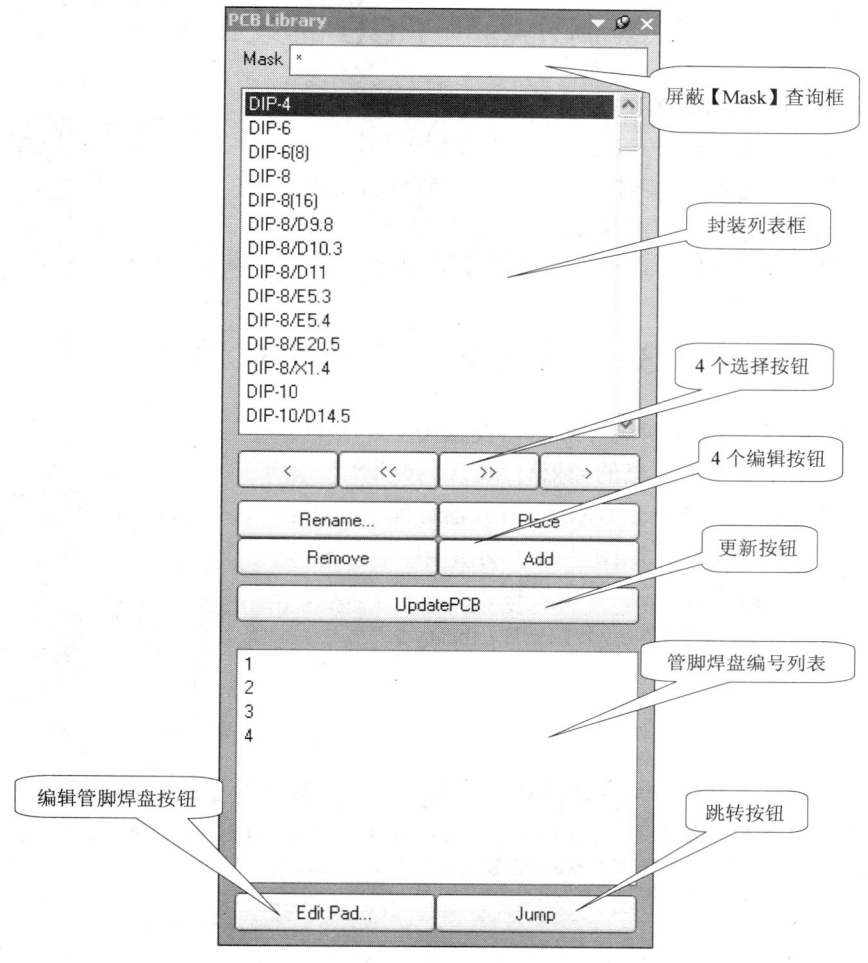

图7-19 PCB 封装库文件面板

- ❖ 4 个编辑按钮。

    Rename... 重命名当前选中封装的名称。
    Place 将当前选中的封装，放置在最近激活的 PCB 文件中。
    Remove 将当前选中的封装从封装库中删除。
    Add 在当前封装库中添加新的元器件封装。

- ❖ UpdatePCB ：更新 PCB 按钮。

    如果用户在某 PCB 电路板文件中使用了某一元器件的封装，随后可以打开该元器件封装所在的 PCB 封装库，对该元器件封装做改动，此时单击此按钮，将会使该 PCB 电路板文件中的元器件 PCB 封装随之改动。

- ❖ 管脚焊盘编号列表：在该列表中列出了所有管脚焊盘的编号。
- ❖ Edit Pad... ：编辑焊盘按钮。在管脚焊盘编号列表中选中某一管脚焊盘后，单击此按钮，可对所选焊盘的属性进行重新设定。
- ❖ Jump ：跳转按钮。在管脚焊盘编号列表中选中某一管脚焊盘后，单击此按钮，可使工作区放大显示所选焊盘。

193

Protel DXP 实用教程

7.3.2 绘制元器件 PCB 封装工具栏

图 7-20 所示是 Protel DXP 元器件 PCB 封装库编辑器中一个非常重要的工具栏——PCB 封装库放置工具栏。它的作用是在创建元器件封装时放置焊盘，绘制线段等图件。其中各种工具的使用方法和 PCB 编辑器中的放置工具栏完全相同，读者可以参考前面章节的有关内容。

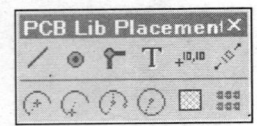

图7-20　元器件 PCB 封装库放置工具栏

7.3.3 创建用户自己的原理图库

在熟悉了元器件 PCB 封装库编辑器及常用工具后，下面就来建立一个自己的元器件 PCB 封装库，并在库中添加一个 Protel DXP 自带元器件库中没有的元器件封装。在此以图 7-21 所示继电器的 PCB 封装建立过程为例说明整个过程。

(1) 执行菜单命令【File】/【New】/【PCB Library】，新建一个 PCB 库文件。

(2) 单击主工具栏中的 按钮，系统弹出保存文件对话框。

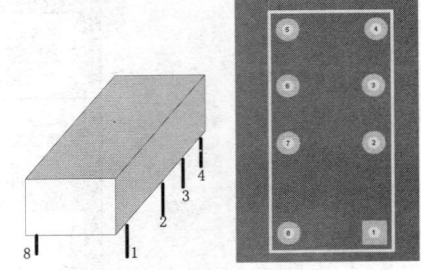

图7-21　将要绘制的元器件实物和 PCB 封装

(3) 在文件名一栏中填入 "MyPcbLib"，单击 保存(S) 按钮即可。此时在工程【Projects】面板中会出现刚才保存的元器件 PCB 封装库文件名，如图 7-22 所示。

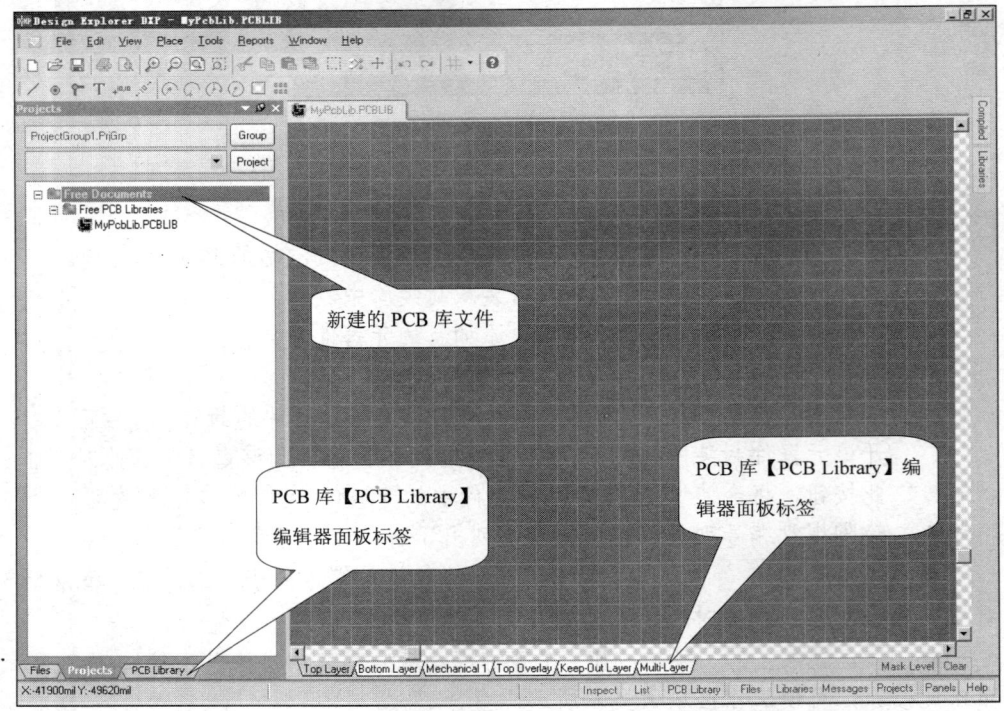

图7-22　新建 PCB 封装库后的窗口

(4) 在图7-22所示界面中单击PCB库文件编辑器面板【PCB Library】面板标签,打开元器件封装库文件编辑器面板,如图7-23所示。

(5) 在新建的元器件封装库中新建元器件封装。在元器件封装库编辑器【PCB Library】面板中单击 Add 按钮或执行菜单命令【Tools】/【New Component】。

(6) 系统打开PCB封装绘制向导,如图7-24所示。在这里先不使用向导,具体向导的使用方法将在下一节中介绍。单击 Cancel 按钮取消向导。

(7) 用户会发现在PCB封装库编辑器【PCB Library】面板中将显示新建的元器件名称,如图7-25所示。

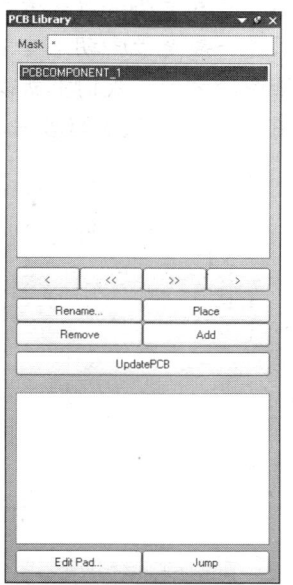

图7-23 PCB封装库编辑器面板【PCB Library】

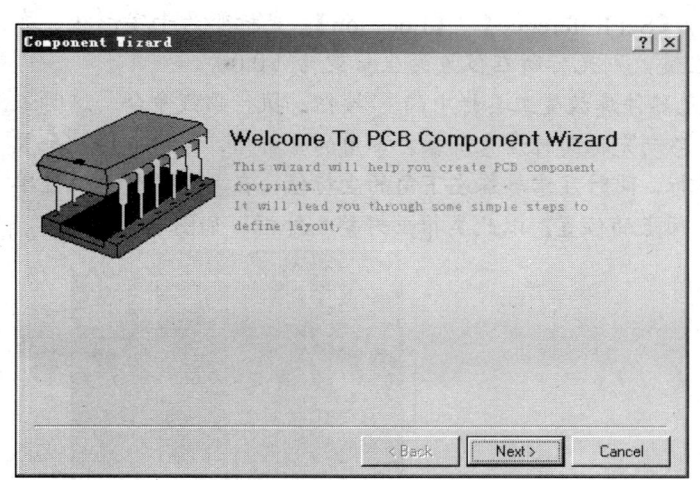

图7-24 元器件PCB封装绘制向导

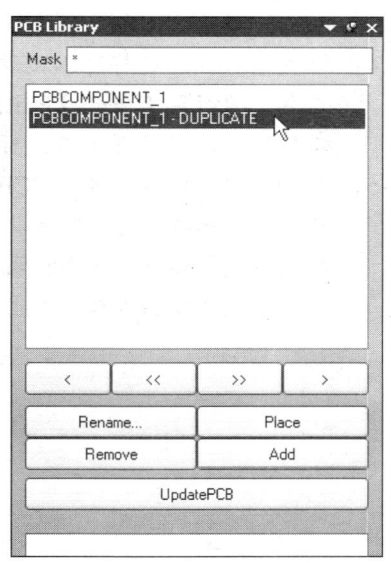

图7-25 新建的元器件封装

(8) 更改封装名称。可以单击PCB封装库编辑器【PCB Library】面板中的 Rename... 按钮,更改封装名称。

(9) 系统打开如图7-26所示的对话框,在框中填入新的封装名称"JDQ-1"后,单击 OK 按钮,此时会发现在PCB封装库编辑器【PCB Library】面板中会出现更改后的封装名称。

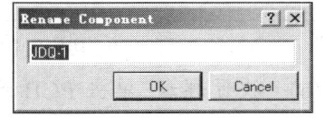

图7-26 更改元器件封装对话框

在这里我们首先明确一点,绘制元器件的封装,就是为了能够让元器件在PCB上安装,所以尺寸和管脚的对应是非常重要的。在这里管脚焊盘的编号必须和原理图中的编号相同。下面开始在工作区进行元器件PCB封装的绘制工作。

(1) 明确各尺寸和管脚焊盘编号,此处的焊盘编号要和原理图的管脚编号对应,并且要注意元器件一般是管脚朝下安装的,如图 7-27 所示。
(2) 为了绘图的方便,我们重新设定栅格。执行菜单命令【Tools】/【Library Options】,按照如图 7-28 所示设置好各种参数。

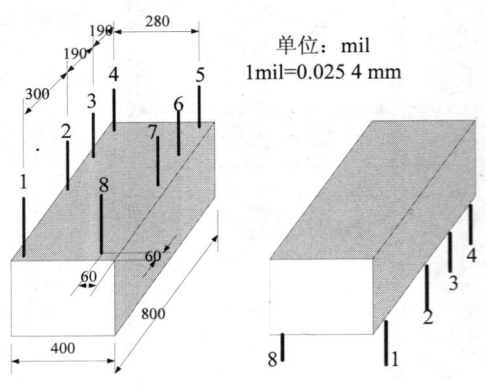

图7-27 明确尺寸和管脚焊盘编号

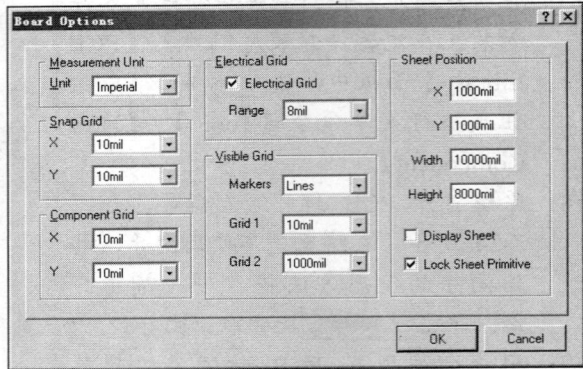

图7-28 设置各种栅格

(3) 首先在【Top Overlay】层,绘制元器件的外形。单击如图 7-29 所示工作区下面的【Top Overlay】标签。
(4) 设置参考点。这样可以使设计者更加方便地利用状态栏确定绘制图件的尺寸、位置等信息。执行菜单命令【Edit】/【Set Reference】/【Location】,光标变为十字形状,在工作区的适当位置单击鼠标左键,则光标所在位置的坐标变为(0,0)。
(5) 绘制元器件外框。单击 PCB 元器件库放置工具栏中的 / 按钮,执行画线命令。这时工作区的光标将变为十字形状,移动光标同时注意屏幕左下角的坐标值,在 X:0mil Y:0mil 位置单击确定起始点。向上移动鼠标,同时注意屏幕左下角的坐标值,在 X:0mil Y:800mil 位置单击鼠标确定元器件外框左上角顶点的位置。以此类推画好整个外框,如图 7-30 所示。

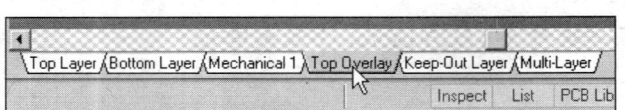

图7-29 切换至【Top Overlay】层

图7-30 继电器外框

(6) 放置焊盘。单击 PCB 元器件库放置工具栏中的 ◎ 按钮,这时工作区的光标变为十字形状。
(7) 按 Tab 键弹出设置焊盘属性对话框,将焊盘 X、Y 方向的尺寸(X-Size、Y-Size)都设为"80mil",将焊孔的直径(Hole Size)设为"40mil",将焊盘的编号(Designator)设为"1",将焊盘形状设置为矩形(Rectangle),设置完毕如图 7-31 所示,单击 OK 按钮确定。

第 7 章 创建自己的元器件库

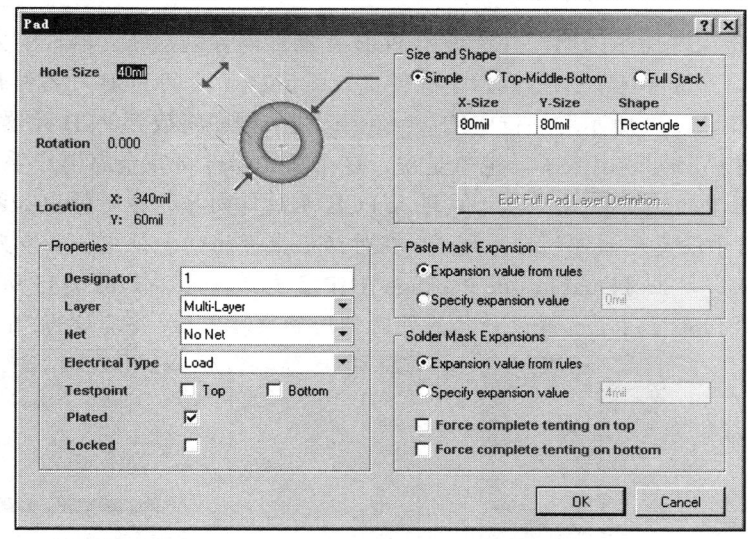

图7-31 设置焊盘属性

(8) 这时鼠标指针将带着设置好的焊盘移动，按照图 7-27 所示的管脚分布，放置焊盘编号（Designator）为"1"的焊盘，如图 7-32 所示。根据图 7-27 所示的数据算出该焊盘相对于刚才设置的参考点的坐标为（340mil，60mil），调整光标的位置，同时注意屏幕左下角的坐标值，当坐标变为 X:340mil Y:60mil 时，单击确定，第一个焊盘就放置好了。

(9) 使用同样的方法在准确的位置放置其他 7 个焊盘，则该元器件就制作好了，如图 7-33 所示，注意上面的焊盘编号和图 7-27 所示是对应的。

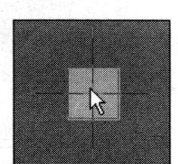

图7-32 放置焊盘

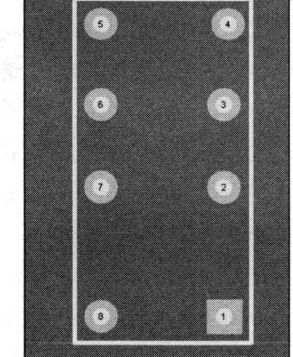

图7-33 绘制好的 PCB 元器件

(10) 执行菜单命令【File】/【Save】，保存文件。

如果要在该封装库中继续制作其他的新元器件封装，可以从第 (5) 步操作开始重复执行以上步骤。

7.3.4 利用向导创建元器件 PCB 封装

在 7.3.3 节中介绍了如何在封装库中手工创建元器件 PCB 封装，但有时利用 PCB 元器件封装生成向导（PCB Component Wizard）逐步设定各种规则，系统自动生成元器件封装也是非常方便的。

下面就以图 7-34 所示为例，介绍使用 PCB 元器件向导创建新元器件的方法。

(1) 在执行 7.3.3 节中第 (5) 步操作时，系统弹出如图 7-24 所示的 PCB 元器件封装生成向导。如果单击如图 7-24 所示对话框中的 Cancel 按钮，程序将放弃 PCB 元器件封装生成向导，但新元器件仍旧创建出来了，也就是说，这个新元器件将完全靠用户手工设计。

(2) 单击对话框中的 Next> 按钮，正式进入 PCB 元器件向导。这时弹出如图 7-35 所示的对话框，用于设定元器件的外形形式。在对话框上部的列表框中一共罗列了 12 种标准的外形形式。单击【Dual in-line Package [DIP]】封装一栏，如图 7-35 所示。对话框下部的下拉式列表框用于选择设计元器件时使用的长度单位，将其设为 "Imperial(mil)"。

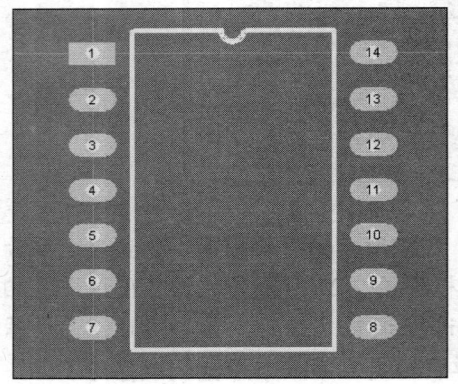

图7-34　PCB 元器件封装实例

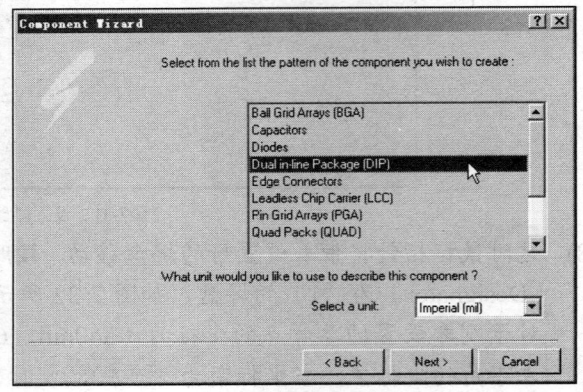

图7-35　设定元器件外形

(3) 单击 Next> 按钮进入下一步，这时弹出如图 7-36 所示的对话框，设定焊盘尺寸。这些尺寸被直观地标在对话框的示意图中，修改这些尺寸非常简单，只要将鼠标移至相应的尺寸上，然后单击就能重新设定焊盘尺寸了。我们将焊孔的直径改为 "30mil"。

(4) 单击 Next> 按钮进入下一步，这时屏幕中将出现如图 7-37 所示的对话框，它用来设置新元器件引脚的相对位置与间距。从图中我们可

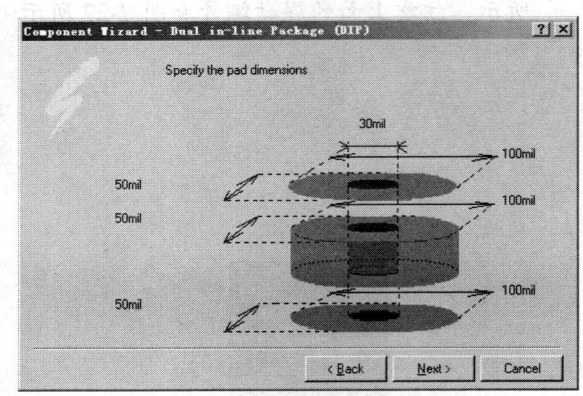

图7-36　设定焊盘尺寸

以看出，默认的设置是两排引脚相距 "600mil"，相邻引脚相距 "100mil"。如果要修改这些数据，只需将鼠标移至相应的尺寸上，然后单击，就能用键盘键入新的尺寸了。

(5) 保持默认值不变，单击 Next> 按钮继续进行，程序弹出设定新元器件线宽的对话框，如图 7-38 所示。可以用前面提到的方法设定新元器件的线宽。

(6) 完成后单击 Next> 按钮确定。这时程序弹出设定引脚数目的对话框，如图 7-39 所示。单击文本框右边的按钮就能改变引脚的数目，将引脚数目设定为 "14"。

(7) 单击 Next> 按钮进入下一步。设定新元器件名称的对话框会紧接着出现，如图 7-40 所示。其默认名称是 "DIP14"，保留新元器件的默认名称。

第7章 创建自己的元器件库

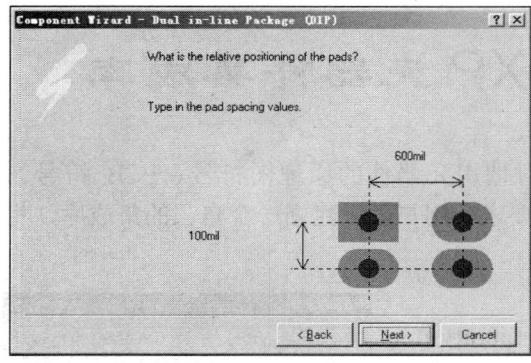

图7-37 设置焊盘间距

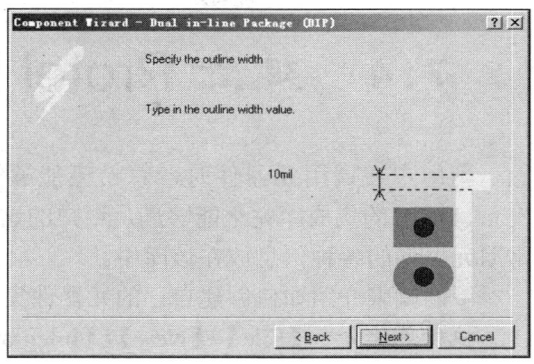

图7-38 设定新元器件的线宽

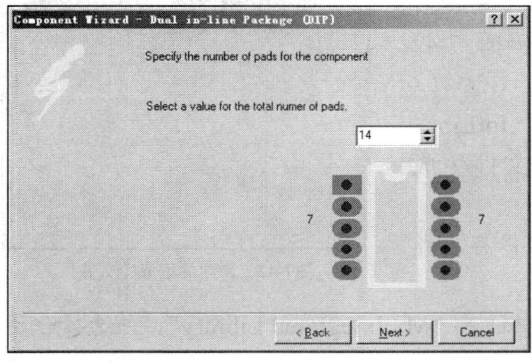

图7-39 设定引脚数目

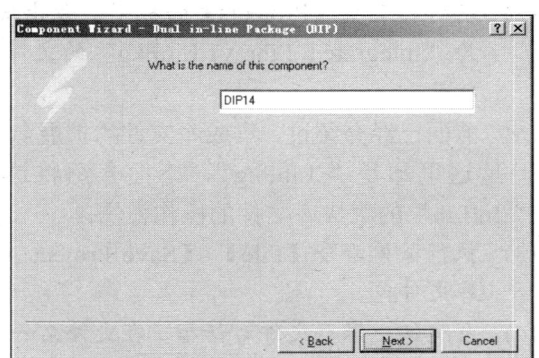

图7-40 设定新元器件的名称

(8) 单击 Next> 按钮。这时所有设定工作已经完成，程序进入最后一个对话框，如图7-41所示，单击 Finish 按钮确认所有设置，这时程序将自动产生如图7-34所示的PCB元器件。当然，如果在设置过程中想更改以前的设定，可以单击 <Back 按钮回到以前的步骤。

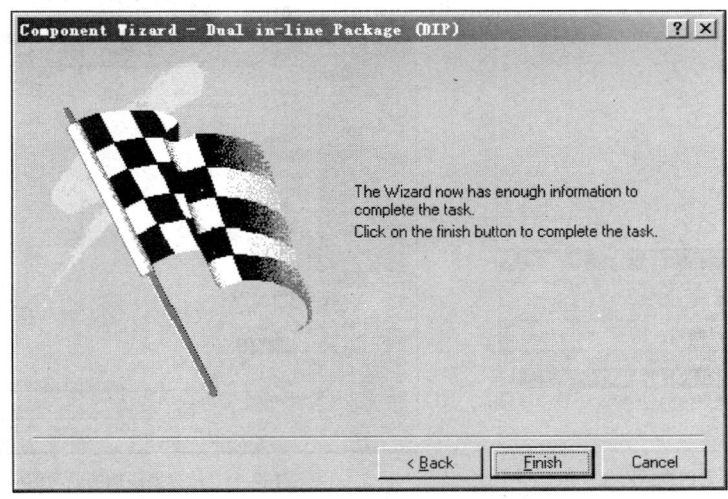

图7-41 设定新元器件完成

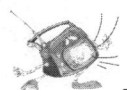

Protel DXP 实用教程

7.4 建立 Protel DXP 元器件集成库

当用户在调用元器件时，总希望能够同时调用元器件的原理图符号、PCB 符号。Protel DXP 的集成库完全能够满足用户的这一要求。用户可以建立一个自己的集成库，将常用元器件的各种信息放在该库中。

下面就来介绍如何创建自己的元器件集成库。

(1) 执行菜单命令【File】/【New】/【Integrated Library】，创建一个集成库。
(2) 这时在工程【Projects】面板中，会出现一个文件名为"Integrated Libray1.LibPkg"的文件，如图 7-42 所示。

前面已经介绍过，集成库文件的扩展名为".IntLib"，但是这里却是".LibPkg"，下面介绍将这种文件生成".IntLib"的集成库文件的操作方法。

(3) 执行菜单命令【File】/【Save Project As】保存集成库文件包。

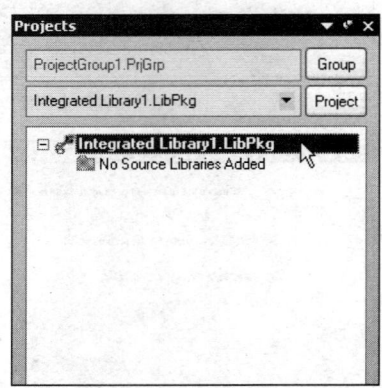

图7-42 新建的集成库文件包

(4) 系统弹出保存文件对话框，在文件名一栏中键入"My Integrated Library"，并选择合适的保存路径，单击 保存(S) 按钮即可。

在保存的同时，系统会在其相同目录下生成一个名为"Project Outputs for *****"的文件夹（其中"*****"与刚才键入的文件名相同），以供存放之后生成的".IntLib"文件。此时，在工程面板中会出现刚才保存的集成库文件包，如图 7-43 所示。

下面开始在集成库文件包中添加源文件（元器件原理图库文件）。

(1) 执行菜单命令【Project】/【Add to Project】，在弹出的选择文件添加对话框中添加在前面建立的原理图库文件"MySchLib.SchLib"，如图 7-44 所示。

图7-43 新建的集成库文件包

图7-44 选择要添加的原理图库文件

(2) 单击 打开(O) 按钮，即可将该原理图库文件添加到当前集成库文件包，此时的工程【Projects】面板如图 7-45 所示。

第 7 章　创建自己的元器件库

添加元器件其他的模型信息（主要是元器件 PCB 封装）。

(1) 执行菜单命令【Project】/【Add to Project】，在弹出的选择文件添加对话框中添加在前面章节中建立的 PCB 封装库文件 "MyPcbLib.PCBLIB"。

(2) 在选择文件添加对话框中单击 打开(O) 按钮，将 PCB 封装模型信息装入集成库文件包。随后的工程【Projects】面板如图 7-46 所示。

图7-45　添加原理图库文件后的工程【Projects】面板

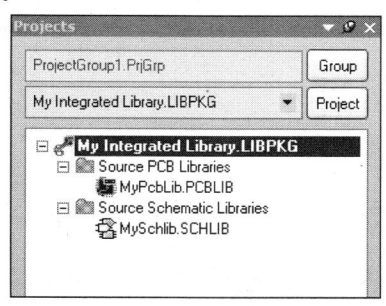
图7-46　添加 PCB 库后的【Projects】面板

(3) 双击图 7-46 所示界面中的 "MySchLib.SCHLIB"，再单击工作区下部的 Library Editor 标签，此时窗口如图 7-47 所示。

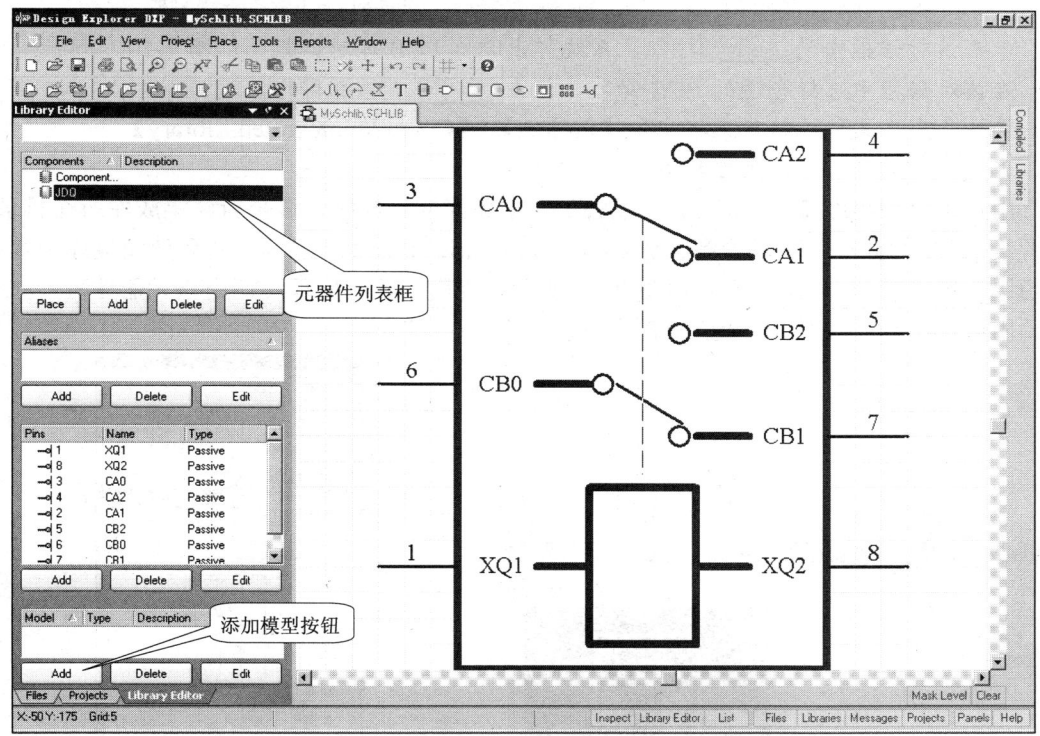
图7-47　原理图库编辑器

(4) 在元器件列表框中选中要编辑的元器件，然后单击 Add 按钮添加模型，如图 7-47 所示，在这里我们选择的是在本章 7.2 节中建立的继电器的原理图符号。

(5) 此时系统弹出模型类型选择对话框，如图 7-48 所示，选择 "Footprint"，单击 OK 按钮。

(6) 系统弹出选择 PCB 封装对话框，如图 7-49 所示。

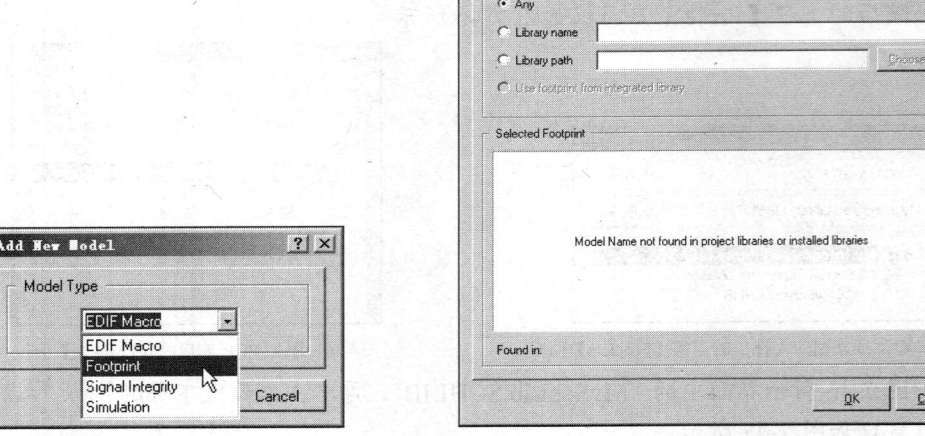

图7-48　添加元器件模型信息　　　　　图7-49　PCB 封装选择对话框

(7) 单击该对话框中的 Browse... 按钮，系统弹出浏览 PCB 库对话框，如图 7-50 所示。
(8) 在该对话框中选择合适的 PCB 封装，单击 OK 按钮即可。
(9) 编译集成库文件，执行菜单命令【Project】/【Compile Integrated Library】。
(10) 这时便完成了一个元器件集成库的创建。

用户可以利用库【Libraries】面板添加这个新建的集成库，这个新建集成库所在目录，参考第 (4) 步的介绍。可以看到添加后的库【Libraries】面板可以同时看到该集成库中继电器的原理图符号和 PCB 封装，如图 7-51 所示。当用户绘制原理图调用该元器件时，同时也调用原理图符号和 PCB 封装，使用时是非常方便的。

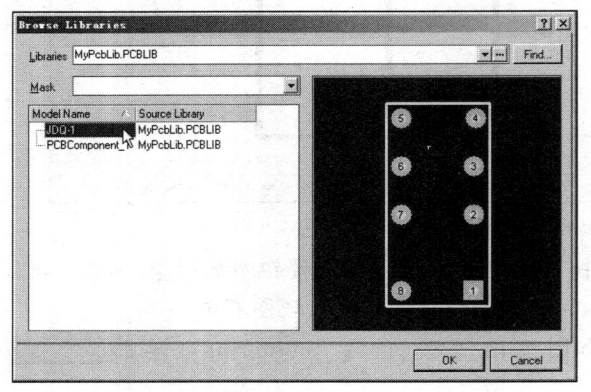
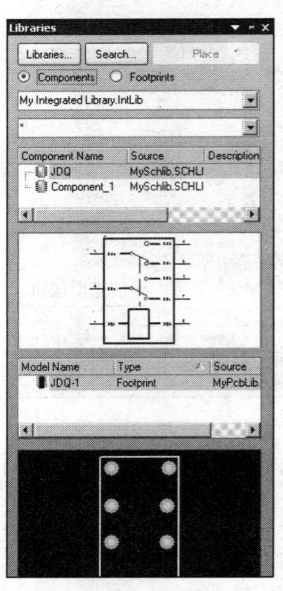

图7-50　浏览 PCB 库对话框　　　　　图7-51　添加用户新建的元器件集成库后的库【Libraries】

小 结

本章主要学习如何新建用户自己的元器件库，并在其中新建自己的新元器件。

（1）介绍了如何创建新的元器件原理图库，以及在库中添加新的元器件原理图符号。

（2）介绍了如何创建新的元器件 PCB 封装库，以及在库中添加新的元器件 PCB 封装。

（3）通过实例介绍了如何将已建好的原理图库和 PCB 封装库连接并编译成一个集成库。

习 题

操作题

1. 新建一个元器件原理图库，并在该库中添加本章中介绍的继电器原理图符号。
2. 新建一个元器件封装库，并在该库中添加本章中介绍的继电器封装。
3. 完成一个集成库的创建。